高等学校给排水科学与工程专业规划教材

# 建筑消防工程（第二版）

徐志嫱　李　梅　孙小虎　主编

陈怀德　主审

中国建筑工业出版社

图书在版编目（CIP）数据

建筑消防工程/徐志嬬，李梅，孙小虎主编．—2版．—北京：
中国建筑工业出版社，2018.10（2022.5重印）
高等学校给排水科学与工程专业规划教材
ISBN 978-7-112-22474-6

Ⅰ.①建… Ⅱ.①徐… ②李… ③孙… Ⅲ.①建筑物-消防-高等
学校-教材 Ⅳ.①TU998.1

中国版本图书馆 CIP 数据核字（2018）第 166207 号

　　本书从系统安全的角度出发，构建了建筑消防工程的完整框架。结合建筑防火设计的思想，以火灾发生的教训为出发点，分析了建筑火灾发生、发展的基本规律，围绕建筑防火的技术措施，系统阐述了民用建筑防火、建筑消防系统、建筑防排烟、火灾自动报警系统的相关内容。重点讲述了室内外消火栓、自动喷水灭火系统、洁净气体灭火系统及建筑灭火器等建筑消防设备的类型、组成、工作原理、适用条件、设计计算方法；人防地下室、汽车库的消防系统设计、消防排水等问题；简要论述了用于高大空间的大空间智能型主动灭火系统和固定消防炮灭火系统。

　　本书可作为高等院校给水排水科学与工程专业的教学用书，也可作为建筑、消防、建筑环境与设备、自动控制工程等专业的参考教材及工程设计、施工、监理及消防行业管理等方面人员的参考用书。

＊　　＊　　＊

责任编辑：张文胜
责任校对：王雪竹

高等学校给排水科学与工程专业规划教材
**建筑消防工程（第二版）**
徐志嬬　李　梅　孙小虎　主编
陈怀德　主审

＊

中国建筑工业出版社出版、发行（北京海淀三里河路9号）
各地新华书店、建筑书店经销
北京红光制版公司制版
北京建筑工业印刷厂印刷

＊

开本：787×1092毫米　1/16　印张：16½　字数：412千字
2018年9月第二版　　2022年5月第十三次印刷
定价：35.00元
ISBN 978-7-112-22474-6
（32560）

# 第 二 版 前 言

随着城市建设的迅速发展，民用建筑的技术密集和复杂程度已今非昔比，而建筑中的安全性问题也日益突出。现实生活中由于在设计中轻视了建筑安全性问题而导致的建筑火灾事故频繁发生，造成的人员伤亡和财产损失触目惊心、难以弥补，所以建筑中的安全性问题应引起足够的重视。

本书从建筑安全的角度出发，构建了民用建筑消防系统的完整框架。结合建筑防火设计的思想，分析了建筑火灾发生、发展的基本规律，围绕建筑防火的技术措施，系统地阐述了民用建筑防火、建筑消防系统、建筑防排烟、火灾自动报警系统的相关内容。重点讲述了消火栓消防给水系统、自动喷水灭火系统、洁净气体灭火系统及建筑灭火器等建筑消防系统的类型、组成、工作原理、适用条件、设计计算方法；人防地下室、汽车库的消防系统设计、消防排水等问题。探讨了适用于建筑高大空间的大空间智能型主动灭火系统和固定消防炮灭火系统的工作原理和设计方法。

本书注重吸收近年来在建筑消防工程领域的新技术和先进经验，阐述了国内建筑消防设计的最新成果，以国家最新颁布的建筑消防技术规范和示图为依据，用大量的图表和实例对各系统的设计和相关问题进行了详细的分析和计算，是一部理论与实际紧密结合的实用教材。

本书可作为高等院校给排水科学与工程专业的教学用书，也可作为建筑、消防、建筑环境与设备、自动控制工程等专业的参考教材及工程设计、施工、监理及消防行业管理等方面人员的参考用书。

本书的作者来自于教学、设计、管理等不同部门。由西安理工大学徐志嫱、山东建筑大学李梅、西北综合勘察设计研究院孙小虎担任主编，西北建筑设计研究院陈怀德主审。全书共5章，第1章由山东建筑大学张克峰和刘静编写；第2章由西北综合勘察设计研究院孙小虎编写；第3章由徐志嫱、李梅、西北综合勘察设计研究院的宋涛、河北工程大学的刘维、西安科技大学的李亚娇编写；第4章由徐志嫱、西北综合勘察设计研究院的杨天文编写；第5章由西北综合勘察设计研究院的魏王斌编写。

本书在编写过程中参阅了多位专家的著作和文章，参考了西北综合勘察设计研究院、西安市建筑设计院的大量工程设计实例，并得到了西安市建筑设计院田静的热情帮助，以及西安理工大学和山东建筑大学有关部门和人员的大力支持，在此一并表示感谢。

由于编者的水平有限，书中错误和不妥之处在所难免，恳请读者及同行不吝指教，以臻完善。

编者

2018 年 5 月

# 第 一 版 前 言

随着城市建设的迅速发展，高层建筑、生态建筑、地下建筑及大空间建筑等技术的密集和复杂程度已今非昔比，而建筑中的安全性问题也日益突出。现实生活中由于在设计中轻视了建筑安全性问题而导致的建筑火灾事故频频发生，造成的人员伤亡和财产损失触目惊心、难以弥补，所以建筑中的安全性问题应引起足够的重视。

本书从系统安全的角度出发，构建了建筑消防系统的完整框架。结合建筑防火设计的思想，分析了建筑火灾发生、发展的基本规律，围绕建筑防火的技术措施，系统地阐述了建筑设计防火、建筑消防系统、建筑防排烟、火灾自动报警系统的相关内容。重点讲述了室内外消火栓、自动喷水灭火系统、洁净气体灭火系统及建筑灭火器等建筑消防设备的类型、组成、工作原理、适用条件、设计计算方法；人防地下室、汽车库的消防系统设计、消防排水等问题；论述了大空间建筑消防和注氮控氧等一些新型灭火防火系统。

本书注重吸收近年来在建筑消防工程领域的新技术和先进经验，阐述了国内建筑消防设计的最新成果，以国家最新颁布的建筑消防技术规范为依据，用大量的图表和实例对各种系统的设计和相关问题进行了详细的分析和计算，是一部理论与实际紧密结合的实用教材。

本书可作为高等院校给水排水工程专业的教学用书，也可作为建筑、消防、建筑环境与设备、自动控制工程等专业的参考教材及工程设计、施工、监理及消防行业管理等方面人员的参考用书。

本书的作者来自于教学、设计、管理等不同部门。由西安理工大学徐志嫱、山东建筑大学李梅担任主编，西北建筑设计研究院陈怀德主审。全书共 6 章，其中第 4 章 4.3、4.4、4.5 节，第 5 章 5.1、5.2、5.3 节由徐志嫱编写；第 2 章、第 4 章 4.2、4.4、4.7 节由李梅编写。其他参加编写的人员有：西北综合勘察设计研究院的孙晓强（第 3 章）、宋涛（第 4 章 4.1、4.5 节）、杨天文（第 5 章、5.4、5.5、5.6 节）、魏王斌（第 6 章）；山东建筑大学的张克峰、刘静（第 1 章、第 4 章 4.6）；西安科技大学的李亚娇（第 4 章 4.8）。

本书在编写过程中参阅了多位专家的著作和文章，参考了西北综合勘察设计研究院、西安市建筑设计院的大量工程设计实例，并得到了西安市建筑设计院田静的热情帮助，西安理工大学和山东建筑大学有关部门和人员的大力支持，在此一并表示感谢。

由于编者的水平有限，书中错误和不妥之处在所难免，恳请读者及同行不吝指教，以臻完善。

编著者

2008 年 12 月

# 目　　录

# 第1章 绪 论

## 1.1 建筑火灾的教训

建筑火灾是指烧毁（损）建筑物及其容纳物品，造成生命财产损失的灾害。为了避免、减少建筑火灾的发生，必须研究其发生、发展规律，总结火灾教训，进行防火设计，采取防火技术，防患于未然。

近年来，我国建筑事业发展十分迅速，防火设计已积累了较丰富的经验，国外也有不少新经验值得我们借鉴，同时也有不少教训值得认真吸取。国内外许多高层建筑火灾的经验教训告诉我们，在建筑设计中，如果对防火设计缺乏考虑或考虑不周密，一旦发生火灾，会造成严重的伤亡事故和经济损失，有的还会带来严重的政治影响。

为了对建筑火灾有个初步了解，下面介绍一些国内外火灾的案例，通过这些案例，以便了解火灾发生发展过程，火灾造成的人民生命财产损失概况及应吸取的教训，从而提高对防火重要性的认识。

### 1.1.1 我国哈尔滨天鹅饭店火灾

（1）建筑概况

天鹅饭店是 11 层钢筋混凝土框架结构，标准层面积为 $1200m^2$。设两座楼梯、四台电梯（其中一台兼作消防电梯）。标准层平面图如图 1-1 所示。隔墙为钢龙骨石膏板，走道采用石膏板吊顶。

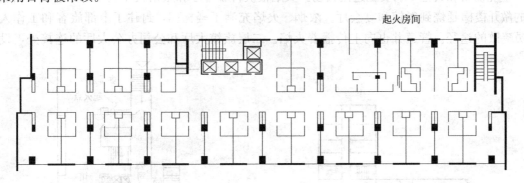

图 1-1　哈尔滨天鹅饭店标准层平面图及起火房间位置

（2）火灾发展情况

1985 年 4 月 9 日，住在第 11 层 16 号房间的美国客人，酒后躺在床上吸烟引起火灾。由于火灾发生在午夜，待肇事者被烟熏火燎惊醒逃出起火房间之后，才发现火灾。由于火灾发现的时间晚，又没有组织及时地扑救，有 6 个房间被烧毁，12 个房间被烧坏，走道吊顶大部分被烧毁。火灾中，10 人死亡，7 人受伤，受灾面积达 $505m^2$，经济损失 25 万余元。

（3）主要经验教训

1）该饭店大楼设计上有火灾自动报警装置，由于某种原因，没有安装火灾自动报警装置，在消防安全设施极不完善的条件下，强行开了业。如果安装火灾自动报警装置和自动喷水灭火系统，这次火灾事故完全可以避免。

2）采用的塑料墙纸存在较大隐患。经火灾后试验发现，这种墙纸燃烧快、烟尘多、毒性大。

3）饭店大楼由于管道穿过楼板的孔洞没有用水泥砂浆严密堵塞（施工缺陷），火灾时，火星不断地向下面几层楼掉落，幸亏发现及时，采取防范措施，才未酿成更大火灾。因此，管道穿过楼板时，用不燃烧材料严密填塞是完全必要的。

4）楼梯设计不当。把防烟楼梯间设计成普通楼梯间，致使烟气窜入，使人员失去逃生通道，导致惨重的伤亡事故。

### 1.1.2　韩国首尔大然阁旅馆火灾

（1）建筑概况

大然阁旅馆于 1970 年 6 月建成。建筑层数为二十层，标准层平面为"L"形，每层面积近 $1500\mathrm{m}^2$（见图 1-2）。西部是公司办公用房，地下层为汽车库，一层为设备层，二层为大厅，三～二十层为办公室。东部是旅馆，一层为设备层，二层为大厅和咖啡厅，三层为餐馆，四层为宴会厅，五层为设备层，六～二十层为旅馆，共有客房 223 间。第二十一层是公共娱乐用房，该建筑每层的公司办公用房和旅馆部分是相互连通的，各设一座楼梯，共设八台电梯。

（2）火灾发展情况

1971 年 12 月 25 日，旅馆部分二层咖啡厅，因瓶装液化石油气泄漏引起火灾，火势迅猛（见图 1-3）。猛烈的火焰使咖啡厅内 3 名员工，毫无反应地烧死在工作岗位上。店主严重烧伤后和其他 6 名员工逃出火场。火焰很快将咖啡厅和旅馆大厅烧毁，并沿二～四层的敞开楼梯延烧到餐馆和宴会厅。浓烟、火焰充满了楼梯间，封住了上部旅客和工作人员疏散的途径。管道井也向上传播着火焰。二层旅馆大厅和公司办公大厅的连接处，设

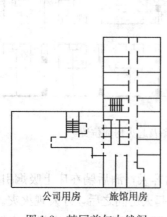

图 1-2　韩国首尔大然阁
旅馆标准层平面图

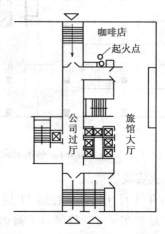

图 1-3　大然阁旅馆起火位置

置普通玻璃门,阻止不了火势的蔓延,导致公司办公部分也成为火海。本来东、西部之间有一道厚 20cm 的钢筋混凝土墙,但每层相通的门洞未设防火门,成为火灾水平蔓延的通道,使整幢大楼犹如一座火笼,建筑全部烧毁,仅 62 人逃离火场。建筑内装修、家具、陈设等被全部烧光,死亡 163 人,伤 60 人,经济损失严重。

(3)主要经验教训

1)关键部位未设防火门。如上所述,该大楼的旅馆区与办公区之间虽然用 20cm 厚的钢筋混凝土墙板分隔,但相邻的两个门厅分界处未用防火门分隔,而采用了玻璃门,起不到阻火作用,却成了火灾蔓延的主要途径。

2)开敞竖井。大楼内的空调竖井及其他管道竖井都是开敞式的,并未在每层采取分隔措施,以致烟火通过这些管井迅速蔓延到顶层。目击者看到,二十一层的公共娱乐中心很早就被火焰笼罩,全大楼很快形成一座火笼。

3)楼梯间设计不合理。楼梯间的平面设计是一般多层建筑所使用的形式,加快了竖向的火灾蔓延。旅馆部分二～四层是敞开楼梯,五层以上是封闭楼梯。公司办公部分的楼梯也是一座敞开楼梯。旅馆部分五层以上虽然是封闭楼梯,但由于没有采用防火门,在阻止烟火能力方面与敞开式楼梯基本相同。楼梯间没有按高层建筑防火要求设计,既加速了火灾的传播,又使起火层以上的人员失去了安全疏散的垂直通道。

4)不应使用瓶装液化石油气。本次火灾是使用液化石油气瓶泄漏燃烧引起的,足见在高层建筑中使用瓶装液化石油气的危险性。瓶装液化石油气爆炸燃烧不仅引发了火灾,而且其爆炸压力波以及高温气流还促使火灾迅猛蔓延。

### 1.1.3 巴西焦玛大楼火灾

(1)建筑概况

焦玛大楼于 1973 年建成,地上 25 层,地下一层。首层和地下一层是办公档案及文件储存室。二～十层是汽车库,十一～二十五层是办公用房。标准层面积 585m²。设有一座楼梯和四台电梯,全部敞开布置在走道两边,如图 1-4 所示。建筑主体是钢筋混凝土结构,隔墙和房间吊顶使用的是木材、铝合金门窗。办公室设窗式空调器,铺地毯。

(2)火灾发展情况

1974 年 2 月 1 日上午,十二层北侧办公室的窗式空调器起火。窗帘引燃房间吊顶和可燃隔墙,房间在十多分钟就达到轰燃。消防队在 20min 后到达现场时,火焰已窜出窗外沿外墙向上蔓延,起火楼层的火势在水平方向传播开来。烟、火充满了唯一的开敞楼梯间,并使上部各楼层燃烧起来。外墙上的火焰也逐层向上燃烧。消防队到达现场后仅半个小时,大火就烧到二十五层。虽然消防队出动了大批登高车、水泵车和其他救险车辆,但消防队员无法到达起火层进行扑救。当十二～二十五层的可燃物烧尽之后,火势才开始减弱。火灾造成 179 人死亡,300 人受伤,经济损失 300 余万美元。

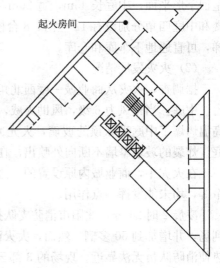

起火房间——

图 1-4 巴西圣保罗市焦玛大楼
标准层平面示意图

3

（3）主要经验教训

1）楼梯间设计不当，是造成众多人员伤亡的一个主要原因。总高度约 70m，集办公和车库为一体的综合性高层建筑，从图 1-4 标准层平面看，楼梯和电梯敞开在连接东、西两部分的走道上，是极其错误的。高层建筑的楼梯间应设计成防烟楼梯间。

2）焦玛大楼火灾失去控制的重要原因，在于消防队员无法达到起火层进行扑救。因为建筑设计中，没有设置消防电梯。消防电梯可保证在发生火灾情况下正常运行而不受火灾的威胁，电梯厅门外有一个可阻止烟火侵袭的前室，并以此为据点可开展火灾扑救。由于设计上没有这样考虑，消防队到达现场后，只能"望火兴叹"，一筹莫展。

3）焦玛大楼是钢筋混凝土结构的高层建筑，但隔墙和室内吊顶使用的木材是可燃的。当初期火灾不能及时扑灭，可燃材料容易失去控制而酿成大灾。可见选材不当会造成严重的后果，这是建筑设计中应该认真吸取的经验教训。假如隔墙使用不燃烧体材料，初期火灾还是可以被限制在一定范围内的。

4）火灾时因消防设备不足，缺少消防水源，导致火灾蔓延扩大。焦玛大楼无自动和手动火灾报警装置和自动喷水灭火设备，无火灾事故照明和疏散指示标志。虽然设有消火栓给水系统，但未设消防水泵，也无消防水泵接合器。

5）狭小的屋顶面积，不能满足直升机救人的要求，是这次火灾事故的又一个教训。为抢救屋顶上的人员，当局虽出动了民用和军用直升机，但在浓烟烈火的燎烤下，直升机无法安全接近和停降在狭小的屋顶上救人，以致疏散到屋顶的人员不能安全脱险，有 90人死于屋顶。在火灾平息后，直升机从北部较大的屋顶降落，救出幸存的 81 人。

### 1.1.4　我国沈阳商业城火灾

（1）建筑概况

沈阳商业城位于沈阳市沈河区中街 212 号，1991 年 12 月 28 日开始营业。商业城建筑长 120m，宽 10m，高 34.8m，为钢筋混凝土框架结构。商场总建筑面积 6.9 万 $m^2$，地上 6 层，地下 2 层，一～六层为商场，地下一层为停车场，地下二层为商品仓库。商业城呈回字形平面，中庭长 45m，宽 26m，面积达 1170$m^2$，中庭顶部为半球面玻璃顶。在大楼和中庭四角分别设有 12 樘门、8 台楼梯、5 台自动扶梯、7 台电梯，其中有 2 台消防电梯，可直通地下车库和仓库。

（2）火灾发展情况

据调查，火灾从商业城一楼西北角商场办公室烧出，烧穿了板材隔墙，烧到了营业柜台、中庭。当夜风力 6 级，风助火威，火很快在中庭内升腾起来，从一层窜到六层。火灾高温烤爆了中庭半球顶的玻璃，火光冲天。燃烧物借风力升腾飞窜，烈火通过窗户、中庭、炸裂的玻璃幕墙不断向外喷出，在短时间内使商业城陷入一片火海。

在火灾中，商业城内原设置的一流自动报警装置、自动洒水灭火装置以及自动防火卷帘等，均未能发挥一点作用。

凌晨 2 时 24 分，沈阳市消防支队接到附近群众报警后，在 10min 内有 30 多辆消防车到场，并增加到 50 多辆。然而，大火已进入旺盛期，熊熊烈火已充满整个商业城，辐射热使消防队员无法靠近。现场的 3 部云梯车载着消防队员向火场射水，20 支水枪同时射水打击火势。但是，由于用水量大，水网供不应求，火场时而出现断水情况，即使不断水，也杯水车薪，难以迅速扑灭。6：30 左右，大火被控制，上午 8 时许，扑灭残火。最后保住了商业城地下一、二层，商场金库以及相邻的盛京宾馆。经过 6 个小时的大火焚烧，沈阳商城地上 6 层只剩下了钢筋混凝土框架。火灾损失严重，创新中国成立以来全国商场火灾损失的最高纪录。

（3）主要经验教训

1）沈阳商业城大火虽然持续了 6h，但由于主体结构采用了钢筋混凝土框架结构，大火扑灭之后，主体结构基本完好，各种设备及围护结构（门窗、隔墙、幕墙）等均被烧毁。由此可见，对于重要的商业建筑，用钢筋混凝土框架结构的一级耐火建筑，是具有充分的耐火能力的。

2）沈阳商业城设有一流的自动报警、自动喷淋、防火卷帘、防火防盗监控装置。然而这些先进的设备在火灾时没有发挥作用，以致大火成灾。由于 1996 年 1 月份，商业城一层自动喷水灭火系统个别喷头和水管阀门冻坏漏水，而将自动喷水灭火系统的第一层全部和第三层部分供水管道阀门关闭，1996 年 3 月将自动报警系统集中控制器关闭（因故障），故火灾前，自动喷水和自动报警系统均处关闭状态。另外，防火卷帘也没有实现自动控制，火灾中没能起到保护作用。更未对职工进行防火与扑救初期火灾的训练，导致巨额投资的现代化消防设备在大火烧来之时成为摆设，最终连这些设备也葬身火海。这起火灾很重要的教训是：消防设备不能装设了就算完事，而更重要的是要加强设备的管理，使它始终保持完好有效。

3）沈阳商业城是在没有得到消防主管部门验收合格的情况下强行开业的。为此，消防部门曾做过劝阻工作，多次向商业城发出火险隐患整改通知书，召开现场办公会，直到火灾发生，问题依然存在。所以，未经验收合格不得开业，发现火险隐患不进行整改不得继续营业，是防止恶性火灾事故必须坚持的制度。

4）商业建筑设计中的中庭，可以达到赏心悦目，豪华大方的效果。但如果设计、使用不当，也会助长火势的蔓延。中庭建筑设计，是建立在火灾必须控制在初期阶段的前提下的，否则，中庭将会导致火灾扩大。此外，各种销售柜台可燃商品布置在中庭的周边，有的甚至将巨幅广告条幅从屋顶一直垂到底层，一旦火灾突破防火分区，很快就会经中庭形成立体火灾，并失去控制。因此，对商业建筑中庭的防火问题，还应进行认真的研究。

## 1.1.5　我国唐山林西商场火灾

（1）建筑概况

林西商场位于唐山市，是一座 3 层的临街建筑，砖混框架结构，长 56m，宽 16m，每层层高 4.8m，总面积约 3000m²。1986 年投入使用，1992 年 9 月对大楼进行装修改造。

（2）火灾发展情况

1993 年 2 月 14 日下午 1 时 15 分左右，林西商场发生火灾，失火时，商场首层的家具营业部正在进行改造。为了在顶棚进行扩建，凿开了多个孔洞，并一边施工一边营业。火灾是由于建筑物改造过程中违章进行电焊溅落的火星引燃了海绵床垫引起的。附近的营业员发现后，找来一只灭火器，但不会使用，致使未能控制初期火灾。营业员想报警，但大楼的电话被锁住，只好到附近一家商店打 119 报警，而此时火势已相当大了。大火延续了 3 个多小时才基本被扑灭。火灾中死亡 80 人，伤 53 人，直接经济损失约 401 万元。

（3）主要经验教训

1）商场违章装修是引发火灾的直接原因。家具营业厅内存放着大量易燃物品，在这种情况下动用明火必须采取保护措施。施工队在未采取任何保护措施的情况下又让没有电焊技术的民工进行作业，引起了火灾。

2）商场无防火、防烟分区是造成人员严重伤亡的重要原因。起火点处堆放50余床海绵床垫和40余捆化纤地毯，使火灾发展迅速。大楼装修使用大量的木质材料，使营业厅内形成猛烈燃烧，加之楼板上开洞，火灾仅十几分钟就由首层烧到了三层，楼梯间成了蔓延烟火的"烟囱"。

3）出入口数量不足，是造成人员伤亡的原因之一。火灾中一层的出口被烟火封住，二、三层的人员无法逃出，很快被火灾产生的有毒烟气窒息。

### 1.1.6　我国香港大生工业楼火灾

1984年9月1日7时21分许，香港大生工业楼八层的一家塑胶厂发生重大火灾。大火从八层烧到十六层（顶层），直至4日凌晨3时46分才被扑灭，前后共连续燃烧了68个小时，损失100万港币以上，被称为"破纪录的长命大火"。据专家们分析，这场火灾延烧时间长，损失严重，其原因主要有：

（1）原料、成品量大，而且大多是可燃物；

（2）每层面积大，没有采取有效的防火分隔措施；

（3）竖向管井（如管道井、电缆井等）没有采取分隔措施，成了火势蔓延的通道；

（4）灭火设施太差，自救能力不强。

从上述几个火灾案例中，可以看到火灾的发生和发展具有以下几个特点：

（1）未熄灭的烟头、厨房用火及电气着火等是建筑火灾中最主要的火源。

（2）木材、液体或气体燃料、油类、家具纸张等最易被引燃。

（3）办公室、客房、厨房是发生火灾较多的部位。

（4）不做防火分区、防烟措施不当、楼梯开敞、吊顶易燃是火灾扩大蔓延的主要原因。

# 1.2　建筑火灾知识

## 1.2.1　燃烧的基本原理

### 1.2.1.1　燃烧条件

燃烧是一种同时伴有放热和发光效应的剧烈的氧化反应。放热、发光、生成新物质是燃烧现象的三个特征。可燃物、氧化剂和点火源是构成燃烧的三个要素，缺一不可。

（1）可燃物

能在空气、氧气或其他氧化剂中发生燃烧反应的物质称为可燃物。如钠、钾、铝等金属单质，碳、磷、硫等非金属单质，木材、煤、棉花、纸、汽油、塑料等有机可燃物。

（2）氧化剂

能和可燃物发生反应并引起燃烧的物质称为氧化剂。氧气是最常见的氧化剂，其他常见的氧化剂有氟、氯、溴、碘卤素元素，硝酸盐、氯酸盐、重铬酸盐、过氧化物等化合物。

（3）点火源

具有一定的能量，能够引起可燃物质燃烧的能源称为点火源，有时也称着火源。如明火、电火花、冲击与摩擦火花、高温表面等。

要使可燃物发生燃烧，必须有氧化剂和点火源的参与，而且三者都要具备一定的"量"，才能发生燃烧现象。若可燃物的数量不够，氧化剂不足或点火源的能量不够大，燃烧就不能发生。

### 1.2.1.2　燃烧种类

（1）闪燃与闪点

一些液态可燃物质表面会产生蒸气，有些固态可燃物质也因蒸发、升华产生可燃气体或蒸气。这些可燃气体或蒸气与空气混合而形成混合可燃气体，当遇明火时会发生一闪即灭的火苗或闪光，这种燃烧现象称为闪燃。能引起可燃物质发生闪燃的最低温度称为该物质的闪点。

闪点是衡量各种液态可燃物质发生火灾和爆炸危险性的重要依据。物质的闪点越低，越容易蒸发可燃蒸气，其发生火灾和爆炸的危险性越大；反之亦然。

在《建筑设计防火规范》中，对于生产和储存液态可燃物质的火灾危险性，都是根据闪点进行分类的。例如，把使用或产生闪点＜28℃的液体的生产划为甲类生产；28℃≤闪点＜60℃的液体的生产划为乙类生产；闪点≥60℃的液体的生产划为丙类生产。对于火灾危险性不同的生产厂房，采取的防火措施应有所不同。

（2）着火与燃点

可燃物质在与空气共存的条件下，当达到某一温度时遇明火可引起燃烧，并在火源移开后仍能继续燃烧，这种持续燃烧的现象称为着火。可燃物质开始持续燃烧所需的最低温度称为该物质的燃点。

所有可燃液体的燃点都高于闪点。

（3）自燃与自燃点

自燃是可燃物质不用明火点燃就能够自发燃烧的现象。可燃物质能引起自动燃烧和继续燃烧时的最低温度称为自燃点。自燃点可作为衡量可燃物质受热升温形成自燃危险性的数据。

《建筑设计防火规范》中对于生产和储存在空气中能够自燃的物质的火灾危险性进行了分类。例如，在库房储存物品的火灾危险性中，将常温下能自行分解或在空气中氧化即能导致迅速自燃或爆炸的物质划为甲类；而将常温下与空气接触能缓慢氧化，积热不散引起自燃的物品划为乙类。

（4）爆炸与爆炸极限

可燃气体、可燃蒸气和可燃粉尘与空气组成的混合物，当达到一定浓度时，遇火源即能发生爆炸。发生爆炸时此浓度界限的范围称为爆炸极限，能引起爆炸的最低浓度界限称为爆炸下限；浓度最高的界限称为爆炸上限。浓度低于爆炸下限或高于爆炸上限时，接触到火源都不会引起爆炸。

爆炸极限是鉴别各种可燃气体发生爆炸危险性的主要依据。爆炸极限的范围越大，发生爆炸事故的危险性越大。爆炸下限越小，形成爆炸混合物的浓度越低，则形成爆炸的条件越容易。

《建筑设计防火规范》中对于生产和储存可燃气体一类物质的火灾危险性作了明确的分类。例如，将在生产过程中使用或产生可燃气体的厂（库）房，其可燃气体爆炸下限<10%划分为甲类生产；爆炸下限≥10%划分为乙类生产；在生产过程中排放可燃粉尘、纤维、闪点≥60℃的液体雾滴，并能够与空气形成爆炸混合物的生产，则属于乙类生产。

根据闪点、自燃点以及爆炸下限，确定了可燃物质的火灾危险性类别后，才能采取有针对性的各种消防安全技术措施。

### 1.2.1.3 灭火的基本方法

（1）隔离法

隔离法就是采取措施将可燃物与火焰、氧气隔离开来，使燃烧因隔离可燃物而停止。例如，在输送易燃、易爆液体和可燃气体管道上设置消防控制阀门；易燃、可燃液体储罐可设置倒罐传输设备，气体储罐可设放空火炬设备等。

（2）窒息法

阻止空气流入燃烧区或用不燃物质冲淡空气，使燃烧得不到足够的氧气而熄灭。窒息灭火法常用的灭火剂有二氧化碳、氮气、水蒸气以及烟雾剂。如重要的计算机房、贵重设备间可设置二氧化碳灭火设备扑救初期火灾；高温设备间可设置蒸气灭火设备；重油储罐可采用烟雾灭火设备；石油化工等易燃易爆设备可采用氮气保护设备扑灭初期火灾。

（3）冷却法

将灭火剂直接喷射到燃烧物上，使燃烧物的温度降到燃点之下，燃烧停止；或将灭火剂喷洒在火源附近的物体上，使其不受火焰辐射的威胁，避免形成新的火点。水具有较大的热容量和很高的汽化潜热，是冷却性能最好的灭火剂，而采用雾状水流灭火，灭火效果更为显著。例如，应用消火栓系统、自动喷水灭火系统、水喷雾系统进行火灾的扑救就属于冷却降温灭火。

（4）抑制法

采用化学措施抑制游离基的产生或者降低游离基的浓度，破坏游离基的连锁反应，使燃烧停止。如采用七氟丙烷灭火剂可以抑制电气火灾、固体表面火灾、液体和可溶化固体火灾，气溶胶灭火剂可抑制电气设备（发电机、变压器等）、可燃固体物质（纸张、木材等）的表面火灾等。

### 1.2.2 火灾的发展过程

建筑室内火灾的发展过程可以用室内烟气的平均温度随时间的变化来描述，如图1-5所示。发生火灾时，其发展过程一般要经过火灾的初起、全面发展、熄灭三个阶段。

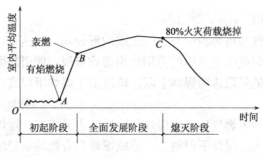

图1-5 火灾温度随时间的变化曲线

1.2.2.1 火灾的发展阶段

(1) 初起阶段

室内发生火灾后，最初只是起火部位及其周围可燃物着火燃烧。这时火灾好像在敞开的空间进行一样。

初起阶段的特点是：火灾燃烧范围不大，火灾仅限于初始起火点附近；室内温度差别大，在燃烧区域及其附近存在高温，室内平均温度低；火灾发展速度缓慢，在发展过程中火势不稳定；火灾发展时间因点火源、可燃物质性质和分布、通风条件等因素的影响，差别较大。

从灭火角度看，火灾初起燃烧面积小，只用少量的水或灭火设备就可以把火扑灭。所以，该阶段是灭火的最有利时机，应设法争取尽早发现火灾，把火灾及时消灭在初起阶段。为此，在建筑物内安装和配备灭火设备，设置及时发现火灾和报警的装置是很有必要的。初起阶段也是人员安全疏散的最有利时机，发生火灾时人员若在这一阶段不能疏散出房间，就很危险了。初起阶段时间持续越长，就有更多的机会发现火灾和灭火，并有利于人员安全疏散。

(2) 全面发展阶段

在火灾初起阶段后期，火灾范围迅速扩大，当火灾房间温度达到一定值时，聚集在房间内的可燃气体突然起火，整个房间都充满了火焰，房间内所有可燃物表面部分都卷入火灾中，燃烧很猛烈，温度升高很快。房间内局部燃烧向全室性燃烧过渡的现象通常称为轰燃。轰燃是室内火灾最显著的特征之一，它标志着火灾全面发展阶段的开始。对于安全疏散而言，人员若在轰燃之前还没有从室内逃出，则很难逃生。

轰燃发生后，房间内所有可燃物都在猛烈燃烧，放热速度很大，因而房间内温度升高很快，并出现持续性高温，最高温度可达 1100℃左右。火焰、高温烟气从房间的开口处大量喷出，把火灾蔓延到建筑物的其他部分。室内高温还对建筑构件产生热作用，使建筑构件的承载能力下降，甚至造成建筑物局部或整体倒塌破坏。

耐火建筑的房间通常在起火后，由于其四周墙壁、顶棚及地面坚固，不会被烧穿，因此发生火灾时房间通风开口的大小没有什么变化，当火灾发展到全面燃烧状态，室内燃烧大多由通风控制着，室内火灾保持着稳定的燃烧状态。火灾全面发展阶段的持续时间取决于室内可燃物的性质和数量、通风条件等。

为了减少火灾损失，针对火灾全面发展阶段的特点，在建筑防火设计中应采取的主要措施有：在建筑物内设置具有一定耐火性能的防火分隔物，把火灾控制在一定范围之内，防止火灾大面积蔓延；选用耐火程度较高的建筑结构作为建筑物的承重体系，确保建筑物发生火灾时不倒塌，为火灾时人员疏散、消防扑救、火灾后建筑物修复、继续使用创造条件。

(3) 熄灭阶段

在火灾全面发展阶段后期，随着室内可燃物的挥发物质不断减少，以及可燃物数量减少，燃烧速度递减，温度逐渐下降。当室内平均温度降到温度最高值的 80% 时，则认为火灾进入熄灭阶段。随后，房间温度下降明显，直到房间内的全部可燃物燃烧光，室内外温度趋于一致，宣告火灾结束。

该阶段前期，燃烧仍十分猛烈，温度仍很高。针对该阶段的特点，应注意防止建筑构件因长时间受温度和灭火射水的冷却作用而出现裂缝、下沉、倾斜或倒塌，并应防止火灾向相邻建筑蔓延。

**1.2.2.2 火灾的蔓延方式**

火灾的蔓延方式有：火焰蔓延、热传导、热对流和热辐射。

（1）火焰蔓延

初始燃烧的表面火焰，在使可燃材料燃烧的同时，将火灾蔓延开来。火焰蔓延速度主要取决于火焰传热的速度。

（2）热传导

火灾区域燃烧产生的热量，经导热性好的建筑构件或建筑设备（如薄壁隔墙、楼板、金属管壁等）传导，能够使火灾蔓延到相邻或上下层房间，使地板上或靠着隔墙堆积的可燃、易燃物体燃烧，导致火场扩大。火灾通过传导的方式进行蔓延扩大，有两个比较明显的特点，一是必须具有导热性好的媒介，如金属构件、薄壁构件或金属设备等；二是蔓延的距离较近，一般只能是相邻的建筑空间。可见，传导蔓延扩大的火灾，其范围是有限的。

（3）热对流

热对流是建筑物内火灾蔓延的一种主要方式。它可以使火灾区域的高温燃烧产物与火灾区域外的冷空气发生强烈流动，将高温燃烧产物流传到较远处，造成火势扩大。燃烧时烟气热而轻，易上窜升腾，燃烧又需要空气，这时，冷空气就会补充，形成对流。轰燃后，火灾可能从起火房间烧毁门窗，窜向室外或走廊，在更大范围内进行热对流，从水平和垂直方向蔓延，如遇可燃物及风力，就会更加助长这种燃烧，对流则会更猛烈。在火场上，浓烟流窜的方向，往往就是火势蔓延的方向。剧场热对流造成火势蔓延的示意图如图1-6所示。

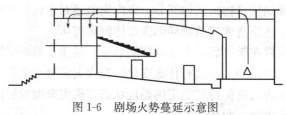

图1-6 剧场火势蔓延示意图
△—起火点；⟶—火势蔓延方向

（4）热辐射

热辐射是相邻建筑之间火灾蔓延的主要方式之一。建筑防火中的防火间距，主要是考虑防止热辐射引起相邻建筑着火而设置的间隔距离。

**1.2.2.3 火灾的蔓延途径**

从第1.1节的部分火灾案例中可知，建筑物内某房间发生火灾，当发展到轰燃之后，火势猛烈，就会突破房间的限制，向其他空间蔓延，其蔓延途径有：未设适当的防火分区，使火灾在未受限制的条件下蔓延；防火隔墙和房间隔墙未砌到顶板底皮，导致火灾在吊顶空间内部蔓延；由可燃的户门及可燃隔墙向其他空间蔓延；电梯井竖向蔓延；非防火、防烟楼梯间及其他竖井未作有效防火分隔而形成竖向蔓延；外窗口形成的竖向蔓延；通风管道等及其周围缝隙造成火灾蔓延，等等。

（1）火灾在水平方向的蔓延

1）未设防火分区

对于主体为耐火结构的建筑来说，造成火灾水平蔓延的主要原因之一是建筑物内未设水平防火分区，没有防火墙及相应的防火门等形成控制火灾的区域。例如，某医院大楼，每层建筑面积为 2700m²，未设防火墙分隔，也无其他的防火措施，三楼着火，将该楼层全部烧毁，由于楼板是钢筋混凝土板，火灾才未向其他层蔓延。又如，东京新日本饭店，由于未设防火分隔，大火烧毁了第九层、十层，面积达 4360m²，死亡 32 人，受伤 34 人，失踪 30 多人。再如，美国内华达州拉斯维加斯市的米高梅旅馆发生火灾，由于未采取严格的防火分隔措施，甚至对 4600m² 的大赌场也未采取任何防火分隔措施和挡烟措施，大火烧毁了大赌场及许多公共用房，造成 84 人死亡，679 人受伤的严重后果。

2）洞口分隔不完善

对于耐火建筑来说，火灾横向蔓延的另一途径是洞口处的分隔处理不完善。如，户门为可燃的木质门，火灾时被烧穿；普通的金属防火卷帘无水幕保护，导致卷帘被熔化；管道穿孔处未用不燃材料密封等，都会使火灾从一侧向另一侧蔓延。

在穿越防火分区的洞口上，一般都装设防火卷帘或防火门，而且大多数采用自动关闭装置。然而，发生火灾时能够自动关闭的比较少。另外，在建筑物正常使用的情况下，防火门是开着的，一旦发生火灾，不能及时关闭也会造成火灾蔓延。

此外，防火卷帘和防火门受热后变形很大，一般凸向加热一侧。防火卷帘在火焰的作用下，其背火面的温度很高，如果无水幕保护，其背火面将会产生强烈的热传导。在背火面靠近卷帘堆放的可燃物，或卷帘与可燃构件、可燃装修材料接触时，都会导致火灾蔓延。

3）火灾在吊顶内部空间蔓延

目前，有些框架结构的高层建筑，竣工时只是个大的通间，出售或出租给用户后，由用户自行分隔、装修。有不少装设吊顶的高层建筑，房间与房间、房间与走廊之间的分隔墙只做到吊顶底部，吊顶之上部仍为连通空间，一旦起火极易在吊顶内部蔓延，且难以及时发现，导致灾情扩大；就是没有设吊顶，隔墙如不砌到结构底部，留有孔洞或连通空间，也会成为火灾蔓延和烟气扩散的途径。

4）火灾通过可燃的隔墙、吊顶、地毯等蔓延

可燃构件与装饰物在火灾时直接成为火灾荷载，由于它们的燃烧而导致火灾扩大的例子很多。如巴西圣保罗市安得拉斯大楼，隔墙采用木板和其他可燃板材，吊顶、地毯、办公家具和陈设等均为可燃材料。1972 年 2 月 4 日发生了火灾，可燃材料成为燃烧、蔓延的主要途径，造成 16 人死亡，326 人受伤，经济损失达 200 万美元。

（2）火灾通过竖井蔓延

建筑物内部有大量的电梯、楼梯、设备等竖井，这些竖井往往贯穿整个建筑，若未作周密完善的防火设计，一旦发生火灾，就可以蔓延到建筑物的任意一层。

此外，建筑物中一些不引人注意的孔洞，有时会造成整座大楼的恶性火灾。尤其是在现代建筑中，吊顶与楼板之间、幕墙与分隔构件之间的空隙、保温夹层、通风管道等都有可能因施工问题留下孔洞，而且有的孔洞水平方向与竖直方向互相串通，用户往往不知道这些孔洞的存在，更不会采取防火措施，所以，火灾时就会造成生命财产的损失。

1）火灾通过楼梯间蔓延

高层建筑的楼梯间，若在设计阶段未按防火、防烟要求设计，则在火灾时犹如烟囱一般，烟火很快会由此向上蔓延。如巴西里约热内卢市卡萨大楼，31 层，设有两座开敞楼梯和一座封闭楼梯。1974 年 1 月 15 日，大楼第一层着火，大火通过开敞楼梯间一直蔓延到十八层，造成第三～五层、第十六～十七层室内装修基本烧毁，经济损失巨大。

有些高层建筑的楼梯间虽为封闭楼梯间，但起封闭作用的门未用防火门，发生火灾后，不能有效地阻止烟火进入楼梯间，以致形成火灾蔓延通道，甚至造成重大的火灾事故。如美国纽约市韦斯特克办公楼，共 42 层，只设了普通的封闭楼梯间。1980 年 6 月 23 日发生火灾，大火烧毁第十七～二十五层的装修、家具等，137 人受伤，经济损失达 1500 万美元。又如西班牙的罗那阿罗肯旅馆，地上 11 层，地下 3 层，设置封闭楼梯和开敞电梯。1979 年 9 月 12 日发生火灾，烟火通过未关闭的楼梯和开敞的电梯厅，从底层迅速蔓延到了顶层，造成 85 人死亡，经济损失惨重。

2）火灾通过电梯井蔓延

电梯间未设防烟前室及防火门分隔，将会形成一座竖向烟囱。如前述美国米高梅旅馆，1980 年 11 月 21 日"戴丽"餐厅失火，由于大楼的电梯井、楼梯间没有设置防烟前室，各种竖向管井和缝隙没有采用分隔措施，使烟火通过电梯井等竖向管井迅速向上蔓延，在很短时间内，浓烟笼罩了整个大楼，并窜出大楼高达 150m。

在现代商业大厦及交通枢纽、航空港等人流集散量大的建筑物内，一般以自动扶梯代替了电梯。自动扶梯所形成的竖向连通空间，也是火灾蔓延的途径，设计时必须予以高度重视。

3）火灾通过其他竖井蔓延

高层建筑中的通风竖井、管道井、电缆井也是高层建筑火灾蔓延的主要途径。如前述美国韦斯特克办公大楼，火灾烧穿了通风竖井的检查门（普通门），烟火经通风竖井和其他管道的检查门蔓延到第二十二层，而后又向下窜到第十七层，使十七～二十二层陷入烈火浓烟中，损失惨重。

（3）火灾通过空调系统管道蔓延

高层建筑空调系统，未按规定设防火阀，采用可燃材料作保温层，火灾时会造成严重损失。如杭州某宾馆，空调管道用可燃保温材料，在送、回风总管和垂直风管与每层水平风管交接处的水平支管上均未设置防火阀，因气焊烧着风管可燃保温层引起火灾，烟火顺着风管和竖向孔隙迅速蔓延，从一层烧到顶层，整个大楼成了烟火笼，楼内装修、空调设备和家具等统统化为灰烬，造成巨大损失。

通风管道的火灾蔓延一般有两种方式：一是通风道内起火并向连通的空间（房间、吊顶内部、机房等）蔓延；二是通风管道把起火房间的烟火送到其他空间。通风管道不仅很容易把火灾蔓延到其他空间，更危险的是它可以吸进火灾房间的烟气，而在远离火场的其他空间再喷吐出来，造成大批人员因烟气中毒而死亡。如 1972 年 5 月，日本大阪千日百货大楼，第三层发生火灾，空调管道从火灾层吸入烟气，在第七层的酒吧间喷出，使烟气很快笼罩了酒吧大厅，引起在场人员的混乱，加之缺乏疏散引导，导致 118 人丧生。

因此，在通风管道穿越防火分区之处，一定要设置具有自动关闭功能的防火阀门。

（4）火灾由窗口向上层蔓延

在建筑中，从起火房间窗口喷出烟气和火焰，往往沿窗间墙及上层窗口向上窜越，烧毁上层窗户，引燃房间内的可燃物，使火灾蔓延到上部楼层。若建筑物采用带形窗，火灾房间喷出的火焰被吸附在建筑物表面，有时甚至会吸入上层窗户内部。

# 1.3　建筑防火措施与对策

## 1.3.1　建筑设计防火措施

建筑设计防火措施主要有四个方面的内容：建筑防火，建筑消防系统，建筑防排烟，火灾自动报警系统。

### 1.3.1.1　建筑防火

（1）总平面布局

在总平面布局中，应根据建筑物的使用性质、火灾危险性、地形、地势和风向等因素，进行合理布局，尽量避免建筑物相互之间构成火灾威胁和发生火灾爆炸后可能造成的严重后果，并为消防车顺利扑救火灾提供条件。

（2）耐火等级

要求建筑物在火灾高温的持续作用下，墙、柱、梁、楼板、吊顶等基本建筑构件，能在一定的时间内不破坏，不传播火灾，从而起到延缓和阻止火灾蔓延，为人员疏散、抢救物资、扑救火灾以及为火灾后的结构修复创造条件。

（3）防火分区

在建筑物中采用耐火性能较好的分隔设施（防火墙、耐火楼板、防火卷帘、防火门等），将建筑空间分隔成若干区域，防止火灾扩大蔓延。

（4）防烟分区

可用挡烟构件（如挡烟墙、挡烟垂壁、隔墙等）划分防烟分区，将烟气控制在一定范围内，以便用排烟设施将烟气排出，便于人员安全疏散和消防扑救。

（5）安全疏散

为保证建筑物内人员在较短时间内全部疏散到安全场所，要求建筑物应设置完善的安全疏散设施（安全疏散走道、楼梯、门等）和避难营救设施（避难层、避难阳台、屋顶直升机停机坪、缓降器等），为安全疏散和避难创造良好条件。

（6）灭火救援设施

在建筑总平面中应合理布局消防车道和消防登高操作场地，在建筑物内应合理设施消防电梯，确保消防车辆和消防队员及时到达火灾现场，扑救火灾，保障人民生命和财产安全。

### 1.3.1.2　建筑消防系统

建筑消防系统的主要内容包括：消火栓给水系统、自动喷水灭火系统、气体灭火系统、建筑灭火器的配置等。

（1）消火栓给水系统：按国家现行标准规范要求，建筑物的大多数场所都有设置消火栓的要求，设置面很广泛，作用不可忽视。消火栓给水系统至今仍是建筑内部最主要、最普遍应用的灭火设施。

（2）自动喷水灭火系统：在一些功能齐全、火灾危险大、高度较高的民用建筑中均有设置自动喷水灭火系统的要求。自动喷水灭火系统是当今世界上公认的最为有效的自救灭火设施，是应用最广泛、用量最大的自动灭火系统。

（3）气体灭火系统：在建筑物中有些场所不便用水扑救，有些场所有易燃、可燃液体很难用水扑灭，还有些场所用水扑救会造成严重的水渍损失。所以在建筑物内除设置水消防系统外，还要针对这些场所的使用功能、性质和要求，设置二氧化碳、七氟丙烷、IG-541 混合气体和气溶胶等气体灭火系统。

（4）建筑灭火器的配置。灭火器是扑救初起火灾的重要消防器材，轻便灵活，使用方便，属消防实战灭火过程中较理想的第一线灭火装备。在建筑物内正确地选择灭火器的类型、确定灭火器的配置规格与数量，合理地定位及设置灭火器，就能在火灾现场迅速地用灭火器扑灭初起小火，减少火灾损失。

### 1.3.1.3 建筑防排烟

在进行防排烟系统设计时要根据建筑物性质、使用功能、规模等确定好设置范围，合理采用防排烟方式，合理划分防烟分区，合理选用设备类型等。

### 1.3.1.4 火灾自动报警系统

应根据建筑物的性质，合理选择火灾探测器和设置火灾报警系统设备，采用先进可靠的消防联动控制系统和火灾报警系统，合理确定电气火灾监控系统和报警系统的供电。

### 1.3.2 消防法规和方针

（1）消防基本法

《中华人民共和国消防法》（以下简称《消防法》）是我国的消防基本法。《消防法》于1998 年 4 月 29 日经第九届全国人民常务委员会第二次会议通过，2008 年 10 月 28 日第十一届全国人民代表大会常务委员会第五次会议修订，自 2009 年 5 月 1 日起施行。该法分总则、火灾预防、灭火救援、监督检查、法律责任、附则，共六章，七十四条。

（2）消防行政法规

消防行政法规规定了消防管理活动的基本原则、程序和方法。如《关于城市消防管理的规定》、《仓库防火安全管理规则》、《古建筑消防管理规则》等。这些行政法规，对于建立消防管理程序化、规范化和协调消防管理机关与社会上各方面的关系，推动消防事业发展都起着重要作用。

（3）消防技术法规

消防技术法规是用于调整人与自然、科学、技术的关系的法规。如《建筑设计防火规范》、《消防给水及消火栓系统技术规范》、《自动喷水灭火系统设计规范》等。

除了上述三类法规外，各省、市、自治区结合本地区的实际情况，还制定颁发了一些地方性的规定、规则、办法。这些规章和管理措施，都为防火监督管理提供了依据。

（4）消防工作方针

我国的消防工作方针为"预防为主，防消结合"。在消防工作中，要把火灾预防放在首位，积极贯彻落实各项防火措施，力求防止火灾的发生。同时还要加强消防队伍的建设，随时做好灭火的准备，以便在火灾发生时，能够及时、迅速、有效地扑灭火灾，最大限度减少火灾造成的人身伤亡和财产损失。

### 1.3.3 建筑防火对策

建筑防火可采用积极防火和被动防火两类对策。

积极防火对策，即采用预防失火、早期发现、初期灭火等措施。具体措施有：加强用火、用电管理，减少可燃物的数量，有效控制发生燃烧的条件；加强值班巡视，安装火灾自动报警探测设备等，做到早期发现火灾；随时做好扑救初期火灾的准备，安装自动喷水灭火系统、消火栓消防给水系统、气体灭火系统以及配置足够数量的灭火器等。采用这类防火对策为重点进行防火，可以减少火灾发生的次数，但却不能排除遭受重大火灾的可能性。

被动防火对策，即起火后尽量限制火势和烟气的蔓延，利用耐火构件等设计防火分区，以达到控制火灾的目的。具体措施有：有效地进行防火分区，如采用耐火构造、防火门、防火卷帘，设置防烟分区，阻止烟气扩散和蔓延，安装防排烟设施，设置安全疏散楼梯、消防电梯等措施。以被动防火对策为重点进行防火，虽然会发生火灾，但却可以减少发生重大火灾的概率。

根据我国的消防工作方针，应以积极对策为重点进行防火，由此从根本上减少火灾起数，同时要重视采用被动对策，以达到控制火灾损失的目的。

# 第2章 民用建筑防火

## 2.1 建筑防火的基本概念

（1）火灾荷载

建筑物内的可燃物种类很多，其燃烧发热量也因材而异。为了便于火灾研究和采取防火措施，在实际中常根据燃烧热值把某种材料换算成等效发热量的木材，用等效木材的重量表示可燃物的数量，称为等效可燃物量。把火灾范围内单位地板面积的等效可燃物木材的数量称为火灾荷载。

火灾荷载是衡量建筑物室内所容纳可燃物数量的一个参数，在建筑物发生火灾时，火灾荷载直接决定着火灾持续时间的长短和室内温度的变化情况。所以，在进行建筑防火设计时，应合理确定火灾荷载的数值。

（2）耐火极限

在标准耐火试验条件下，建筑构件、配件或结构从受到火的作用起，至失去承载能力、完整性或隔热性时止，所有时间，用小时表示。

（3）材料的燃烧性能

材料的燃烧性可分为不燃性、难燃性和可燃性三种。

不燃性是指用不燃烧材料做成的建筑构件具有的燃烧性能。不燃烧材料系指在空气中受到火烧或高温作用时不起火、不燃烧、不碳化的材料，如建筑中采用的金属材料和天然或人工的无机矿物材料。

难燃性是指用难燃烧材料做成的建筑构件或用燃烧材料做成而用不燃烧材料做保护层的建筑构件具有的燃烧性能。难燃烧材料指在空气中受到火烧或高温作用时难起火、难微燃、难碳化，当火源移走后，燃烧或微燃立即停止的材料。如沥青混凝土，经过防火处理的木材，用有机物填充的混凝土和水泥刨花板等。

可燃性是指用燃烧材料做成的建筑构件具有的燃烧性能。燃烧材料指在空气中受到火烧或高温作用时立即起火或燃烧，且火源移走后仍继续燃烧或微燃的材料，如木材等。

需要说明的是：建筑构件的耐火极限与材料的燃烧性能是截然不同的两个概念。材料不燃或难燃，并不等于其耐火极限就高。如钢材，它是不燃的，可在没有被保护时，钢材的耐火极限仅为15min。所以，在使用构件时，不仅要看材料的燃烧性能，还要看其耐火极限。

## 2.2 建筑分类和耐火等级

### 2.2.1 建筑分类

民用建筑根据其建筑高度和层数，可分为单、多层民用建筑和高层民用建筑。高层民用建筑根据其建筑高度、使用功能和楼层的建筑面积可分为一类和二类。民用建筑的分类应符合表 2-1 的规定。

民用建筑的分类          表 2-1

| 名称 | 高层民用建筑 | | 单、多层民用建筑 |
| --- | --- | --- | --- |
| | 一类 | 二类 | |
| 住宅建筑 | 建筑高度大于 54m 的住宅建筑（包括设置商业服务网点的住宅建筑） | 建筑高度大于 27m，但不大于 54m 的住宅建筑（包括设置商业服务网点的住宅建筑） | 建筑高度不大于 27m 的住宅建筑（包括设置商业服务网点的住宅建筑） |
| 公共建筑 | 建筑高度大于 50m 的公共建筑；<br>建筑高度 24m 以上部分任一楼层建筑面积大于 1000m² 的商店、展览、电信、邮政、财贸金融建筑和其他多种功能组合的建筑；<br>医疗建筑、重要公共建筑；<br>省级及以上的广播电视和防灾指挥调度建筑、网局级和省级电力调度建筑；<br>藏书超过 100 万册的图书馆、书库 | 除一类高层公共建筑外的其他高层公共建筑 | 建筑高度大于 24m 的单层公共建筑；<br>建筑高度不大于 24m 的其他公共建筑。 |

注：1. 建筑高度指建筑物室外设计地面至其檐口与屋脊或屋面面层的高度。局部突出屋顶的瞭望塔、冷却塔、水箱间、微波天线间或设施、电梯机房、排风和排烟机房以及楼梯出口小间等辅助用房占屋面面积不大于 1/4 者，可不计入建筑高度。

2. 商业服务网点指设置在住宅建筑的首层或首层及二层，每个分隔单元建筑面积不大于 300m² 的商店、邮政所、储蓄所、理发店等小型营业性用房。

### 2.2.2 耐火等级

#### 2.2.2.1 建筑耐火等级的划分

耐火等级是衡量建筑物耐火程度的分级标准。火灾实例说明，耐火等级高的建筑物，发生火灾的次数少，火灾时被火烧坏、倒塌的少；耐火等级低的建筑物，发生火灾的概率大，火灾发生时容易被烧坏，造成局部或整体倒塌，损失大。划分建筑物耐火等级的目的在于根据建筑物不同用途提出不同的耐火等级要求，做到既有利于消防安全，又节约基本建设投资。

建筑物耐火等级是由组成建筑物的墙、柱、梁、楼板、屋顶承重构件和吊顶等主要建筑构件的燃烧性能和耐火极限决定的。

耐火等级的划分，是以楼板为基础的。在建筑结构中所占的地位比楼板重要者，如梁、柱、承重墙等，其耐火极限高于楼板；隔墙、吊顶等比楼板次要者，其耐火极限低于楼板。楼板耐火极限的确定是以我国火灾发生的实际情况和建筑构件构造的特点为依据的。火灾统计资料表明，我国 90% 的火灾的延续时间在 2h 以内，88% 的火灾延续时间在 1.5h 以内，在 1h 内扑灭的火灾约占 80%。据此，规定一级建筑楼板的耐火极限为 1.5h，二级建筑楼板的耐火极限为 1h，三级为 0.5h。这样，80% 以上的一、二级建筑物不会被烧垮。其他建筑构件的耐火极限，均以二级耐火极限的楼板为标准，按照构件在结构安全中的地位，确定适宜的耐火极限。例如，在二级耐火等级的建筑中，支撑楼板的梁比楼板更重要，其耐火极限应比楼板高，定为 1.5h，柱和承重墙比梁更为重要，定为 2.5h，以此类推。民用建筑的耐火等级可分为一、二、三、四级，如表 2-2 所示。

不同耐火等级建筑相应构件的燃烧性能和耐火极限（h）　　表 2-2

| 构件名称 | | 耐火等级 | | | |
| --- | --- | --- | --- | --- | --- |
| | | 一级 | 二级 | 三级 | 四级 |
| 墙 | 防火墙 | 不燃性<br>3.00 | 不燃性<br>3.00 | 不燃性<br>3.00 | 不燃性<br>3.00 |
| | 承重墙 | 不燃性<br>3.00 | 不燃性<br>2.50 | 不燃性<br>2.00 | 难燃性<br>0.50 |
| | 非承重外墙 | 不燃性<br>1.00 | 不燃性<br>1.00 | 不燃性<br>0.50 | 可燃性 |
| | 楼梯间和前室的墙<br>电梯井的墙<br>住宅建筑单元之间的墙和分户墙 | 不燃性<br>2.00 | 不燃性<br>2.00 | 不燃性<br>1.50 | 难燃性<br>0.50 |
| | 疏散走道两侧的隔墙 | 不燃性<br>1.00 | 不燃性<br>1.00 | 不燃性<br>0.50 | 难燃性<br>0.25 |
| | 房间隔墙 | 不燃性<br>0.75 | 不燃性<br>0.50 | 难燃性<br>0.50 | 难燃性<br>0.25 |
| 柱 | | 不燃性<br>3.00 | 不燃性<br>2.50 | 不燃性<br>2.00 | 难燃性<br>0.50 |
| 梁 | | 不燃性<br>2.00 | 不燃性<br>1.50 | 不燃性<br>1.00 | 难燃性<br>0.50 |
| 楼板 | | 不燃性<br>1.50 | 不燃性<br>1.00 | 不燃性<br>0.50 | 可燃性 |
| 屋顶承重构件 | | 不燃性<br>1.50 | 不燃性<br>1.00 | 不燃性<br>0.50 | 可燃性 |
| 疏散楼梯 | | 不燃性<br>1.50 | 不燃性<br>1.00 | 不燃性<br>0.50 | 可燃性 |
| 吊顶（包括吊顶搁栅） | | 不燃性<br>0.25 | 难燃性<br>0.25 | 难燃性<br>0.15 | 可燃性 |

注：1. 以木柱承重且墙体采用不燃材料的建筑，其耐火等级应按四级确定。

　　2. 住宅建筑构件的耐火极限和燃烧性能可按现行国家标准《住宅建筑规范》GB 50368 的规定执行。

　　另外，还可根据各级耐火等级中建筑构件的燃烧性能和耐火极限特点，大致判定不同结构类型建筑物的耐火等级。一般来说，钢筋混凝土结构、钢筋混凝土砖石结构建筑可基本定为一、二级耐火等级；砖木结构建筑可基本定为三级耐火等级；以木桩、木屋架承重及以砖石等不燃烧或难燃烧材料为墙体的建筑可定为四级耐火等级。对于二级耐火等级的多层住宅建筑内采用预应力混凝土预制楼板，其耐火极限只有 0.75h，但这种楼板自重小、强度大、节约材料，所以也是允许使用的；大型二级耐火等级的建筑，允许采用无保护层的大跨度钢屋架，但在火灾能烧到的部位或高温作用的部位，必须采取防火保护措施。

【例2-1】试确定下列建筑的耐火等级。

（1）钢筋混凝土柱、无保护层的钢屋架、钢筋混凝土大型屋面板（耐火极限为1.5h）的厂房；

（2）现浇钢筋混凝土框架承重结构、加气混凝土砌块墙、预应力混凝土楼板（耐火极限0.75h）、轻钢搁栅石膏板吊顶（耐火极限0.25h）的宾馆；

（3）砖墙、钢筋混凝土楼板、木屋架、瓦屋面、板条抹灰吊顶（耐火极限0.25h）的单层民用建筑。

【解】建筑物的耐火等级，应按照构件的燃烧性能和耐火等级最低的构件确定。

（1）钢筋混凝土柱和钢筋混凝土大型屋面板构件满足一级耐火等级，但无保护层的钢屋架只允许在二级耐火等级的建筑中采用，所以该厂房的耐火等级定为二级。

（2）除预应力混凝土楼板允许在二级耐火等级的建筑中采用外，其他构件均符合一级耐火等级的要求，故该建筑的耐火等级定为二级。

（3）因三级耐火等级的建筑允许采用燃烧体屋架，所以该建筑的耐火等级定为三级。

#### 2.2.2.2　建筑耐火等级的确定

民用建筑的耐火等级应根据其建筑高度、使用功能、重要性和火灾扑救难度等确定。

（1）建筑高度

建筑高度越高，功能越复杂，火灾时人员的疏散和火灾扑救越困难，损失也越大。由于高层建筑火灾的特点，有必要对其耐火等级的要求严格一些。对于高度较大的建筑物，选定较高的耐火等级，可以确保其在火灾时不发生倒塌破坏，给人员安全疏散和消防扑救创造有利条件。

（2）建筑重要性

对于性质重要、功能多、设备复杂、建设标准高的建筑，其耐火等级应选定得高一些。如国家机关重要的办公楼、通信中心大楼、广播电视大楼、大型影剧院、商场、重要的科研楼、图书档案楼、高级旅馆等。这些建筑一旦发生火灾，往往经济损失大、人员伤亡多、造成的影响大。而对于一般的办公楼、教学楼等，由于其可燃物相对较少，耐火等级可以适当低一些。

（3）建筑使用功能

使用功能越复杂的建筑，其耐火等级应选定得高一些，火灾时造成的损失就越小，反之亦然。

民用建筑耐火等级的确定应符合下列规定：

（1）地下或半地下建筑（室）和一类高层建筑的耐火等级不应低于一级；

（2）单、多层重要公共建筑和二类高层建筑的耐火等级不应低于二级；

在选定了建筑物的耐火等级后，必须保证建筑物的所有构件均满足该耐火等级对构件耐火极限和燃烧性能的要求。

## 2.3　建筑总平面布局

建筑总平面布局是建筑设计的关键，所以在进行建筑总平面布局中，应合理确定建筑的位置、防火间距、消防车道和消防水源等。不宜将民用建筑物布置在可燃液体和可燃气体储罐及可燃材料堆场的附近。

### 2.3.1　防火间距

建筑规划布局无论从功能分区、城市景观，还是从建筑的外部空间设计上，均要求建筑物之间、建筑物与街道之间要保留适当的距离。而防火间距是防止着火建筑在一定时间内引燃相邻建筑，便于消防扑救的间隔距离。

建筑物着火后，火势不仅会在建筑物内部蔓延扩大，而且在建筑物外部还会因强烈的热辐射作用对周围建筑物构成威胁。火势越大，持续时间越长，距离越近，所受辐射热越强。所以，建筑物之间应保持一定的防火间距。民用建筑之间的防火间距不应小于表 2-3 的要求。

民用建筑之间的防火间距（m）　　　　　　　　表 2-3

| 建筑类别和耐火等级 | | 高层民用建筑 | | 裙房和其他民用建筑 | |
|---|---|---|---|---|---|
| | | 一、二级 | 一、二级 | 三级 | 四级 |
| 高层民用建筑 | 一、二级 | 13 | 9 | 11 | 14 |
| 裙房和其他民用建筑 | 一、二级 | 9 | 6 | 7 | 9 |
| | 三级 | 11 | 7 | 8 | 10 |
| | 四级 | 14 | 9 | 10 | 12 |

在执行表 2-3 的规定时，应注意以下几点：

（1）除高层民用建筑外，数座一、二级耐火等级的住宅建筑或办公建筑，当建筑物的占地面积总和不大于 2500m² 时，可成组布置，但组内建筑物之间的间距不宜小于 4m。组与组或组与相邻建筑物的防火间距不应小于表 2-3 的规定（见图 2-1）。

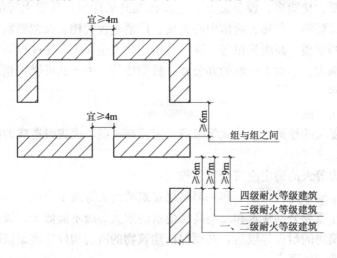

图 2-1　民用建筑之间的防火间距

（2）相邻两座建筑中较低一座建筑的耐火等级不低于二级，相邻较低一面外墙为防火墙且屋顶无天窗，屋面板的耐火极限不低于 1.0h 时，其防火间距不应小于 3.5m；对于高层建筑，不应小于 4m（见图 2-2）。

（3）相邻两座建筑中较低一座建筑的耐火等级不低于二级且屋顶无天窗，相邻较高一面外墙高出较低一座建筑的屋面 15m 及以下范围内的开口部位设置甲级防火门窗或防火分隔水幕和防火卷帘时，其防火间距不应小于 3.5m。对于高层建筑，不应小于 4m（见图 2-3）。

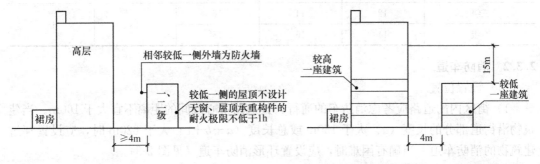

图 2-2 （2）中防火间距设置的示意图　　　图 2-3 （3）中防火间距设置的示意图

（4）相邻两座单、多层建筑，当相邻外墙为不燃性墙体且无外露的可燃性屋檐，每面外墙上无防火保护的门、窗、洞口不正对开设且该门、窗、洞口的面积之和不大于外墙面积的 5% 时，其防火间距可按表 2-3 的规定减少 25%。

**【例 2-2】** 有耐火等级为二级的甲、乙两座建筑物，甲座建筑物山墙的高度为 10m，宽度为 10m；乙座建筑物高度为 12m，宽度为 12m。两座建筑物相邻墙面允许开启门窗、洞口的面积分别为多少？两座建筑物间的防火间距最少应为多少？

**【解】** 甲座建筑物允许开启门窗、洞口面积为：$10 \times 10 \times 5\% = 5\text{m}^2$。

乙座建筑物允许开启门窗、洞口面积为：$12 \times 12 \times 5\% = 7.2\text{m}^2$。

两座建筑物间的防火间距应为：$6 - 6 \times 25\% = 4.5\text{m}$。

考虑到建筑物之间山墙上门洞口的面积较大，故在设计时要求门窗洞口错开布置。

（5）两座建筑相邻较高一面外墙为防火墙，或高出相邻较低一座一、二级耐火等级建筑的屋面 15m 及以下范围内的外墙为防火墙时，其防火间距可不限（见图 2-4）。

（6）民用建筑与单台蒸汽锅炉的蒸

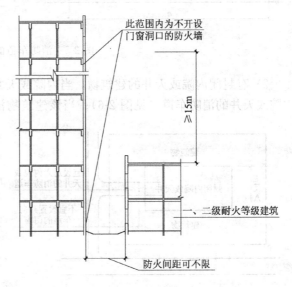

图 2-4 （5）中防火间距设置的示意图

发量不大于 4t/h 或单台热水锅炉的额定热功率不大于 2.8MW 的燃煤锅炉房的防火间距，可根据锅炉房的耐火等级按民用建筑的规定执行（见表 2-3）。

（7）民用建筑与单独建造的燃油、燃气或燃煤锅炉房的防火间距可按表 2-4 中的规定执行。

民用建筑与锅炉房之间的防火间距（m）　　　　表 2-4

| 耐火等级 | 裙房，单、多层 | | | 高层 | |
|---|---|---|---|---|---|
| 燃油、燃气锅炉房 | 一、二级 | 一、二级 | 一、二级 | 一类 | 二类 |
| 一、二级 | 10 | 12 | 14 | 15 | 13 |
| 三级 | 12 | 14 | 16 | 18 | 15 |
| 四级 | 14 | 16 | 18 | | |

### 2.3.2　消防车道

（1）设置位置

1）街区内的道路应考虑消防车的通行，其道路中心线间的距离不宜大于 160m。当建筑物沿街道部分的长度（$a$）大于 150m 或总长度（$a+b+c$）大于 220m 时，应设置穿过建筑物的消防车道。当确有困难时，应设置环形消防车道（见图 2-5）。

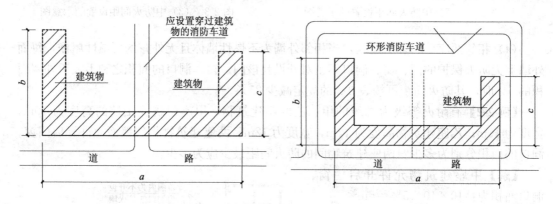

图 2-5　消防车道的设置

2）有封闭内院或天井的建筑物，当内院或天井的短边长度大于 24m 时，宜设置进入内院或天井的消防车道（见图 2-6）；当该建筑物沿街时，应设置连通街道和内院的人行通道（可利用楼梯间），其间距不宜大于 80m（见图 2-7）。

3）高层民用建筑，超过 3000 个座位的体育馆，超过 2000 个座位的会堂，占地面积大于 3000m² 的商店建筑、展览建筑等单、多层公共建筑应设置环形消防车道，确有困难时，可沿建筑的两个长边设置消防车道。

（2）消防车道设置要求

1）消防车道的净宽度和净空高度均不应小于 4.0m；

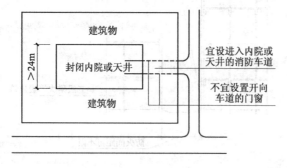

图 2-6　有天井建筑消防车道的设置

2）消防车道的坡度不宜大于 8%；

3）转弯半径应满足消防车转弯的要求；

4）消防车道与建筑之间不应设置妨碍消防车操作的树木、架空管线等障碍物；

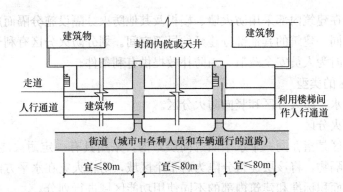

图 2-7　沿街建筑物人行通道的设置

5）消防车道靠建筑外墙一侧的边缘距离建筑外墙不宜小于 5m；

6）供消防车取水的天然水源和消防水池应设置消防车道，消防车道的边缘距离取水点不宜大于 2m（见图 2-8）。

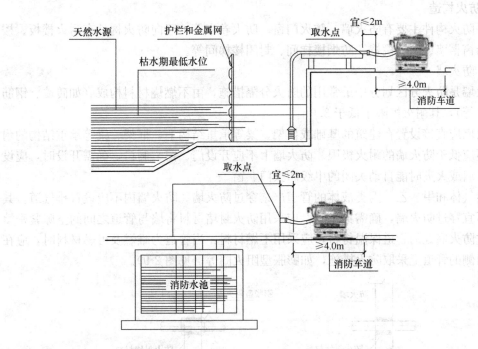

图 2-8　天然水源和消防水池对设置消防车道的要求

## 2.4　防火分区

### 2.4.1　防火分区的作用

建筑物的某空间发生火灾，火势便会从楼板、墙壁的烧损处和门窗洞口向其他空间蔓延扩大，最后发展成为整座建筑的火灾。因此，对规模、面积大的多层和高层建筑，在一定时间内将火势控制在着火的一定区域内，是非常重要的。控制火势蔓延最有效的办法是划分防火分区。

防火分区是在建筑内部采用防火墙、楼板及其他防火分隔设施分隔而成，能在一定时间内防止火灾向同一建筑的其他部分蔓延的局部空间。划分防火分区有利于消防扑救、减少火灾损失，同时为人员安全疏散、消防扑救提供有利条件。

### 2.4.2　防火分区的类型

防火分区分水平防火分区和竖向防火分区。

（1）水平防火分区

水平防火分区是指在同一个水平面（同层）内，采用具有一定耐火能力的墙体、门、窗等水平防火分隔物，将该层建筑分隔为若干个区域，防止火灾在水平方向扩大蔓延。应按照规定的建筑面积标准和建筑内部的不同使用功能区域进行划分。

（2）竖向防火分区

竖向防火分区主要是防止建筑内层与层之间的竖向火灾蔓延，沿建筑高度划分的防火分区。主要是用具有一定耐火性能的钢筋混凝土楼板、上下楼层之间的窗槛墙等构件进行防火分隔。

### 2.4.3　防火构造

水平防火构件主要有防火墙、防火门窗、防火卷帘等；竖向防火构件有耐火楼板、楼层上下的窗槛墙、防火挑檐、防烟楼梯间、封闭楼梯间等。

（1）防火墙

防火墙是防火分区划分中最常用的防火分隔措施，由不燃烧材料构成（如砖墙、钢筋混凝土墙等），其耐火极限不低于 3.0h。

防火墙应直接设置在建筑的基础或框架、梁等承重结构上，框架、梁等承重结构的耐火极限不应低于防火墙的耐火极限。防火墙上不应开设门、窗、洞口，确需开设时，应设置不可开启或火灾时能自动关闭的甲级防火门、窗。

可燃气体和甲、乙、丙类液体的管道严禁穿过防火墙。防火墙内不应设置排气道。其他管道不宜穿过防火墙，确需穿过时，应采用防火封堵材料将墙与管道之间的空隙紧密填实，穿过防火墙处的管道保温材料，应采用不燃材料；当管道为难燃及可燃材料时，应在防火墙两侧的管道上采取防火措施，如膨胀型阻火圈等（见图 2-9）。

图 2-9　管道穿越防火墙时的做法

（2）防火门、窗

防火门窗不仅具有普通门窗的通行、通风、采光等功能，而且具有隔火隔烟的阻火功能。防火门窗按耐火等级可分为甲、乙、丙三个等级。甲级防火门窗的耐火极限不低于 1.5h；乙级防火门窗的耐火极限不低于 1.0h；丙级防火门窗的耐火极限不低于 0.5h。甲级防火门窗主要用于防火墙和重要设备用房上；乙级防火门窗主要用于疏散楼梯间及消防电梯前室的门洞口，以及单元式高层住宅开向楼梯间的户门等；丙级防火门主要用于电缆井、管道井、排烟竖井等的检查门。

设置在建筑内经常有人通行处的防火门宜采用常开防火门，且能在火灾时自行关闭，并应具有信号反馈的功能。其他位置的防火门均应采用常闭防火门。

设置在防火墙、防火隔墙上的防火窗，应采用不可开启的窗扇或具有火灾时能自行关闭的功能。

（3）防火卷帘

防火卷帘是在一定时间内，连同框架能满足耐火稳定性和完整性要求的卷帘，在建筑中被广泛使用。按材料可分为普通型钢质、复合型钢质（中间加隔热材料）、复合非金属材质。

一般设置在开敞的电梯厅、自动扶梯周围、中庭与楼层走道、过厅相通的开口部位等，火灾时可阻止火势从门窗等开口部位蔓延。

普通型防火卷帘由单片金属板制成，用于防火墙的开口部位，其两侧应设自动喷水系统保护，两侧喷头间距不小于2m；复合型防火卷帘由两片金属板中间夹热材料构成，当耐火极限满足防火墙的耐火极限（不低于3h）要求时，可不设自动喷水系统（见图2-10）；采用非金属材料制作的复合防火卷帘，主要材料是石棉布，有较高的耐火极限，可不另设自动喷水系统。

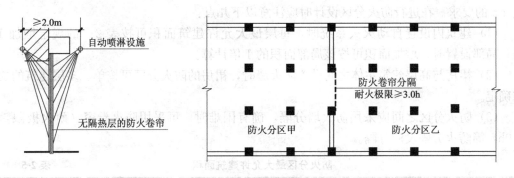

图2-10　防火卷帘用于防火墙开口部位的做法

（4）楼面板和屋面板

一、二级耐火等级的建筑楼面板和屋面板应分别采用耐火极限1.5h和1.0h以上的不燃烧体，如钢筋混凝土楼屋面板，以阻隔火势向上蔓延。

（5）窗槛墙和防火挑檐

火灾时，火焰可以通过外墙窗口向上层延烧。当采用具有1.5h或1.0h耐火极限的楼板和窗槛墙将上下层隔开，两上、下窗之间的距离大于1.2m时，竖向的隔火效果较好。另外，在下层窗的上沿设置外挑挑檐或上层阳台及楼板外伸等设计做法均能提高楼层的竖向防火性能。

（6）各种竖井的防火分隔

大量火灾教训表明，建筑中的各种竖井，如在设计、施工中的疏忽，没有进行很好的封隔，一旦发生火灾，便成为拔烟拔火的通道，助长火势蔓延扩大，造成严重损失。

各类竖井的井壁要具备较好的耐火能力。管道井、电缆井、排烟道等竖向管井的井壁，其耐火极限不应低于1.0h，管壁上的检查门应采用丙级防火门。

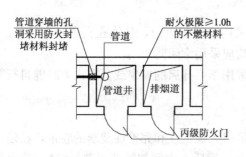

图 2-11　管道竖井的防火分隔设计

各类竖井应分别独立设置，电缆井、管道井与房间、走道等相连通的空隙应采用防火封堵材料封堵（见图 2-11）。

建筑内的电缆井、管道井应在每层楼板处采用不低于楼板耐火极限的不燃体或防火封堵材料封堵。

（7）防烟楼梯间和封闭楼梯间

防烟楼梯间和封闭楼梯间用于人员疏散，同时也是竖向隔火构件，可以阻止火势向上发展。详细描述参见本章第 2.5 节相关内容。

### 2.4.4　防火分区的设计要求

从防火的角度看，防火分区划分得越小，越有利于保证建筑物的防火安全。但划分得过小，势必会影响建筑物的使用功能，防火分区面积大小的确定应考虑建筑物的使用性质、耐火等级、高度、火灾危险性以及消防扑救能力等因素。我国现行防火规范对各类建筑的防火分区的面积均有明确的规定，在设计时必须结合工程实际，严格执行。

民用建筑防火分区面积是以建筑面积计算的，每个防火分区最大允许建筑面积应符合表 2-5 的要求。在进行防火分区设计时应注意以下几点：

（1）建筑内设置自动灭火系统时，每层最大允许建筑面积可按表 2-5 的规定增加 1 倍；局部设置时，增加面积可按该局部面积的 1 倍计算。

（2）裙房与高层建筑主体之间设置防火墙时，裙房的防火分区可按单、多层建筑的要求确定。

（3）防火分区之间应采用防火墙分隔，确有困难时，可采用防火卷帘（耐火极限≥3.0h）等防火分隔设施分隔。

防火分区最大允许建筑面积　　　　　　　　　　　　　　　　表 2-5

| 名称 | 耐火等级 | 允许建筑高度或层数 | 防火分区最大允许建筑面积（m²） | 备注 |
|------|---------|------------------|--------------------------|------|
| 高层民用建筑 | 一、二级 | 按表 2-1 确定 | 1500 | 对于体育馆、剧场的观众厅，防火分区的最大允许建筑面积可适当增加 |
| 单、多层民用建筑 | 一、二级 | 按表 2-1 确定 | 2500 | |
| | 三级 | 5 层 | 1200 | |
| | 四级 | 2 层 | 600 | |
| 地下或半地下建筑（室） | 一级 | — | 500 | 设备用房的防火分区最大允许建筑面积不应大于 1000m² |

## 2.5　安　全　疏　散

安全疏散设施的建立，其目的是使人能从发生火灾的建筑中迅速撤离到安全部位（室外或避难层、避难间等)，及时转移室内重要的物资和财产，减少火灾造成的人员伤亡和财产损失，为消防人员提供有利的灭火条件。因此，完善建筑物的安全疏散设施是十分必要的。

建筑物的安全疏散设施包括：主要安全疏散设施，如安全出口、疏散楼梯、走道和门等；辅助安全疏散设施，如防排烟设施、疏散阳台、缓降器等；对于建筑高度大于100m的公共建筑还应设置避难层(间)。在设计时，应根据建筑物的规模、使用性质、火灾危险性、容纳人数以及人们在火灾时的心理状态和行动特点等合理设置安全疏散设施，为人员的安全疏散创造有利条件。

### 2.5.1 安全疏散设施布置的原则

2.5.1.1 火灾时人的心理与行为

在布置安全疏散路线时，必须充分考虑火灾时人们在异常心理状态下的行为特点(见表2-6)，在此基础上进行合理设计，达到安全疏散人员的目的。

疏散人员的心理与行为　　　　　　　　　　　　　　　　　　　　表 2-6

| 向经常使用的出入口、楼梯避难 | 在旅馆、剧院等发生火灾时，人员习惯于从原出入口或走过的楼梯疏散，而很少使用不熟悉的出入口或楼梯 |
| --- | --- |
| 习惯于向明亮的方向疏散 | 人具有朝着光明处运动的习性，以明亮的方向为行动的目标 |
| 奔向开阔的空间 | 与趋向光明处的心理行为是同一性质的 |
| 对烟火怀有恐惧心理 | 对于红色火焰怀有恐惧心理是动物的一般习性，人一旦被火包围，则不知所措 |
| 因危险而陷入极度恐慌，逃向狭小角落 | 在出现死亡事故的火灾中，常可看到缩在房角、厕所或把头插进橱柜而死亡的例子 |
| 越慌乱，越容易跟随他人 | 人在极度慌乱中，往往会失去正常判断能力，无形中产生跟随他人的行为 |
| 紧急情况下能发挥出意想不到的力量 | 把全部精力集中在应付紧急情况上，会作出平时预想不到的举动。如遇火灾时，甚至敢从高楼上跳下去 |

2.5.1.2 安全疏散路线的布置

根据火灾事故中疏散人员的心理和行为特征，在进行疏散线路的设计时，应使疏散的线路简捷明了，不与扑救路线相交叉，并能与人们日常生活的活动路线有机地结合起来。在发生火灾，紧急疏散时，人们行走的路线应该是一个阶段比一个阶段的安全性高。如人们从着火房间或部位，跑到公共走道，再由公共走道到达疏散楼梯间，然后转向室外或其他安全处所，如避难层，一步比一步安全，这样的疏散路线即为安全疏散路线。因此，在布置疏散路线时，既要力求简捷，便于寻找、辨认，还要避免因受某种障碍发生"逆流"情况。

(1) 合理组织疏散流线

应按照建筑物中各功能区的不同用途，分别布置疏散线路。因为高层疏散路线的竖向连通性，要防止各个不同层面的防火分区通过疏散路径"串联"，扩大火灾的危险。如某高层商住综合楼，地下室为车库、设备用房，一、二层为商业用房，三层及三层以上为住宅。为了确保疏散路线的安全性，可将安全疏散路线分为完全独立的三个部分：1) 上部

27

住宅人群的疏散；2）一、二层商业用房人群的疏散；3）地下室人群的疏散。这三部分的疏散楼梯各自完全独立，确保疏散路线的明晰，同时有效地防止了各层面不同功能区的火灾的"串联"。

（2）合理布置疏散路线

当发生火灾时，人们通常首先考虑熟悉并经常使用的由电梯所组成的疏散路线，因此疏散楼梯间靠近电梯间布置较为有利。当靠近电梯间设置疏散楼梯间时，就能使经常使用的路线和火灾时的疏散路线有机地结合起来，有利于疏散的快速和安全。图2-12为疏散楼梯与消防电梯相结合的设置形式，其中图2-12（a）为一对剪刀梯设置为防烟楼梯间，楼梯的前室与消防电梯前室合用，疏散路线与平时常用路线相结合，人群可直接通过短走道进入合用前室，再进入疏散楼梯，安全有良好的保障。图2-12（b）中布置了环形走道和两座防烟楼梯间，形成了完善的双向疏散路线，以满足消防人员救护和便于人们疏散的需要。

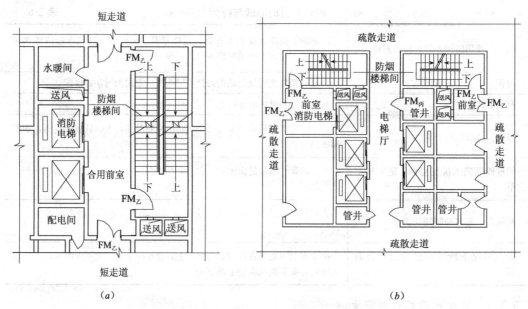

图2-12　疏散楼梯与消防电梯相结合布置示意
(a) 剪刀梯与消防电梯相结合的布置图；(b) 防烟楼梯与消防电梯相结合的布置图

（3）合理布置疏散出口

为了保证人们在火灾时向不同疏散方向进行疏散，一般应在靠近主体建筑标准层或其防火分区的两端设置安全出口。在火灾时人们常常是冲向熟悉、习惯和明亮处的出口或楼梯，若遇烟火阻碍，就得掉头寻找出路，尤其是人们在惊慌、失去理智控制的情况下，往往会追随别人盲目行动，所以只有一个方向的疏散路线是极不安全的。

有条件时，疏散楼梯间及其前室，应尽量靠近外墙设置。因为这样布置，可利用在外墙开启的窗户进行自然排烟，从而为人员安全疏散和消防扑救创造有利条件；如因条件限制，将疏散楼梯布置在建筑核心部位时，应设有机械正压送风设施，以利于安全疏散。

安全出口是供人员安全疏散用的楼梯间和室外楼梯的出入口或直通室内外安全区域

的出口。安全出口应分散布置，使人员能够双向疏散，以避免出口距离太近，造成人员疏散拥堵现象。因此，建筑内的每个防火分区、一个防火分区内的每个楼层，其安全出口的数量不应少于2个，相邻2个安全出口最近边缘之间的水平距离不应小于5m（见图2-13）。

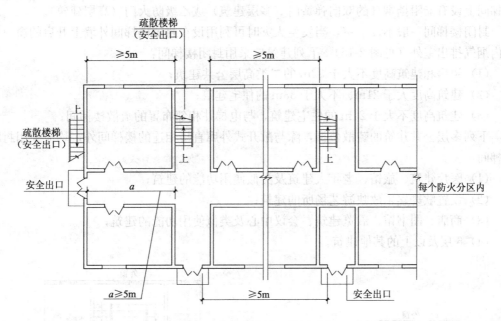

图2-13　建筑安全出口设置要求

## 2.5.2　疏散楼梯间

当发生火灾时，普通电梯如未采取有效的防火防烟措施，因供电中断，均会停止运行。此时楼梯间便成为最主要的竖向疏散设施。它即是楼内人员的疏散线路，也是消防人员灭火进攻线路。

疏散楼梯间是人员在火灾紧急情况下安全疏散所用的楼梯间。按防烟火作用和安全疏散程度可分为敞开楼梯间、室外疏散楼梯间、封闭楼梯间、防烟楼梯间。其中敞开楼梯间的防烟火作用、安全疏散程度最差，防烟楼梯间最好。

### 2.5.2.1　敞开楼梯间

敞开楼梯间是指楼梯四周有一面敞开，其余三面为具有相应燃烧性能和耐火极限的实体墙，火灾发生时，不能阻止烟、火进入的楼梯间。在符合规定的层数和其他条件下，可以作为垂直疏散通道。

### 2.5.2.2　室外疏散楼梯间

室外疏散楼梯是在建筑物的外墙上设置的，且常布置在建筑端部，全部开敞于室外的楼梯（见图2-14）。室外疏散楼梯具

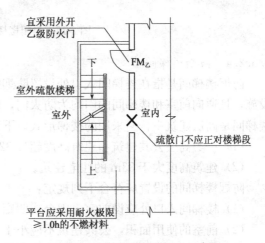

图2-14　室外疏散楼梯设置示意图

有防烟楼梯间相同的防烟、防火功能，可供人员应急疏散或消防队员直接从室外进入起火楼层进行火灾扑救。

2.5.2.3　封闭楼梯间

封闭楼梯间是指在楼梯间入口处设置门，以防火灾的烟和热气进入的楼梯间。一般在楼梯间上设有能阻挡烟气的双向弹簧门（多层建筑）或乙级防火门（高层建筑）。

封闭楼梯间一般不设前室，当发生火灾时可利用设在封闭楼梯间外墙上开启的窗户将室内烟气排出室外（见图 2-15）。下列建筑应采用封闭楼梯间：

（1）裙房和建筑高度不大于 32m 的二类高层公共建筑；

（2）建筑高度大于 21m、不大于 33m 的住宅建筑；

（3）建筑高度不大于 21m 的住宅建筑，与电梯井相邻布置的疏散楼梯间；

下列多层公共建筑的疏散楼梯，除与敞开式外廊直接相连的楼梯间外，均应采用封闭楼梯间：

（1）医疗建筑、旅馆、老年人建筑及类似使用功能的建筑；

（2）设置歌舞娱乐放映游艺场所的建筑；

（3）商店、图书馆、展览建筑、会议中心及类似使用功能的建筑；

（4）6 层及以上的其他建筑。

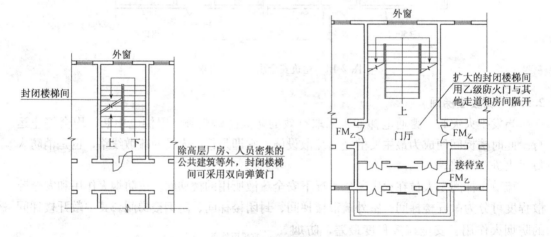

图 2-15　封闭楼梯间设计示意图

2.5.2.4　防烟楼梯间

防烟楼梯间是指在楼梯间入口处设置防烟的前室、开敞式阳台或凹廊（统称前室）等设施，且通向前室和楼梯间的门均为防火门，以防止火灾的烟和热气进入的楼梯间。防烟楼梯间是高层建筑中普遍采用的楼梯形式。下列建筑均应设置防烟楼梯间：

（1）一类高层公共建筑和建筑高度超过 32m 的二类高层公共建筑；

（2）建筑高度大于 33m 的住宅建筑。

防烟楼梯间的设置应符合下列规定：

（1）楼梯间入口处应设前室、阳台或凹廊。

（2）前室的使用面积，公共建筑不应小于 6.0m²，住宅建筑不应小于 4.5m²。

（3）当与消防电梯间前室合用时，合用前室的使用面积，公共建筑不应小于 10.0m²，

住宅建筑不应小于 $6.0m^2$。

（3）前室和楼梯间的门均为乙级防火门，并应向疏散方向开启。

防烟楼梯间有如下几种类型：

（1）带开敞前室的防烟楼梯间

这种类型防烟楼梯间的特点是以阳台或凹廊作为前室，疏散人员须通过开敞的前室和两道防火门才能进入封闭的楼梯间内。其优点是自然风力能将随人流进入阳台的烟气迅速排走，同时转折的路线也使烟很难袭入楼梯间，无需再设其他的排烟装置。所以这是安全性最高和最为经济的一种疏散楼梯间。但只有当楼梯间靠外墙时才能采用这种形式。

图 2-16（a）为以阳台作为开敞前室的防烟楼梯间，特点是人流通过阳台才能进入楼梯间，风可将窜入阳台的烟气立即吹走，所以防烟、排烟的效果较好。

图 2-16（b）为以凹廊作为开敞前室的防烟楼梯间，这种形式的楼梯间除自然排烟效果较好外，在平面布置上还可与电梯厅相结合，使经常使用的流线和火灾时的疏散路线结合起来。

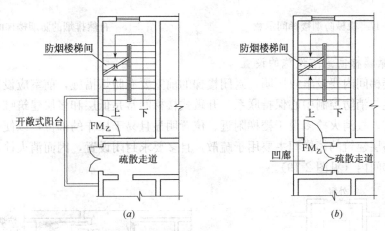

图 2-16　带开敞前室的防烟楼梯间做法
（a）以阳台为开敞前室；（b）以凹廊为开敞前室

（2）带封闭前室的防烟楼梯间

这种类型防烟楼梯间的特点是人员须通过封闭的前室和两道防火门，才能到达楼梯间内。与开敞式楼梯间相比，其主要优点是即可靠外墙设置，也可放在建筑物核心筒内部，平面布置灵活且形式多样，主要缺点是排烟比较困难。位于内部的前室和楼梯间须设机械防烟设施，设备复杂；当靠外墙布置时，可利用窗口自然排烟，但受室外风向的影响较大，可靠性较差。

图 2-17 为采用机械防烟的楼梯间，适合于高层筒体结构的建筑物疏散楼梯间的布置。筒体结构的建筑常将电梯、楼梯、服务设施及管道系统布置在中央部位，周围是大面积的主要用房，即采用中心核式布置。由于其楼梯位于建筑物的内核，因而只能采用机械加压防烟楼梯间。

利用自然排烟的防烟楼梯间及其前室在高层建筑中使用较普遍。如图 2-18 所示，靠外墙的防烟楼梯间宜设可开启外窗，外窗的开启面积不宜小于 $2m^2$。防烟楼梯间前室和消防电梯前室可开启外窗的面积也不宜小于 $2m^2$。而合用前室可开启外窗的面积不宜小于

$3m^2$。这样在发生火灾时，可以确保烟气通过前室和楼梯间的外窗排出室外，从而达到防排烟的效果。

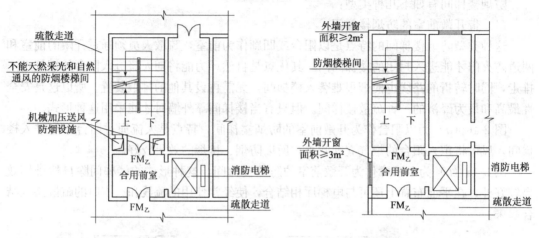

图 2-17　机械防烟楼梯间示意　　　　图 2-18　自然排烟的防烟楼梯间示意图

#### 2.5.2.5　疏散楼梯间消防设施的设置

前室和楼梯间内要设事故照明，封闭楼梯的前室要有防烟措施，前室应设置消火栓及电话，以便能与消防控制中心保持联系。开敞式楼梯间常是低层和多层建筑唯一的垂直交通和疏散通道，故消火栓多设于楼梯附近、位置明显且易于操作的部位，以便于上下层灭火时使用。高层建筑的楼梯间主要用于疏散，且多要求封闭设置，因而消火栓不宜设于防烟和封闭楼梯间内（见图 2-19）。

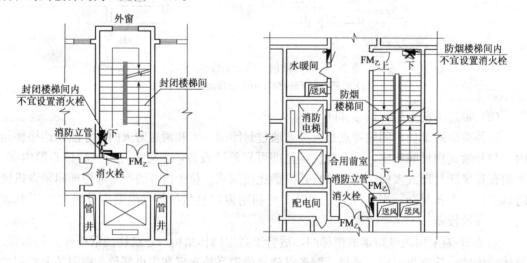

图 2-19　疏散楼梯间消火栓布置要求

### 2.5.3　避难层

#### 2.5.3.1　设置避难层的意义

建筑高度大于 100m 的公共建筑，尽管已设有防烟楼梯间等安全疏散设施，但是一旦发生火灾，要将建筑物内的人员全部疏散到地面是非常困难的，甚至是不可能的。因此，在超高层建筑内适当楼层设置供疏散人员暂时躲避火灾和烟气危害的一块安全区域（避难层或避难间）是非常必要的。

近年来国内许多高层建筑都设置了避难层或避难间（见表2-7），一般是与设备层、消防、排烟系统结合设置。

国内设置避难层（间）的高层建筑        表2-7

| 建筑名称 | 楼层数 | 设避难层（间）的层数 |
| --- | --- | --- |
| 广东国际大厦 | 62 | 23、41、61 |
| 深圳国际贸易中心 | 50 | 24、顶层 |
| 深圳新都酒店 | 26 | 14、23 |
| 上海瑞金大厦 | 29 | 9、顶层 |
| 上海希尔顿饭店 | 42 | 5、22、顶层 |
| 北京国际贸易中心 | 39 | 20、38 |
| 北京京广大厦 | 52 | 23、42、51 |
| 北京京城大厦 | 51 | 28、29层以上为公寓敞开式天井 |
| 沈阳科技文化活动中心 | 32 | 15、27 |

### 2.5.3.2 避难层设计要求

避难层的设计应符合下列规定：

（1）第一个避难层（间）的楼地面至灭火救援场地地面的高度不应大于50m，两个避难层（间）之间的高度不宜大于50m。

（2）通向避难层（间）的疏散楼梯应在避难层分隔、同层错位或上下层断开（见图2-20）。为避免防烟失控或防火门关闭不灵时，烟气波及整部楼梯间，应采取楼梯间在避

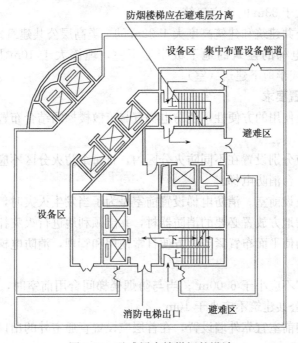

图2-20 避难层中楼梯间的设计

难层错位的布置方式。即人流到达该避难层后需转换到同层邻近位置的另一段楼梯再向下疏散。这种不连续的楼梯竖井能有效地阻止烟气竖向扩散。

（3）避难层（间）的净面积应能满足设计避难人数避难的要求，并宜按 5.0 人/m² 计算。

（4）避难层可兼作设备层。设备管道宜集中布置，其中的易燃、可燃液体或气体管道应集中布置，设备管道区应采用耐火极限不低于 3.00h 的防火隔墙与避难区分隔。管道井和设备间应采用耐火极限不低于 2.0h 的防火隔墙与避难区分隔，管道井和设备间的门不应直接开向避难区；确需直接开向避难区时，与避难层区出入口的距离不应小于 5m，且应采用甲级防火门。

（5）避难层应设置消防电梯出口、消火栓和消防软管卷盘以及消防专线电话和应急广播。

（6）应设置直接对外的可开启窗口或独立的机械防烟设施，外窗应采用乙级防火窗。

# 2.6　消　防　电　梯

## 2.6.1　消防电梯设置范围

高层建筑应设置消防电梯。普通电梯一般都布置在敞开的走道或电梯厅，火灾时因电源切断而停止使用，因此普通电梯无法供消防队员扑救火灾。高层建筑如不设置消防电梯，发生火灾时消防队员需徒步负重攀登楼梯扑救火灾，这不仅消耗消防队员体力，还延误灭火时机。设置消防电梯能节省消防员的体力，使消防员能快速接近着火区域，提高战斗力和灭火效果。消防队员如从疏散楼梯进入火场，易与和正在疏散的人群形成"对撞"。因此，高层建筑内设置消防电梯是十分必要的。下列建筑应设消防电梯：

（1）建筑高度大于 33m 的住宅建筑。

（2）一类高层公共建筑和建筑高度大于 32m 的二类高层公共建筑。

（3）设置消防电梯的建筑的地下或半地下室，埋深大于 10m 且总建筑面积大于 3000m² 的其他地下或半地下建筑（室）。

## 2.6.2　消防电梯设置要求

考虑到消防队员使用的方便性，消防电梯宜与疏散楼梯间结合布置。消防电梯的设置应当符合下列规定：

（1）消防电梯应分别设置在不同防火分区内，且每个防火分区不应少于 1 台。相邻两个防火分区可共用 1 台消防电梯。

（2）消防电梯应设前室。消防电梯设置前室是为了当发生火灾时，消防队员在起火楼层有一个较为安全的地方放置必要的消防器材，并能顺利地进行火灾扑救。前室也具有防火、防烟的功能。为使平面布置紧凑，方便日常使用和管理，消防电梯和防烟楼梯可合用一个前室。

前室的使用面积不应小于 6.00m²；当与防烟楼梯间合用前室时，其面积：居住建筑不应小于 6.00m²；公共建筑不应小于 10m²。

（3）消防电梯间前室宜靠外墙设置，在首层应设置直通室外的出口或经过长度不超过 30m 的通道通向室外。

消防电梯的前室靠外墙设置，可利用直通室外的窗户进行自然排烟。火灾时，为使消防队员尽快由室外进入消防电梯前室，前室在首层应有直通室外的出入口。若受平面布置限制，外墙出入口不能靠近消防电梯前室时，要设置不穿越其他房间且长度不小于30m的走道，以保证路线畅通。

（4）前室或合用前室的门应采用乙级防火门，不应设置防火卷帘。

（5）消防电梯井、机房与相邻电梯井、机房之间，应采用耐火极限不低于2.0h的防火隔墙，隔墙上的门应采用甲级防火门（见图2-21）。

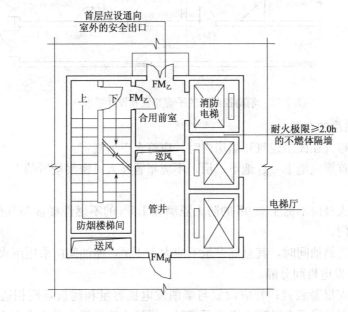

图2-21 消防系统引入管上加设阀门的做法

（6）消防电梯井底排水。在灭火过程中可能有大量的消防用水流入消防电梯井，为此，消防电梯前室门口宜设置挡水设施。消防电梯的井底还应设排水设施，排水井容量不应小于2.0m³，排水泵的排水量不应小于10L/s；消防电梯井底排水的做法参见本书第3.6节相关内容。

## 2.7 设备用房的平面布置

### 2.7.1 消防水泵房和消防控制室的布置

消防水泵房是消防给水系统的心脏，故单独建造的消防水泵房，其耐火等级不应低于二级；附设在建筑内的消防水泵房，设置在首层时，其出口宜直通室外；设置在地下室或其他楼层时，消防水泵房不应设在地下三层及以下或室内地面与室外出入口地坪高差大于10m的地下楼层，其出口应靠近安全出口。消防水泵房的门应采用甲级防火门。

消防控制室是火灾扑救的指挥中心，是保障建筑物安全的要害部位之一。所以，设置火灾自动报警系统和需要联动控制的消防设备的建筑（群），应设置消防控制室。单独建造的消防控制室，其耐火等级不应低于二级；附设在建筑内的消防控制室，宜设置在建筑内首层或地下一层，应采用耐火极限不低于 2.0h 的隔墙和 1.5h 的楼板与其他部位隔开，且应设直通室外的安全出口。消防控制室的平面布置和设计要求如图 2-22 所示。

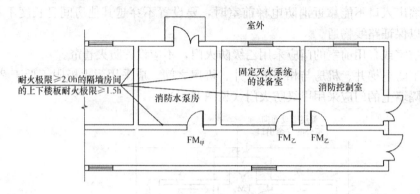

图 2-22　消防控制室的平面布置和设计要求

### 2.7.2　柴油发电机房的布置

柴油发电机房布置在民用建筑和裙房内时，应符合下列规定：

（1）宜布置在首层或地下一、地下二层，不应布置在人员密集场所的上一层、下一层或贴邻。

（2）应采用耐火极限不低于 2.0h 的防火隔墙和 1.5h 的不燃性楼板与其他部位分隔，门应采用甲级防火门。

（3）机房内设置储油间时，其总储存量不应大于 1m³，储油间应采用耐火极限不低于 3.0h 的防火隔墙与发电机间分隔。

（4）应设置火灾报警装置；并应设置与柴油发电机容量和建筑规模相适应的灭火设施，当建筑内其他部位设置自动喷水灭火系统时，机房内应设置自动喷水灭火系统。

### 2.7.3　燃油或燃气锅炉、油浸变压器等的布置

燃油、燃气锅炉房、油浸电力变压器等用房宜单独建造。当上述设备用房受条件限制时，可与民用建筑贴邻布置，但应采用防火墙隔开，且不应贴邻人员密集场所。

燃油、燃气锅炉房、油浸电力变压器等受条件限制必须布置在民用建筑内时，不应布置在人员密集的场所的上一层、下一层或贴邻，并应符合下列规定：

（1）燃油、燃气锅炉房、变压器室应布置在建筑物的首层或地下一层靠外墙部位，但常（负）压燃油、燃气锅炉可设置在地下二层或屋顶上。设置在屋顶上的常（负）压燃气锅炉，距离通向屋面的安全出口的距离不应小于 6m（见图 2-23）。

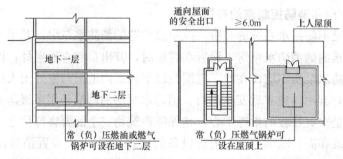

图 2-23　常（负）压燃油、燃气锅炉的设置示意图

（2）锅炉房、变压器室的门均应直通室外或直通安全出口。

（3）锅炉房、变压器室与其他部位之间应采用耐火极限不低于 2.0h 的不燃烧体隔墙和 1.5h 的楼板隔开。在隔墙和楼板上不应开设洞口；当必须在隔墙上开设门窗时，应设甲级防火门窗（见图 2-24）。

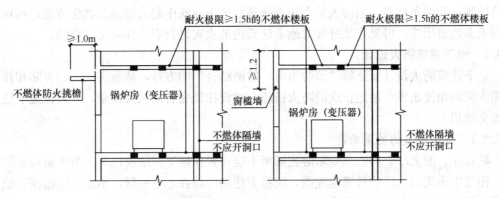

图 2-24 锅炉房、变压器室的布置与设计要求

（4）应设置火灾报警装置，并应设置与锅炉、变压器等的容量及建筑规模相适应的灭火设施，当建筑内其他部位设置自动喷水灭火系统时，锅炉、变压器室应设置自动喷水灭火系统。

# 2.8 地下建筑防火

### 2.8.1 地下建筑火灾特点

地下建筑是在地下通过开挖、修筑而成的建筑空间。由于只有内部空间，无外部空间，不能开设窗户，与建筑外部相连的通道少，且通道的宽度和高度受空间的限制，一般尺寸较小。由此决定了地下建筑发生火灾时的不同特点。

（1）发烟量大，温度高

地下建筑发生火灾时，一般供氧不足，开始时温度上升较慢，阴燃时间较长，发烟量大。由于地下建筑无窗，发生火灾时不能像地面建筑那样有 80% 的烟可通过破碎的窗户扩散到大气中，而是聚集在建筑物中，而且燃烧的可燃物中还会产生各种有毒的物质，危害人员的生命安全。

地下建筑的热烟很难排出，散热缓慢，内部空间温度上升快，会较早地出现"轰燃"现象，火灾房间空气的体积急剧膨胀，一氧化碳、二氧化碳等有害气体的浓度较高。

（2）人员疏散困难

1）出入口少，疏散距离长。发生火灾时，人员的疏散只能通过出入口，只有跑出地下建筑物才能安全。

2）出入口在没用排烟设施的情况下，会成为喷烟口。发生火灾时，人员的疏散方向与高温浓烟的扩散方向一致，且烟的扩散速度比人群的疏散速度要快得多，人员无法逃避高温浓烟的危害。

　　3）地下建筑物无法进行自然采光。发生火灾时，一旦停电，建筑物内将是一片漆黑，人员根本无法逃离火场。

　　（3）扑救困难

　　因出入口少，地下建筑的灭火进攻路线少，而且出入口易成为"烟筒"，消防队员在高温浓烟情况下难以接近着火点；可用于地下建筑的灭火剂种类较少；在地下建筑中通信联络困难，照明条件差，消防人员无法直接观察地下建筑中起火部位及燃烧情况，给现场指挥灭火造成困难。可见，从外部对地下建筑内的火灾进行有效扑救是很难的。

**2.8.2　地下建筑防火设计**

　　地下建筑防火设计要坚持"预防为主，防消结合"的方针，从重视火灾的预防和扑救初期火灾的角度出发，制定正确的防火措施，建设比较完善的灭火设施，以确保地下建筑的安全使用。

**2.8.2.1　地下建筑的使用功能**

　　歌舞厅、游艺厅、网吧等娱乐游艺场所不应布置在地下二层及以下。为了缩短疏散距离，使发生火灾后人员能够迅速疏散，应将上述场所设在地下一层，不宜埋设很深。地下一层地面与室外出入口地坪的高差不应大于10m。

　　地下商店的营业厅不应设置在地下三层及以下。因营业厅设置在地下三层及以下时，由于经营和储存商品数量多，火灾荷载大，垂直疏散距离较长，一旦发生火灾，火灾扑救、烟气排除和人员疏散都较为困难，故地下商店营业厅只能设在地下一层或地下二层。

　　目前，国内外一些大城市都有地下街，并和地下铁道、地下车库相通，一般地下街都设在地下一层；地下二层是地下铁道和地下车库等；地下三层是通风、排水沟、电缆沟等设备层。

**2.8.2.2　地下建筑防火分区的划分**

　　地下建筑防火分区的划分应比地面建筑要求严些，并应根据使用性质不同区别对待。视建筑的功能，每个防火分区的面积不应大于500m²，当设有自动灭火系统时，可以放宽，但不宜大于1000m²。

　　对于商业营业厅、展览厅等地下建筑，当设有火灾自动报警系统和自动灭火系统，防火分区的最大允许建筑面积不应大于2000m²。

**2.8.2.3　地下建筑的安全疏散**

　　（1）地下建筑每个防火分区内的安全出口不应少于2个（见图2-25）。

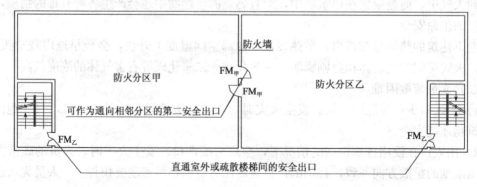

图 2-25　地下建筑防火分区及安全出口的设置

（2）歌舞娱乐放映游艺场所不应布置在地下二层及以下楼层；不宜布置在袋形走道的两侧或尽端；确需布置在地下一层时，地下一层的地面与室外出入口地坪的高差不应大于10m；确需布置在地下或四层及以上楼层时，一个厅、室的建筑面积不应大于200m²；厅、室之间及与建筑的其他部位之间，应采用耐火极限不低于2.0h的防火墙和1.0h的不燃性楼板分隔，设置在厅、室墙上的门和该场所与建筑内其他部位相通的门均应采用乙级防火门。

（3）房间建筑面积小于或等于50m²，且经常停留人数不超过15人时，可设置一个疏散门直通地上。

# 2.9 汽车库防火

通常所指的汽车库是汽车库、修车库和停车场的总称。汽车库的消防设计必须符合《汽车库、修车库、停车场设计防火规范》的相关规定。

## 2.9.1 汽车库的种类

（1）汽车库：停放由内燃机驱动且无轨道的客车、货车、工程车等汽车的建筑物。

（2）修车库：保养、修理由内燃机驱动且无轨道的客车、货车、工程车等汽车的建（构）筑物。

（3）停车场：停放由内燃机驱动且无轨道的客车、货车、工程车等汽车的露天场所和构筑物。

（4）地下汽车库：室内地坪面低于室外地坪面高度超过该层车库净高一半的汽车库。

（5）高层汽车库：建筑高度超过24m的汽车库或设在高层建筑内地面以上楼层的汽车库。

（6）机械式汽车库：采用机械设备进行垂直或水平移动等形式停放汽车的汽车库。

（7）平战结合的汽车库：汽车库平时停车，战时作仓库或人员的掩蔽所。这类汽车库除了应满足战时防护的要求，其他均与一般汽车库的要求一样。

无论何种形式的汽车库，在进行消防系统设计时，均有一定的设计方法和要求。

## 2.9.2 汽车库防火分类和耐火等级

### 2.9.2.1 汽车库的防火分类

汽车库、修车库、停车场的分类应根据停车（车位）数量和总面积确定，并应符合表2-8的规定。

**汽车库、修车库、停车场的防火分类** 　　　　　　表 2-8

| 类 别 种 类 | Ⅰ | Ⅱ | Ⅲ | Ⅳ |
|---|---|---|---|---|
| 汽车库（辆） | ＞300 | 151～300 | 51～150 | ≤50 |
| 修车库（车位） | ＞15 | 6～15 | 3～5 | ≤2 |
| 停车场（辆） | ＞400 | 251～400 | 101～250 | ≤100 |

注：公交汽车库的建筑面积可按本表的规定值增加2倍。

### 2.9.2.2 汽车库的耐火等级

汽车库的耐火等级分为三级。地下、半地下和高层汽车库的耐火等级应为一级；甲、乙物品运输车的汽车库、修车库和Ⅰ类汽车库、修车库的耐火等级应为一级；Ⅱ、Ⅲ类汽车库、修车库的耐火等级不应低于二级；Ⅳ类汽车库、修车库的耐火等级不应低于三级。

**2.9.3　汽车库总平面布局和平面布置**

　　汽车库、修车库、停车场的选址和总平面设计，应根据城市规划要求，合理确定汽车库、修车库、停车场的位置、防火间距、消防车道和消防水源等。

2.9.3.1　一般规定

许多高层建筑和公共建筑中的地下都建造了汽车库。汽车库可与一般民用建筑贴邻或

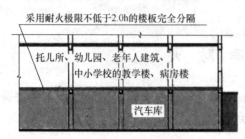

图 2-26　汽车库与托儿所、幼儿园
等建筑的布置关系

组合建造，但不应与托儿所、幼儿园、老年人建筑、中小学校的教学楼、病房楼等组合建造。但当汽车库与托儿所、幼儿园、老年人建筑、中小学校的教学楼、病房楼等建筑之间，采用耐火极限不低于 2.0h 的楼板完全分隔时，汽车库可设置在上述建筑的地下部分（见图2-26）。

对于停车数量较多的Ⅰ、Ⅱ类汽车库、停车场，宜设置耐火等级不低于二级的灭火器材间（见图 2-27）。灭火器材间的设置对预防和扑救火灾可起到很好的作用。同时此灭火器材间也是消防员的工作室和对灭火器等消防器材进行定期保养、换药、检修的场所。

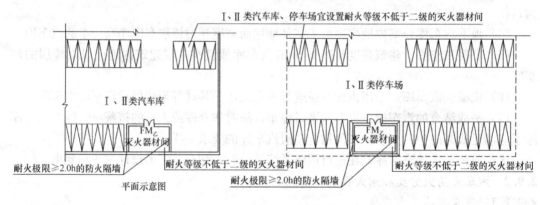

图 2-27　汽车库内灭火器材间的布置

2.9.3.2　防火间距

车库之间以及车库与其他建筑物之间的防火间距不应小于表 2-9 的规定。

车库之间以及车库与民用建筑物之间的防火间距　　　　　　　　　表 2-9

| 名称和耐火等级 | 汽车库、修车库与民用建筑 | | |
| --- | --- | --- | --- |
| | 一、二级 | 三级 | 四级 |
| 一、二级汽车库、修车库 | 10 | 12 | 14 |
| 三级汽车库、修车库 | 12 | 14 | 16 |
| 停车场 | 6 | 8 | 10 |

　　注：高层汽车库与其他建筑物，汽车库、修车库与高层建筑的防火间距应按本表的规定值增加3m。

**2.9.4　防火分隔**

　　（1）汽车库应划分防火分区，防火分区之间应采用符合要求的防火墙、防火卷帘等进

行分隔。每个防火分区的最大允许建筑面积应符合表2-10的规定。

汽车库防火分区最大允许建筑面积（m²）　　　　　　　　表2-10

| 耐火等级 | 单层汽车库 | 多层汽车库或半地下车库 | 地下汽车库或高层汽车库 |
|---|---|---|---|
| 一、二级 | 3000 | 2500 | 2000 |
| 三级 | 1000 | 不允许 | 不允许 |

（2）汽车库内设有自动灭火系统时，其防火分区的最大允许建筑面积可按表2-10的规定增加1倍。

（3）甲、乙类物品运输车的汽车库、修车库，其防火分区最大允许建筑面积不应超过500m²。

（4）修车库防火分区最大允许建筑面积不应超过2000m²。

（5）附设在汽车库、修车库内的消防控制室、自动灭火系统的设备室、消防水泵房和排烟、通风空气调节机房等，应采用防火隔墙和耐火极限不低于1.5h的不燃性楼板相互隔开或与相邻部位分隔（见图2-28）。

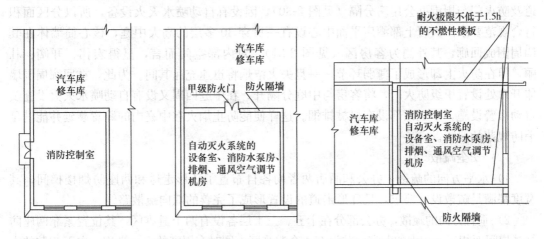

图2-28　汽车库内设置消防控制室、消防泵房等设备间的布置情况

### 2.9.5　安全疏散

（1）设在工业与民用建筑内的汽车库，其车辆疏散出口应与其他部位的人员安全出口分开设置（见图2-29）。

（2）汽车库、修车库内每个防火分区的人员安全出口不应少于2个，Ⅳ类汽车库和Ⅲ、Ⅳ类的修车库可设置1个。

（3）汽车库、修车库的室内疏散楼梯应设置封闭楼梯间。建筑高度超过32m的高层汽车库的室内地面与室外出入口地坪的高差大于10m的地下汽车库的疏散楼梯应设置防烟楼梯间，且楼梯间和前室的

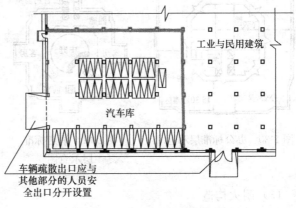

图2-29　汽车库安全疏散口的设置

门应采用乙级防火门，并应向疏散方向开启。

# 2.10　建筑防火设计实例

**【实例 1】上海金茂大厦**

金茂大厦是一幢超高层综合性大楼，总建筑面积约 28 万 $m^2$，88 层的主楼高达 421m。其下半段为办公部分，五十三层以上为五星级酒店。其辅楼有 6 层，内设商业及游乐等多种设施。

（1）总体布局与防火分区

大厦坐落在上海浦东陆家嘴金融贸易区，西临黄浦江，北依绿地，东、南侧有大量各类高楼。大厦基地四周均有道路环绕，基地内还设有绿化及回车场，因此消防扑救条件良好，并和其他高楼都保持有充分的防火间距。

在防火分区方面，塔楼的办公部分每层约有 2000$m^2$，通过中央核心筒四周的环形走道及防火门与周围办公用房分隔（见图 2-30），因设有自动喷水灭火设备，所以分区面积符合规范要求。大厦上部酒店平面中心设有一贯穿 30 多层的高大中庭，核心筒墙体在其四周围成回廊，其外侧为客房区（见图 2-31）。对内部空间而言，显得宏伟、开阔、壮丽，但在防火上却形成了薄弱环节，一旦失火浓烟将迅速充斥其间。为此，在回廊周围墙体开口处设置甲级防火门，将客房与中庭分隔开，在中庭四周又设有自动喷水灭火设施及自动报警设施，中庭顶部设有机械排烟。这样便能防止烟火在中庭内的肆意蔓延并能满足消防规范的要求。

（2）安全疏散

1）水平方向的疏散，办公和酒店两者均各自布置了环形走道和两座防烟楼梯间，其宽度都满足疏散设计要求，且环形走道的设置形成了完善的双向疏散路线。

2）垂直方向的疏散，办公部分在十五、三十层各设有两个避难区，其位置紧靠两座防烟楼梯间而相当于扩大的前室，共设有 4 个避难区，同时有周密的引入措施，向下疏散的人员必须经过避难区后再继续下行，若楼梯内发生堵塞则可在该区中暂时避难（见图 2-32）。

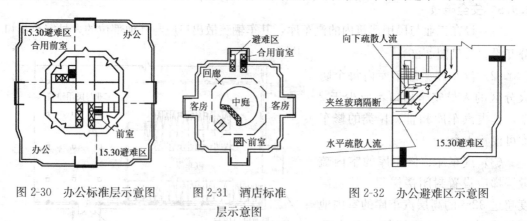

图 2-30　办公标准层示意图　　图 2-31　酒店标准　　图 2-32　办公避难区示意图
层示意图

（3）耐火构造

该大厦的上部采用了结构钢与钢筋混凝土所组成的混合结构体系。楼板由组合钢板及钢梁组成，采用表面涂耐火材料或抗火材料包裹等方式进行保护。多层辅楼及地下室等部位则采用了钢结构和现浇钢筋混凝土结构。其承重墙、柱的耐火极限均达到3h以上，梁、板达2h及1.5h以上，其他各部分构件均能满足我国防火规范的要求。

【**实例2**】某大厦建筑总平面防火设计

该大厦位于浙江温州市，是一典型的商住综合楼。地下室为汽车、自行车和设备用房，二层为商场；裙楼之上是3幢住宅楼，其中A幢和C幢分别为32层和23层，B幢为12层。

总平面布置上，在保证建筑布局合理的同时，安排了通畅的消防通道。因该建筑沿街面较长（148m），在其中部辟出了一条宽5.5m，高4.2m的过街楼通道。消防登高面宽敞，十分有利于消防车扑救工作的展开。A幢和B幢最小间距为15m，B幢和C幢最小间距为15.6m，且与周边建筑的消防间距也满足相关要求，如图2-33所示。

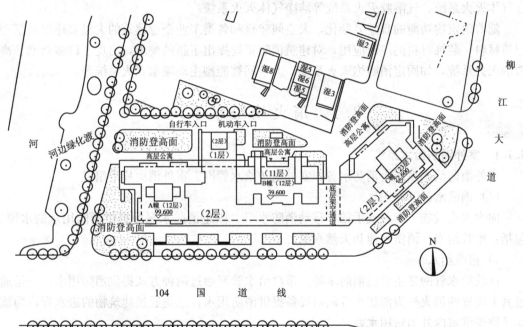

图 2-33 某建筑总平面布置图

建筑物的变配电间，设于地下室中，用耐火极限为3.0h的防火墙与其他地下空间分隔，形成独立的防火分区。

所以，从总平面布局上，该大厦充分考虑了消防间距、消防车道、消火栓布局等方面，从而很好地解决了火灾时大厦的防火安全问题。

# 第3章 建筑消防系统

建筑消防系统是建筑消防设施的重要组成部分，是防火工作的重要内容。建筑物设置的消防系统主要有：消火栓给水系统、自动喷水灭火系统、气体灭火系统、建筑灭火器的配置等。其中，消火栓给水系统以建筑物外墙中心线为界，可分为室外消防给水系统和室内消火栓给水系统；自动喷水灭火系统按喷头的形式可分为闭式自动喷水灭火系统和开式自动喷水灭火系统；气体灭火系统包括二氧化碳灭火系统、七氟丙烷灭火系统、IG541混合气体灭火系统、气溶胶灭火系统等洁净气体灭火系统。

随着建筑物功能的日益复杂化，大空间建筑和各类工业企业建筑的大量兴建以及新型建筑材料、装饰材料的广泛应用，对建筑消防系统提出了新的要求，出现了许多新型、高效的灭火系统，如固定消防炮灭火系统、大空间智能型主动喷水灭火系统等。

## 3.1 消火栓给水系统

### 3.1.1 室外消防给水系统

室外消防给水系统由消防水源、室外消防给水管网、室外消火栓等组成。

（1）消防水源

向水灭火设施、车载或手抬等移动消防水泵、固定消防水泵等提供消防用水的水源，包括：市政给水、消防水池和天然水源等。

1）市政给水

市政给水管网是主要的消防水源。市政给水管网通过两种方式提供消防用水：一是通过其上设置的消火栓为消防车等消防设备提供消防用水；二是通过建筑物的进水管，为该建筑物提供室内外消防用水。

2）消防水池

消防水池是人工建造的供固定或移动消防水泵吸水的储水设施。其主要功能是储存消防用水，满足扑救火灾，副功能是便于水泵吸水。

3）天然水源

当建筑物靠近江、河、湖、海、水库、水井等天然水源时，可利用其作为消防水源。利用天然水源时，保证率不应低于97％，并应设置可靠的取水设施。

（2）室外消防给水管网

担负有消防给水任务的室外给水系统管网。一般为可与消防给水系统合用的提供生活或生产用水的室外给水管网。需满足火灾灭火时，压力和消防用水量的相关要求。

（3）室外消火栓

是安装在室外消防给水管网上的取水设施，一般有地下式和地上式两种。

3.1.1.1 室外消防给水系统分类

室外消火栓给水系统按管网内水压可分为高压、临时高压和低压给水系统三种类型。

（1）高压消防给水系统

高压消防给水系统是指室外消防给水管网内经常保持满足灭火设施所需的工作压力和消防流量，火灾灭火时不需使用消防车或其他移动式消防水泵加压，而直接由消火栓接出水带就可满足水枪出水灭火要求的给水系统（见图3-1）。

适用条件：有可能利用地势设置高位水池或设置集中高压水泵房的低层建筑群、建筑小区、村镇建筑、汽车库等对消防水压要求不高的场所。

在这种系统中，其管网内的压力应确保生产、生活、消防用水量达到最大，且水枪布置在保护范围内建筑物的最高处时，水枪的充实水柱不应小于10m、流量不低于5L、喷嘴口径为19mm的水枪所需的压力要求。

室外高压消防给水系统最不利点消火栓栓口最低压力可按式（3-1）计算（见图3-2）：

$$H_s = H_p + H_q + h_d \qquad (3-1)$$

式中　$H_s$——室外管网最不利点消火栓栓口最低压力，MPa；

　　　$H_p$——消火栓地面与最高屋面（最不利点）地形高差所需静水压，MPa；

　　　$H_q$——充实水柱不小于10mm，每支水枪的流量不小于5L/s时，口径为19mm水枪喷嘴所需要的压力，MPa；

　　　$h_d$——6条直径65mm水带的水头损失之和，MPa。

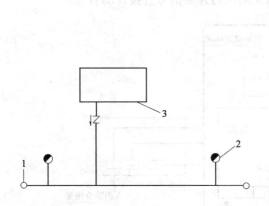

图3-1　室外高压消防给水系统

1—室外环网；2—室外消火栓；3—高位水池

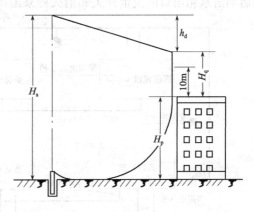

图3-2　消火栓压力计算示意

（2）临时高压消防给水系统

临时高压消防给水系统是指给水管网内平时压力不高，其水压和流量不能满足最不利点的灭火要求，在水泵房内设有消防加压水泵，一旦发生火灾，启动消防水泵，临时加压，使管网内的压力达到高压给水系统的压力要求。

该系统一般用于无市政水源，区内水源取自自备井的情况，或市政给水管网的压力和流量不能满足室外消防用水要求时。

临时高压消防系统一般有三种布置形式：

1）对于可不设室内消火栓系统的建筑物（群），可采用生活与消防合用的室外临时高压系统，平时生活用水由泵房内的生活变频泵供给，消防时启动消防泵，消防泵启动由合用管网上的电节点压力表联动启动（见图 3-3）。

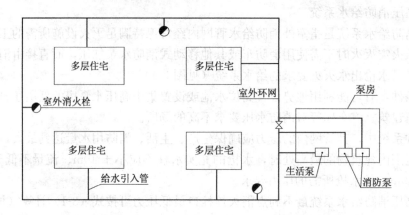

图 3-3　室内不设消火栓系统的临时高压消防系统示意图

2）对于设置室内消火栓系统的建筑物（群），可采用与室内消火栓系统合用的临时高压消防系统（此系统一般用于建筑高度小于 24m 的多层建筑物（群））。在室外设置消防水池、储存室内外的消防用水量，室外消防管网的水压和水量由消防泵提供。在区内最高建筑处设屋顶消防水箱，保证平时室外消防管网的水压和水量要求（见图 3-4）。消防泵的启动由水箱出口的流量开关和消火栓泵出口上的压力开关信号直接自动启动。

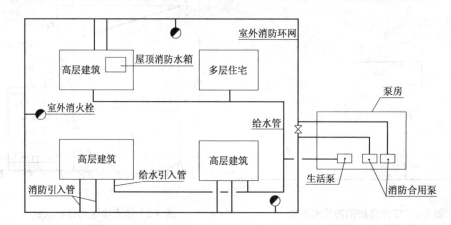

图 3-4　室内设消火栓系统的临时高压消防系统示意图

3）独立的室外临时高压消防给水系统（此系统一般用于高层建筑（群））。该系统宜采用增压稳压泵维持系统的充水和压力，其由室外消火栓泵、室外消火栓管网、增压稳压设备组成（见图 3-5）。平时管网的充水和压力由增压稳压泵维持，稳压泵的启泵压力应保证最不利消火栓口处的静压不小于 0.17MPa，当最不利消火栓口处的静压降至 0.10MPa 之前，应由增压稳压设备上的电节点压力表联动启动室外消火栓泵。

（3）低压消防给水系统

低压消防给水系统是指管网内平时水压较低，灭火时所需水压和流量要由消防车或其他移动式消防泵加压提供的给水系统。当有市政水源时，民用建筑的室外宜采用低压消防

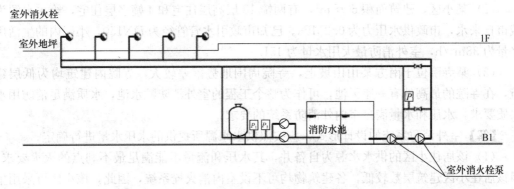

图 3-5 独立的室外临时高压消防系统稳压示意图

给水系统。在该系统中，平时运行工作压力不应小于 0.14 MPa，火灾时最不利消火栓的出流量不应小于 15 L/s，且供水压力从地面算起不应小于 0.10 MPa。

当符合上述要求时，为了维持室外消防管网的水压以及维护管理方便和节约投资，室外消防给水管网宜与生产和生活给水管网合并使用，并利用市政管网压力维持室外消防管网的水压。同时还应将生活用水量与一次火灾的最大消防流量进行叠加，对室外管网进行水力计算校核，使管网水流速度不大于 2.5m/s（见图 3-6）。

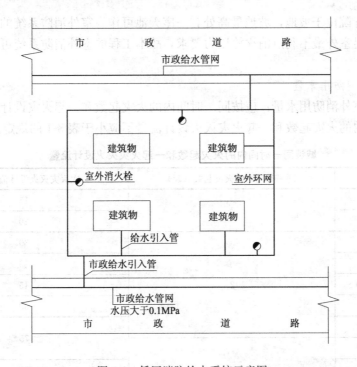

图 3-6 低压消防给水系统示意图

【例 3-1】试确定下列建筑物或建筑小区的室外消防系统应采用何种系统形式进行设计。

（1）某居住小区总用地面积 13.2 万 $m^2$，总建筑面积 17.7 万 $m^2$，包括 61 个子项，小区内建筑为 3～6 层不等。供水水源由小区的自备深井泵提供。

（2）某小区，建筑面积 5 万 m²，有两幢 18 层高层住宅和 4 幢多层住宅，给水水源为城市自来水，市政供水压力为 0.2MPa。已知市政引水管管径为 DN150，小区内的生活用水量为 38m³/h，室外消防最大用水量为 15L/s。

（3）某寺院位于南方某山山坡上，寺院周围地势落差较大，寺院内建筑均为低层建筑，在寺院的最高处有一座天池，可作为整个工程的室外消防贮水池，水质满足消防用水水质要求，水压和水量满足室内外消防系统的要求。

【解】室外消防系统的设计形式，应按照供水水源所提供的水压水量进行确定。

（1）该居住小区的供水水源为自备井，其水压和流量不能满足最不利点的灭火要求。因该居住小区建筑层数较低，各建筑物均可不设室内消火栓系统，因此，该小区可采用生活与消防合用的临时高压消防系统。平时生活用水由泵房内的变频调速泵供给，消防时启动消防泵，消防泵的启动与电接点压力表联动。此时，消防泵流量按室外消防用水量和生活用水量之和计算。

（2）因该小区的供水水源为城市自来水，且供水压力大于 0.1MPa，所以本小区的室外消防系统可采用低压消防系统。室外消防给水管网可与生活给水管网合并使用，并利用市政管网压力维持室外消防管网的水压。对室外管网进行水力计算校核，生活用水量和室外消防用水量之和为 26L/s，管网流速为 1.38m/s，小于 2.5m/s，满足管网流速要求。

（3）因该寺院位于坡地，坡地最高处有一座天池可作为室外消防系统的供水水源，且水压和水量满足室外最不利点消火栓压力要求，故本工程的室外消防系统可采用高压消防系统。

### 3.1.1.2　室外消防用水量

（1）城镇室外消防用水量：应按同一时间内的火灾起数和一起火灾设计流量经计算确定。同一时间内的火灾起数和一起火灾灭火设计流量不应小于表 3-1 的规定。

城镇同一时间内的火灾起数和一起火灾灭火设计流量　　　　表 3-1

| 人数 N（万人） | 同一时间内的火灾起数（起） | 一次火灾灭火设计流量（L/s） |
|---|---|---|
| N≤1.0 | 1 | 15 |
| 1.0＜N≤2.5 | | 20 |
| 2.5＜N≤5.0 | | 30 |
| 5.0＜N≤10.0 | 2 | 35 |
| 10.0＜N≤20.0 | | 45 |
| 20.0＜N≤30.0 | | 60 |
| 30.0＜N≤40.0 | | 75 |
| 40.0＜N≤50.0 | | |
| 50.0＜N≤70.0 | 3 | 90 |
| N＞70 | | 100 |

（2）工业园区、商务区、居住区等室外消防用水量：宜根据其规划区域的规模（常住人口）和同一时间的火灾起数确定；以及依据规划中的各类建筑室内外同时作用的水灭火系统设计流量之和，按一起火灾起数计算，两者取最大值进行确定。

（3）建筑物室外消防用水量：应根据建筑物的用途功能、体积、耐火等级、火灾危险性等因素综合分析确定，且不应小于表3-2的规定。

民用建筑室外消火栓设计流量（L/s）　　　　表3-2

| 耐火等级 | 建筑物类别 | | 建筑物体积（m³） | | | | | |
|---|---|---|---|---|---|---|---|---|
| | | | $V \leqslant 1500$ | $1500 < V \leqslant 3000$ | $3000 < V \leqslant 5000$ | $5000 < V \leqslant 20000$ | $20000 < V \leqslant 50000$ | $V > 50000$ |
| 一、二级 | 民用建筑 | 住宅 | 15 | | | | | |
| | | 公共建筑 单层及多层 | 15 | | | 25 | 30 | 40 |
| | | 公共建筑 高层 | — | | | 25 | 30 | 40 |
| | 地下建筑、人防工程 | | 15 | | | 20 | 25 | 30 |
| 三级 | 单层及多层民用建筑 | | 15 | 20 | | 25 | 30 | |
| 四级 | 单层及多层民用建筑 | | 15 | 20 | | 25 | | |

注：1. 民用建筑同一时间内的火灾起数应按1起确定，宿舍、公寓、商住楼等非住宅类居住建筑的室外消火栓设计流量，应按公共建筑确定。
2. 成组布置的建筑物应按消火栓设计流量较大的相邻两座建筑物的体积之和确定。
3. 国家级文物保护单位的重点砖木和木结构的建筑物，其室外消火栓设计流量应按三级耐火等级民用建筑消火栓设计流量确定。
4. 单座建筑的总建筑面积大于500000m²时，建筑物室外消火栓设计流量应按本表规定的最大值增加一倍。

（4）环状管道应采用阀门分成若干独立段，每段内室外消火栓的数量不宜超过5个，当两阀门之间消火栓的数量超过5个时，在管网上应增设阀门；

（5）室外消防给水管道的直径不应小于DN100。

进水管（市政给水管与建筑物周围生活和消防合用的给水管网的连接管）和环状管网的管径可按式（3-2）进行计算（按室外消防用水量进行校核）：

$$D = \sqrt{\frac{4Q}{\pi(n-1)v}} \qquad (3-2)$$

式中　$D$——进水管管径，m；

　　　$Q$——生活、生产和消防用水总量，m³/s；

　　　$n$——进水管的数目，$n > 1$；

　　　$v$——进水管的水流速度，m/s；一般不宜大于2.5m/s。

### 3.1.1.3　室外消火栓系统

（1）室外消火栓的形式

室外消火栓有地上式和地下式两种形式。

室外消火栓宜采用地上式消火栓。地上式消火栓应有一个直径为150mm或100mm

和两个直径为 65mm 的栓口。室外地下式消火栓应有直径为 100mm 和 65mm 的栓口各一个，并应有明显的标志。在严寒、寒冷等冬季结冰地区宜采用干式地上式室外消火栓，严寒地区宜设置消防水鹤。）地下式消火栓应有明显的永久性标志。室外地上和地下式消火栓安装简图见图 3-7。室外消火栓规格见表 3-3。

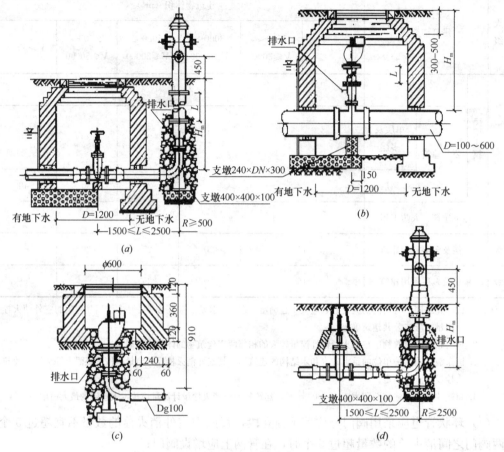

图 3-7　室外地上和地下式消火栓安装图

（a）深型地上式消火栓；（b）深型地下式消火栓；（c）浅型地下式消火栓；（d）浅型地上式消火栓

**室外消火栓规格**　　　　　　　　表 3-3

| 参数<br>类别 | 型号 | 公称压力<br>（MPa） | 进水口直径<br>（mm） | 出水口（栓口） | | 计算出水量<br>（L/s） |
|---|---|---|---|---|---|---|
| | | | | 口径（mm） | 个数（个） | |
| 地上式 | SS100-1.0 | 1.0 | DN100 | DN65 | 2 | 10~15 |
| | | | | DN100 | 1 | |
| | SS100-1.6 | 1.6 | DN100 | DN65 | 2 | 10~15 |
| | | | | DN100 | 1 | |
| | SS150-1.0 | 1.0 | DN150 | DN65 | 2 | 15 |
| | | | | DN150 | 1 | |
| | SS150-1.0 | 1.6 | DN150 | DN65 | 2 | 15 |
| | | | | DN150 | 1 | |

续表

| 参数\n类别 | 型号 | 公称压力\n(MPa) | 进水口直径\n(mm) | 出水口（栓口） | | 计算出水量\n(L/s) |
| --- | --- | --- | --- | --- | --- | --- |
| | | | | 口径（mm） | 个数（个） | |
| 地下式 | SX100/65-1.0 | 1.0 | DN100 | DN65 | 1 | 10～15 |
| | | | | DN100 | 1 | |
| | SX100/65-1.6 | 1.6 | DN100 | DN65 | 1 | 10～15 |
| | | | | DN100 | 1 | |

（2）室外消火栓的布置

1）用于市政的室外消火栓宜在道路的一侧设置，并宜靠近十字路口，但当市政道路宽度超过 60m 时，应在道路的两侧交叉错落设置室外消火栓，并应布置在消防车易于接近的人行道和绿地等地点，且不应妨碍交通。

2）室外消火栓宜沿建筑周围均匀布置，且不宜集中布置在建筑一侧。消火栓距路边不宜小于 0.5m，并不应大于 2m，距建筑外墙或外墙边缘不宜小于 5m（见图 3-8）。

3）人防工程、地下工程等建筑应在出入口附近设置室外消火栓，且距出入口的距离不宜小于 5m，并不宜大于 40m。

4）停车场的室外消火栓宜沿停车场周边设置，且与最近一排汽车的距离不宜小于 7m，距加油站或油库不宜小于 15m。

5）建筑室外消火栓的保护半径不应大于 150m，且间距不应大于 120m。

（3）室外消火栓数量的确定

1）建筑室外消火栓的数量应根据室外消火栓设计流量和保护半径经计算确定，保

图 3-8　室外消火栓的布置示意图

护半径不应大于 150m，每个室外消火栓的出流量宜按 10～15L/s 计算。

2）建筑外缘 5～150m 的市政消火栓可计入建筑室外消火栓的数量，但当为消防水泵接合器供水时，建筑外缘 5～40m 的市政消火栓可计入建筑室外消火栓的数量。

当市政给水管网为环状时，符合上述内容的室外消火栓出流量宜计入建筑物室外消火栓设计流量；但当市政给水给水管网为支状时，计入建筑的室外消火栓设计流量不宜超过一个市政消火栓的出数量。

3）供消防车吸水的室外消防水池的每个取水口宜按一个室外消火栓计算，且其保护半径不应大于 150m。

4）建筑消防扑救面一侧的室外消火栓数量不宜小于 2 个。

室外消火栓的数量可按式（3-3）计算：

$$N \geqslant \frac{Q_y}{q_y} \tag{3-3}$$

式中　$N$——室外消火栓数量，个；

　　　$Q_y$——室外消防用水量，L/s；

　　　$q_y$——每个室外消火栓的用水量，10～15L/s。

【例 3-2】有一幢高度为 50m 的商住楼，长 60m，宽 40m。其室外应设多少个消火栓。

【解】该商住楼的体积 $V=120000\text{m}^3$，根据表 3-2，可得该商住楼的室外消火栓用水量为 40L/s。则该住宅楼四周 40m 内应设的室外消火栓数量为：$N=40/10=4$ 个，所以可设置 4 个室外消火栓，均匀布置在该建筑物周围，且满足保护半径不大于 150m，间距不大于 120m 的要求。

### 3.1.1.5　室外消防给水管网的设置

（1）当室外消防给水系统采用市政给水管网供水时，应采用两路消防供水，并应采用环状管网，即由市政环状管网两根输水管与室外消防环状管网连接成双向供水（见图3-9）。

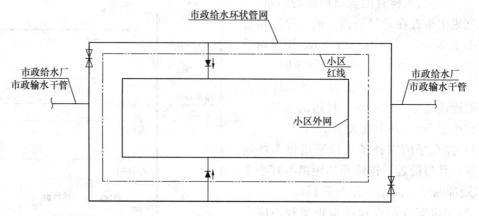

图 3-9　市政给水管网向室外消防系统供水的示意图

（2）建筑高度小于或等于 54m 的住宅或室外消火栓设计流量小于或等于 20L/s 的建筑物，其室外消防给水系统可采用一路消防供水（枝状消防管网）。

（3）消防给水管网应采用阀门分成若干独立段，每段内室外消火栓的数量不宜超过 5 个。

（4）室外消防给水管道的直径应根据流量、流速和压力要求经计算确定，但不应小于 DN100。

### 3.1.1.6　室外消防系统设计实例

【实例 1】居住小区室外消防用水量的计算和室外管网设计

某住宅小区规划建筑总用地面积为 9200m²，有 3 幢住宅楼，其中一幢为 6 层单元式住宅楼，另外两幢为 18 层的高层住宅楼，建筑高度为 54m，市政管网常年所能提供的水压为 0.24MPa。试计算小区的室外消防用水量，并对室外消火栓和消防管网进行设计和布置。

【设计过程】

（1）室外消防用水量的确定

室外消火栓用水量应按消防用水量最大的一座建筑物计算。3 幢楼中一幢 18 层的高层住宅楼的消防需水量最大，建筑高度为 54m，其室外消火栓用水量为 15L/s（见表 3-2），室内消火栓用水量为 10L/s。

（2）室外管网的设计

因本小区市政管网常年所能提供的水压为 0.24MPa，室外消防给水系统可采用与市政给水管网合并使用的低压消防给水系统，并利用市政管网压力维持室外消防管网的水压（不低于 0.1MPa）。室外给水管网成环状布置，由式（3-2）可确定出给水环状管网和连接管的管径 $DN=150mm$（按室外消防用水量进行校核）。

（3）室外消火栓数量的确定和布置

本小区只能从某一方向的市政给水管上引 1 根市政给水管。由于室外消火栓设计流量小于 20L/s，故可采用一路消防供水，加之建筑高度大于 50m，故应在室外设消防水池，储存室内外的消防用水量。

3 幢建筑周围室外消火栓的数量可按式（3-3）计算，即共需设置最少 1 个室外消火栓，同时按照室外消火栓应沿高层建筑均匀布置，保护半径不应大于 150m，间距不应大于 120m 的要求，对室外消火栓进行布置，室外共布置了 4 个消火栓。

本工程在市政给水管上引一根 DN150 给水管，在红线内成环状布置，并在环网上设 4 个地上式消火栓（DN65mm 的栓口），室外消防用水水压由该环网进行保证，消防用水量由室外消防水池提供。同时按消火栓距路边不应超过 2m，距建筑物外墙不宜小于 5m，在建筑物均匀布置的要求，对室外消火栓进行布置。该小区室外消防系统的布置见图 3-10。

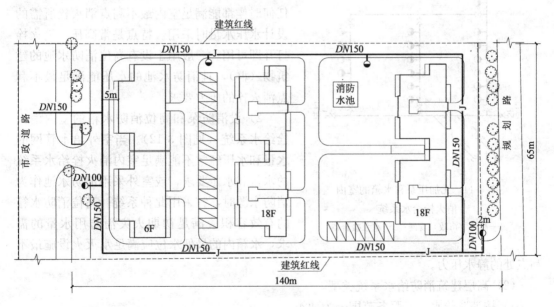

图 3-10　小区室外消火栓布置示意图

## 3.1.2　室内消火栓给水系统

### 3.1.2.1　室内消火栓的设置场所

建筑内部是否设置消火栓系统与建筑类别、规模、重要性等有关。

（1）下列民用建筑应设置室内消火栓系统：

1）高层公共建筑和建筑高度大于21m的住宅建筑。

2）体积大于5000m³的车站、码头、机场的候车（船、机）建筑、展览建筑、商店建筑、旅馆建筑、医疗建筑和图书馆建筑等单、多层建筑。

3）特等、甲等剧场，超过800个座位的其他等级的剧场和电影院等以及超过1200个座位的礼堂、体育馆等单、多层建筑。

4）建筑高度大于15m或体积大于10000m³的办公建筑、教学建筑和其他单、多层民用建筑。

（2）建筑高度不大于27m的住宅建筑，设置室内消火栓系统确有困难时，可只设置干式消防竖管和不带消火栓箱的DN65的室内消火栓。干式消防竖管平时无水，火灾发生后由消防车通过首层外墙接口向室内干式消防竖管输水，消防队员自携水龙带驳接竖管的消火栓口投入扑救。有条件时，尽量考虑设置湿式室内消火栓给水系统。

（3）国家级文物保护单位的重点砖木或木结构的古建筑，宜设置室内消火栓系统。

（4）人员密集的公共建筑、建筑高度大于100m的建筑和建筑面积大于200m²的商业服务网点内应设置消防软管卷盘或轻便消防水龙。

**3.1.2.2　室内消火栓给水系统类型**

室内消防给水系统可从不同角度进行划分。

（1）多层建筑消防给水系统类型

1）无加压泵和高位消防水箱的室内消火栓给水系统（见图3-11）。当建筑物高度不大，而室外给水管网所提供的水压和水量，在任何时候都能满足室内最不利点消火栓所需的设计水压水量时采用。特点是常高压，消火栓打开即可用。一般用于设有高位消防水池的建筑物（群），且消防水池的水压能满足最不利点消火栓的压力要求。

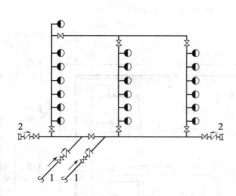

图3-11　无加压泵和水箱的室内
消火栓给水系统
1—高压（市政）管网；2—水泵接合器

2）设消防泵和高位消防水箱的室内消火栓给水系统（见图3-12）。当室外给水管网的水量和水压经常不能满足室内消火栓给水系统的水量和水压要求，或室外采用消防水池作为消防水源时，宜采用此种系统。高位消防水箱的有效容积应满足初期火灾消防用水量的需求，水箱内的最低水位应满足水灭火设施最不利点处的静水压力。

（2）高层建筑消防给水系统类型

1）按消防给水系统服务范围分为两类：

① 独立的室内消火栓给水系统

独立的室内消火栓给水系统为每幢高层建筑均设置单独加压的消防给水系统。对人防要求较高以及重要的建筑物内，宜采用这种消防给水系统形式。其安全性高，但管理分散，投资较大。

② 区域集中消火栓给水系统

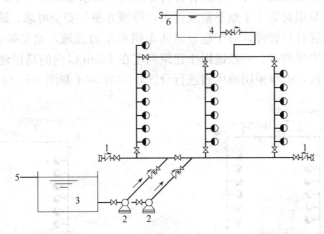

图 3-12　设有消防水泵和水箱的室内消火栓给水系统
1—水泵接合器；2—消防水泵；3—水池；4—消防水箱；
5—水池进水管；6—水箱进水管

区域集中消火栓给水系统是数幢或数十幢高层建筑物共用一个加压泵房的消防给水系统。其适用于集中的高层建筑群。这种系统的特点是数幢或数十幢高层建筑共用一个消防水池和泵房，消防水泵扬程和消防水池的容积应根据建筑群中高度最高、用水量最大的建筑确定。这种系统便于集中管理、节省投资，但在地震区可靠性较低。采用区域集中消火栓给水系统时，应符合下列规定：

（a）工矿企业消防供水的最大保护半径不宜超过 1200m，且占地面积不宜大于 200ha。

（b）居住小区消防供水的最大保护建筑面积不宜超过 50 万 m²。

（c）公共建筑宜为同一产权或物业管理单位。

2）根据建筑物的高度，室内消火栓给水系统可分为分区消防给水系统和不分区的消防给水系统。

① 不分区消防给水系统

消火栓栓口的静水压力不超过 1.00MPa 时，可采用不分区的消防给水系统（见图 3-13）。这类高层建筑物一旦发生火灾，消防队使用一般消防车从室外消火栓或消防水池取水，通过水泵接合器向室内管道送水，仍能加强室内管网的供水能力，协助扑救室内火灾。

② 分区消防给水系统

消火栓栓口的静水压大于 1.00MPa，系统的工

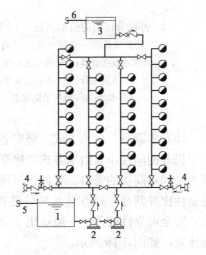

图 3-13　不分区的消防给水系统
1—水池；2—消防水泵；3—消防水箱；4—水泵
接合器；5—水池进水管；6—水箱进水管

作压力大于 2.4MPa 时，消防车已难于协助灭火，为保证供水安全和火场灭火用水，宜采用分区给水系统，分区方式主要有并联分区供水方式和串联分区供水方式并联分区供水方式。

（a）并联分区供水方式。每区分别有各自专用的消防水泵提升供水，并集中设在消防泵房内。优点是水泵相对集中于地下室或首层，管理方便、安全可靠。缺点是高区水泵扬程较大，需用高压管材与管件，对于超过消防车供水压力区域，水泵接合器将失去作用。供水的安全性不如串联的好。一般适用于建筑高度在 100m 以内的高层建筑。可采用不同扬程的水泵进行分区，也可采用减压阀进行分区，如图 3-14 和图 3-15 所示。

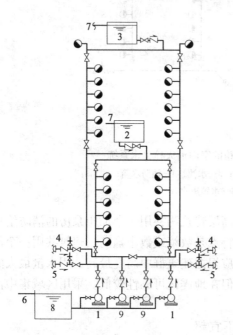

图 3-14　并联分区消防给水系统（不同扬程水泵）

1—高区消防水泵；2—低区水箱；3—高区水箱；

4—低区水泵接合器；5—高区水泵接合器；

6—水池进水管；7—水箱进水管；

8—水池；9—低区消防水泵

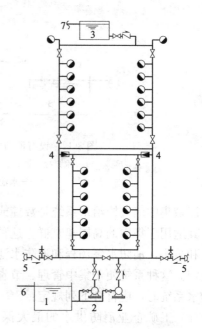

图 3-15　并联分区消防给水系统（减压阀）

1—水池；2—消防水泵；3—水箱；4—减压阀；

5—水泵接合器；6—水池进水管；7—水箱进水管

（b）串联分区供水方式。竖向各区由消防水泵直接串联向上或经中间水箱传输再由水泵提升的间接串联给水方式，串联消防水泵设置在设备层或避难层。优点是不需要高扬程水泵和耐高压的管材、管件；可通过水泵接合器并经各传输泵向高区送水灭火。其供水可靠性比并联高。缺点是水泵分散在各层，管理不便；消防时下部水泵需与上部水泵联动，安全可靠性较差。一般适用于建筑高度超过 100m，消防给水分区超过两个区的超高层建筑，如图 3-16 所示。

3）高层建筑室内消火栓给水系统按压力分为高压消防给水系统和临时高压消防给水系统。

① 高压消防给水系统

高压消防给水系统指管网内经常保持满足灭火时所需的压力和流量，扑救火灾时，不需启动消防水泵加压而直接使用灭火设备进行灭火。采用高压消防给水系统时，可不设高位消防水箱。当建筑物或建筑群附近有山丘，与山丘上消防水池（高于高层建筑物一定标高）相连接的室内消防给水系统可形成高压消防给水系统。

② 临时高压消防给水系统

临时高压消防给水系统是指在准工作状态时，消防用水的水压和流量都不能满足最不利点的灭火要求。系统设有消防水泵和高位水箱，火灾时，利用消防水箱和启动消防水泵使管网内的压力达到高压消防给水系统水压要求。当高位消防水箱不能满足最不利点消火栓的静水压力要求时，系统应设置包括稳压泵、气压水罐和增压泵在内的增压设施。

### 3.1.2.3 室内消火栓系统组成

室内消火栓系统一般由消火栓箱、消防给水管网、消防水池、高位消防水箱、消防水泵、水泵结合器、消防增压设备及远距离启动消防水泵的设备等组成。

（1）消火栓箱

消火栓箱由箱体及装于箱内的消火栓、水龙带、水枪、消防按钮和消防卷盘等组成。消火栓箱采用的材质有铝合金钢、全钢等。室内消火栓箱常用规格见表3-4。

1）消火栓

消火栓有单出口（单栓）和双出口（双栓）之分。消火栓的选型应根据使用者、火灾危险性、火灾类型和不同灭火功能等因素综合确定。一般选用DN65的室内消火栓，并可与消防软管卷盘或轻便消防水龙设置在同一箱体内（见图3-17）。

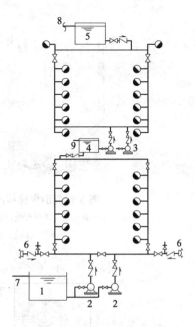

图 3-16　串联分区消防给水系统（减压阀）

1—水池；2—低区消防水泵；3—高区消防水泵；4—低区消防水箱；5—高区消防水箱；6—低区水泵接合器；7—水池进水管；8—高区水箱进水管；9—低区水箱进水管

室内消火栓箱规格（mm）　　　　　　表3-4

| 类　型 | 规格 $L \times H \times C$(长×宽×厚) |
|---|---|
| 单栓室内消火栓箱 | 800×650×240(160/180/200/210) |
| 双栓室内消火栓箱 | 1000×700×240(160/180/200)、800×650×210、1200×750×240 |
| 单栓带消防软管卷盘消火栓箱 | 1000×700×240(160/180/200)、800×650×240 |
| 单栓带轻便消防水龙头消火栓箱 | 1000×700×240(180) |
| 双栓带消防软管卷盘消火栓箱 | 1200×750×240(160/180/200) |
| 屋顶试验用消火栓箱 | 800×650×240 |
| 组合式消防柜 | 1600(1800)×700×240(180)、1900×750×240、2000×750×160(180)、1800×750×180 |

注：双栓室内消火栓箱的选用应遵循以下原则：为保证安全，设计中尽量不采用双栓室内消火栓箱（柜），但在消防部门同意后可以选用双立管双栓消火栓箱（柜）。

室内消火栓栓口的安装高度应便于消防水龙带的连接和使用，其距离地面高度宜为1.1m，其出水方向应便于消防水带的敷设，并宜与设置消火栓的墙面成90°角或向下（见图3-18）。

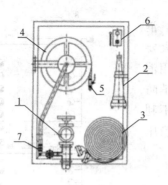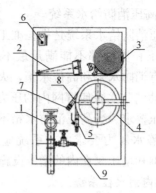

图 3-17　消火栓箱内设置消防软管卷盘或轻便消防水龙示意图

1—消火栓；2—水枪；3—水带；4—消防软管卷盘（轻便消防水龙卷盘）；
5—喷雾喷枪；6—消防按钮；7—快速接口；8—消防水龙

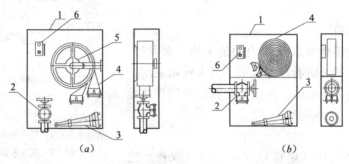

（a）　　　　　　　　　　　　（b）

图 3-18　消火栓栓口出水方向示意图

（a）栓口出水方向垂直于墙面；（b）栓口出水方向向下

1—消火栓箱；2—消火栓；3—水枪；4—水带；5—水带卷盘；6—消防按钮

2）消防软管卷盘

装在消防竖管上带小水枪及消防胶管卷盘的灭火设备，由 25mm 小口径室内消火栓、内径不小于 19mm 的胶带和口径不小于 6mm 的小口径直流水枪和卷盘配套组成。消防软管卷盘是在启用室内消火栓之前供建筑物内一般人员在火灾初期灭火自救的设施，一般与室内消火栓合并设置在消火栓箱内。

3）轻便消防水龙

在自来水供水管路上使用的由专用消防接口、水带及水枪组成的一种小型简便的喷水灭火设备。

4）消防水枪

消防水枪按照喷水方式可分为直流水枪、喷雾水枪和多用途水枪等。其中常用的水枪是直流水枪，其喷嘴直径有 13mm、16mm、19mm 三种规格。室内消火栓系统宜配置当量喷嘴直径为 16mm 或 19mm 的消防水枪，但当消火栓设计流量为 2.5L/s 时宜配当量喷嘴直径为 11mm 或 13mm 的消防水枪；消防软管卷盘应配当量喷嘴直径为 6mm 的消防水枪。

5）消防水带

消防水带是用来运送高压水或泡沫等阻燃液体的软管。消防水带的两头都有金属接头，可以接上另一根水带以延长距离，或是接上喷嘴以增大液体喷射压力。

室内消火栓系统应配置 DN65 有内衬里的消防水带，其长度不宜超过 25m；消防软管卷盘应配置内径不小于 Φ19 的消防软管，其长度宜为 30m；轻便水龙头应配置 DN25 有内衬里的消防水带，长度宜为 30m。

同一建筑物内应采用统一规格的消火栓、水枪和水带。

图 3-19 (a)、图 3-19 (b)、图 3-19 (c)、图 3-19 (d) 分别为单栓室内消火栓、双立管双栓室内消火栓、带消防软管卷盘消火栓以及带灭火器组合式消火栓的图示。

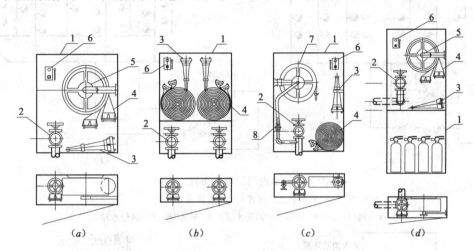

图 3-19　不同类型的消火栓图示

(a) 单栓室内消火栓；(b) 双栓室内消火栓；(c) 带消防软管卷盘消火栓；(d) 带灭火器组合消火栓

1—消火栓箱；2—消火栓；3—水枪；4—水带；5—水带卷盘；6—消防按钮；7—消防软管卷盘；8—阀门

(2) 室内消防给水管网

1) 室内消防给水系统管网的布置

① 下列室内消防给水系统应采用环状给水管网：

(a) 采用设有高位消防水箱的临时高压消防给水系统；

(b) 向两栋或两座及以上建筑供水时；

(c) 向两种及以上灭火系统供水时；

(d) 向两个及以上报警阀控制的自动喷水灭火系统供水时。

② 室内消火栓系统管网应布置成环状，当室外消火栓设计流量不大于 20L/s，且室内消火栓不超过 10 个时，除①中的情况外，可布置成枝状。

室内消防环状管网有垂直成环和立体成环两种布置方式，可根据建筑体型、消防给水管网和消火栓具体布置情况确定，但必须保证供水干管和每条消防竖管都能双向供水（见图 3-20）。

③ 向室内环状管网消防给水管网供水的输水干管（引入管）不应少于两条，当其中一条发生故障时，其余室外输水干管应仍能满足消防给水的设计流量（见图 3-21）。

④ 室内消防给水管网宜与自动喷水等其他水灭火系统的管网分开设置；当合用消防泵时，供水管路应在报警阀前（沿水流方向）分开设置。其主要是为防止消火栓用水影响自动喷水灭火系统的用水，或者消火栓平日漏水引起自动喷水灭火系统发生误报警。为防

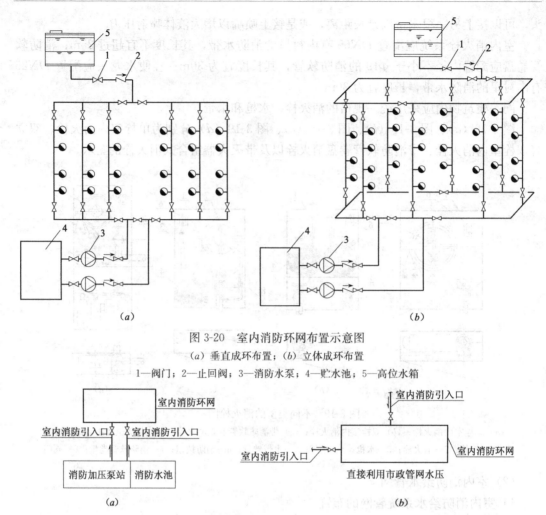

图 3-20 室内消防环网布置示意图

(a) 垂直成环布置；(b) 立体成环布置

1—阀门；2—止回阀；3—消防水泵；4—贮水池；5—高位水箱

图 3-21 消防系统引入管上加设阀门的做法

(a) 采用消防水泵加压时引入管阀门的位置；(b) 利用市政管网压力时引入管阀门的位置

止两个系统的相互干扰，宜将两个管网系统分开设置。当分开设置确有困难时，也应在报警阀前分开设置，并设置相应的控制阀门，具体做法参见图 3-22。

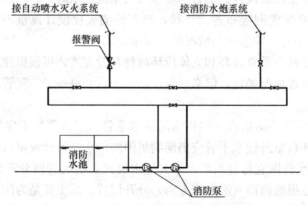

图 3-22 消火栓系统与其他水灭火系统合用消防环网的做法

2）消防竖管

消防竖管的布置，应保证同层相邻两个消火栓水枪的充实水柱同时达到被保护范围内的任何部位。室内消火栓消防竖管管径应根据最低流量经计算确定，但不应小于$DN100$。

3）消防管道上阀门设置要求

① 单层建筑室内消防给水管道应采用阀门分成若干独立段。某段消防给水管道损坏时，检修停止使用的消火栓每层不应超过5个，如图3-23所示。

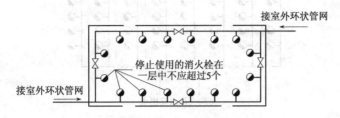

图3-23 单层建筑内消火栓管网阀门布置

② 对于多层和高层建筑，室内消火栓竖管应保证检修管道时关闭停用的竖管不超过1根，当竖管超过4根时，可关闭不相邻的2根；每根竖管上下两端与供水干管相接处应设置阀门；阀门的布置参见图3-24和图3-25。而图3-26所示的阀门布置方式是不可取的，因为如需维修虚线框中的立管，将会影响到右侧竖管的供水，无法保证消防的安全需要。

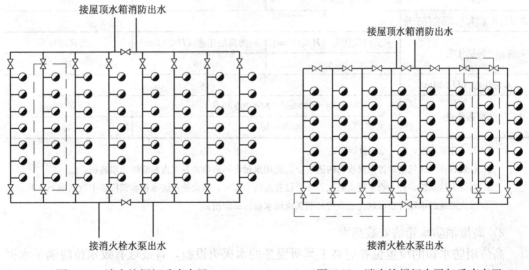

图3-24 消火栓阀门垂直布置　　　　图3-25 消火栓阀门水平与垂直布置

③ 阀门应保持常开，并应有明显的启闭标志或信号。

（3）高位消防水箱

高位消防水箱是室内临时高压消防系统的一个组成部分，设置在高处，直接向水灭火设施重力供应初期火灾消防用水量的储水设施。

1）高位消防水箱的有效容积

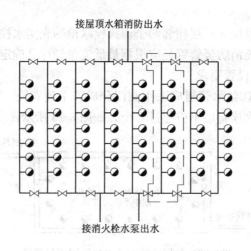

接屋顶水箱消防出水

接消火栓水泵出水

图 3-26　消火栓阀门水平布置的错误做法

高位消防水箱的有效容积应满足初期火灾消防用水量的要求。各类建筑物高位消防水箱的有效容积不应小于表 3-5 的规定。

高位消防水箱有效容积的确定　　　　　　　　　　　　　　　　　　　　　表 3-5

| 建筑类型 | 有效容积（m³） | | |
|---|---|---|---|
| 一类高层建筑 | $H{\leqslant}100m$ | $100m{<}H{\leqslant}150$ | $H{>}150m$ |
| | 36 | 50 | 100 |
| 多层公共建筑、二类高层公建 | 18 | | |
| 高层住宅 | 一类高层住宅（$H{<}100m$） | 一类高层住宅（$H{\leqslant}100m$） | 二类高层住宅 |
| | 18 | 36 | 12 |
| 多层住宅（$H{>}21m$） | 6 | | |
| 商店建筑 | $10000m^2{<}M{<}30000m^2$ | | $M{\geqslant}30000m^2$ |
| | 36 | | 50 |

注：1. $H$—建筑高度，$M$—总建筑面积；

　　2. 有效容积为建筑物设置灭火设施的固定全部使用水量，不再增加各灭火系统的用水容积；

　　3. 当消火栓系统、自动喷水灭火系统等分开设置消防水箱时，消火栓系统水箱容积按表中数据取值，其他水灭火系统的水箱容积可取此值或按初期灭火用水量计算取值。

2）高位消防水箱的安装高度

高位消防水箱的设置位置应高于其所服务的水灭火设施，且最低有效水位应满足水灭火设施最不利点处的静水压力（静水压力指高位消防水箱的有效消防水量的最低有效水位至灭火设施最不利点的几何标高差），并应按下列规定确定：

① 一类高层公共建筑，不应低于 0.10MPa，但当建筑高度超过 100m 时，不应低于 0.15MPa；

② 高层住宅、二类高层公共建筑、多层公共建筑，不应低于 0.07MPa，多层住宅不宜低于 0.07MPa；

③ 自动喷水灭火系统等自动水灭火系统应根据喷头灭火需求压力确定，但最小不应

小于 0.10MPa；

④ 当高位消防水箱不能满足上述静压要求时，应设稳压设施。

3) 高位消防水箱的设置要求

① 当高位消防水箱在屋顶露天设置时，水箱的人孔以及进出水管的阀门等应采取锁具或阀门等保护措施。

② 高位消防水箱间应通风良好，不应结冰，当必须设置在严寒、寒冷等冬季结冰地区的非供暖房间时，应采取防冻措施，环境温度或水温不应低于 5℃。

③ 高位消防水箱的最低有效水位应根据出水管喇叭口和防止旋流器的淹没深度确定。当采用出水管喇叭口时，淹没深度不应小于 600mm；当采用防止旋流器时应根据产品确定，且不应小于 150mm 的保护高度（见图 3-27）。

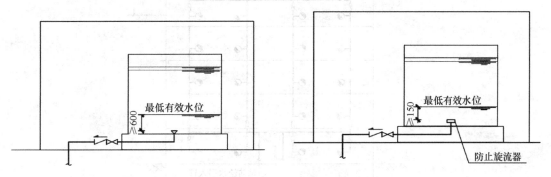

图 3-27　高位消防水箱最低有效水位设置示意图

④ 高位消防水箱外壁与建筑本体结构墙面或其他池壁之间的净距，应满足施工和安装需求。具体安装要求见表 3-6。

高位消防水箱的安装位置的确定　　　　　　　　　　　　　　　　表 3-6

| 序号 | 安装要求 | 净距（空）(m) |
|---|---|---|
| 1 | 无管道的侧面 | ≥0.7 |
| 2 | 有管道的侧面 | ≥1.0 |
| 3 | 管道外壁与建筑墙面之间的通道宽度 | ≥0.6 |
| 4 | 设人口的水箱顶面与上部建筑物本体底板 | ≥0.8 |

⑤ 高位消防水箱进水管、出水管、溢流管的设置原则：

(a) 进水管的管径应满足消防水箱 8h 充满水的要求，但管径不应小于 $DN32$，进水管宜设置液位阀或浮球阀。

(b) 进水管应在溢流水位以上接入，进水管口的最低点高出溢流边缘的高度应等于进水管管径，但最小不应小于 25mm，最大可不大于 150mm。

(c) 当进水管为淹没出流时，应在进水管上设置防止倒流的措施或在管道上设置虹吸破坏孔和真空破坏器，虹吸破坏孔的孔径不宜小于管径的 1/5，且不应小于 25mm。但当采用生活给水系统补水时，进水管不应淹没出流。

(d) 溢流管的直径不应小于进水管直径的 2 倍，且不应小于 $DN100$，溢流管的喇叭口直径不应小于溢流管直径的 1.5～2.5 倍。

(e) 出水管管径应满足消防给水设计流量的出水要求，且不应小于 $DN100$，出水管应位于高位消防水箱最低水位以下，并应设置防止消防用水进入高位消防水箱的止回阀。

（f）进、出水管应设置带有指示启闭装置的阀门。

高位消防水箱满足最不利点消火栓静水压力的设置要求时的设计作法参见图3-28。在设置消防水箱时应注意以下几点：

① 水箱应尽量设置在建筑物的最高处，消防水箱有效容积应满足初期火灾消防用水量的要求；

② 水箱的设置高度应保证最不利点消火栓静水压力；

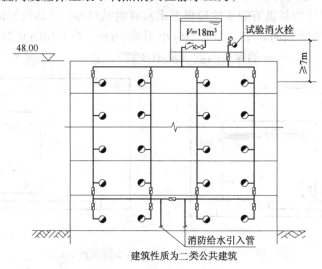

图3-28 高位消防水箱的做法

③ 水箱出水管上应设置止回阀，防止消防管网中的水进入。

高位消防水箱推荐采用的最小进水管管径和最小溢流管管径参见表3-7。

高位消防水箱最小进水管、溢流管管径　　　　　表3-7

| 高位消防水箱有效贮水容积（m³） | 6 | 12 | 18 | 36 | 50 | 100 |
|---|---|---|---|---|---|---|
| 最小进水管管径（mm） | 32 | 40 | 40 | 50 | 50 | 80 |
| 最小溢流管管径（mm） | 100 | 100 | 100 | 100 | 100 | 200 |
| 每小时进水量（m³/h） | 0.75 | 1.50 | 2.25 | 4.50 | 6.25 | 12.50 |

（4）消防增压设备

当高位消防水箱的安装高度不满足前述规定时，需要设置增压设备。消防给水系统的增压设备由稳压泵、气压水罐和电力控制柜等组成，其作用是维持系统的消防压力、发出罐体压力信号，但不起供水作用。

1）消防增压设备的特点

由于增压设备的供水属变压式供水，由气压水罐的罐体压力控制水泵的启闭，致使出水压力由高到低、由低到高变化，出水水流不稳定，尤其在停泵和开泵的一瞬间，会造成水流剧烈振动，消防人员难以把稳水枪，影响灭火工作的顺利进行。为了克服这一缺点，消防给水增压设备（见图3-29）在组装和电力控制等方面有特殊的要求，以便使消防泵出水的水流保持稳定。

消防增压设备一般在气压罐的进出水管上加装电磁阀（或电动阀），待消防水泵启动后

（一般在 30s 内）关闭，切断气压罐与系统之间的联系，使气压水罐在灭火过程中不再起启闭水泵的作用。

另外，在消防泵启动的同时切断压力传感仪表信号电路，使它失去作用，而使消防泵启动之后不再自动停转。这样，消防泵不再有启闭动作，保持出水水流的连续性，不再出现流量和压力的反复起伏现象，水流得以平稳，便于消防人员操作。

2）消防气压罐的工作原理

在消防增压设备中，气压罐既是信号设备，又是启动设备，应有一定的贮水量（称为启动水量），防止稳压泵频繁启停。为了保证气压水罐内的启动水量，在电气控制

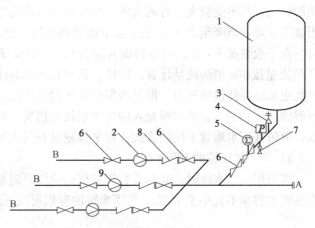

图 3-29 消防给水增压设备

A—接水池；B—接管网

1—气压水罐；2—水泵机组；3—安全阀；4—压力传感器；
5—电磁阀；6—阀门；7—泄水阀；8—止回阀；
9—稳压补水泵

和水泵设置方面都有特殊的要求。罐内有数条水平线（见图 3-30 和图 3-31），分别是 $P_{s2}$、$P_{s1}$、$P_2$、$P_1$ 和 $P_0$ 的压力线。补气式气压罐中 $P_0 \sim P_1$ 为保护容积（$V_0$），$P_1 \sim P_2$ 之间的水量就是启动水量（$V_x$），该容积可称为启动容积，为了保证它的有效容积，需在消防增压设备中加设一台与消防泵同扬程、小流量（1.0L/s 左右）的水泵，称为稳压补水泵。并且需安装两只压力传感仪表，第一只表传递 $P_{s1}$ 和 $P_{s2}$ 的压力信号，控制稳压补水泵的启闭；第二只表传递 $P_1$ 和 $P_2$ 的信号，控制消防泵的启闭。平时只有稳压补水泵运转，当系统内管道接头、零件松动等原因而渗漏或气体遗失，致使罐体压力由 $P_{s2}$ 降至 $P_{s1}$ 时，稳压补水泵即刻启动补水，直至罐体压力升至 $P_{s2}$ 时停转，这样反复循环，以保证 $P_1 \sim P_2$

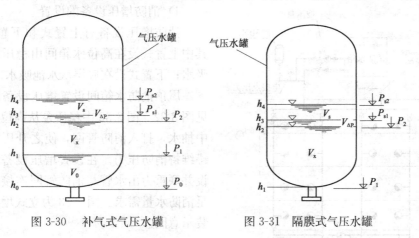

图 3-30 补气式气压水罐    图 3-31 隔膜式气压水罐

$V_x$—启动容积；$P_0$—起始压力；$P_1$—最低工作压力；$P_2$—最高工作压力（消防主泵启动压力）；$P_{s1}$—稳压水泵启动压力；$P_{s2}$—稳压水泵停止压力；$V_s$—稳压水容积；$V_{\Delta p}$—缓冲水容积；$V_0$—保护容积；$h_1$—消防贮水容积下限水位；$h_2$—消防贮水容积上限水位；$h_3$—稳压水容积下限水位；$h_4$—稳压水容积上限水位

间的启动容积不受损失。若遇火灾，系统有大量出流时，虽有稳压补水泵补水，罐体压力仍继续下降，当降至 $P_2$ 时，消防泵立即启动运转，供应消防用水。

在一般情况下，$P_{s2} \sim P_{s1}$ 的压差定为 0.05MPa，$P_2 \sim P_1$ 的压差定为 0.02MPa，$P_2 \sim P_1$ 的流量按 30s 消防流量计算。这样，稳压补水泵的作用不仅能使启动水量不受损失，而且能使系统保持消防压力。但是若保持系统的消防压力，只依靠稳压补水泵的平时运转是不够的，还必须保证罐内所充入的气体量没有损失，即使有少量的损失也能及时补足。所以，消防气压水罐常采用隔膜式或自平衡限量补气式气压水罐。

3）消防气压罐的容积

当采用气压水罐时，其调节容积应根据稳压泵启泵次数不大于 15 次/h 计算确定，但有效储水容积不宜小于 150L，气压水罐的容积可按下式计算：

$$V = \frac{\beta V_{xf}}{1 - \alpha_b} \tag{3-4}$$

式中　$V$——消防气压水罐总容积，$m^3$；

$V_{xf}$——消防水总容积，等于启动容积（$V_x$）、稳压水容积（$V_s$）、缓冲水容积（$V_{\Delta p}$）之和，补气式气压罐还要加上保护容积（$V_0$），$m^3$；

$\beta$——气压水罐的容积系数，立式气压水罐取 1.10，卧式气压水罐取 1.25，隔膜式气压水罐取 1.05；

$\alpha_b$——工作压力比，宜为 0.5～0.9。

启动容积（$V_x$）的大小与消防流量有关。一般情况下，启动流量不小于 30s 的消防流量。这样就能保证消火栓（或喷头）一开始使用就具备正常的射流量。消火栓给水系统的启动容积（$V_x$）不少于 300L（消火栓系统按 2 个水枪同时作用，相当于 $2 \times 5 \times 30 = 300L$）；自动喷水灭火系统的启动容积不少于 150L（自喷系统按 5 个喷头同时作用，相当于 $5 \times 1 \times 30 = 150L$）；消火栓给水系统与自动喷水灭火系统合用时不少于 450L。

稳压水容积 $V_s$ 不少于 50L。

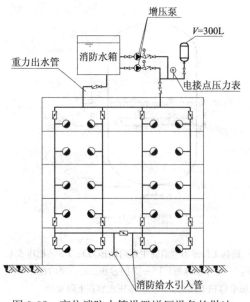

图 3-32　高位消防水箱设置增压设备的做法

4）消防增压设备的设置

消防增压设备有上置式和下置式两种，其中上置式设在高位水箱间由稳压泵从水箱吸水；下置式设在底层从水池吸水。

屋顶消防水箱间设置增压设备的做法参见图 3-32。图 3-32 中稳压泵从高位消防水箱中抽水，打入消防管网，使之升压并由气压罐维持消防压力。在设置增压设备时，还应设并联重力出水管与消防管网连接，才能满足消防水量需求。图 3-33 为立式增压设备组装示意图。

5）稳压泵的设计

① 稳压泵的选型

稳压泵宜采用单吸单级或单吸多级离心泵，泵外壳和叶轮等主要部件的材质宜采用不锈钢。

② 稳压泵设计流量的确定

（a）稳压泵的设计流量应大于消防给水系统管网的正常泄漏量和系统自动启动流量；

（b）消防给水系统管网的正常泄漏量应根据管道材质、接口形式等确定，当没有管网泄漏量数据时，稳压泵的设计流量宜按消防给水设计流量的 1%～3% 计，且不宜小于 1L/s；

（c）消防给水系统所采用报警阀压力开关等自动启动流量应根据产品确定。

稳压泵的设计流量建议统一按 1L/s 取值。

③ 稳压泵设计压力的确定

稳压泵的设计压力应符合下列要求：

（a）稳压泵的设计压力应满足自动启动和消防管网充满水的要求。消防水泵的启动通过消防水泵出水干管上设置的压力开关、高位消防水箱出水管上的流量开关、

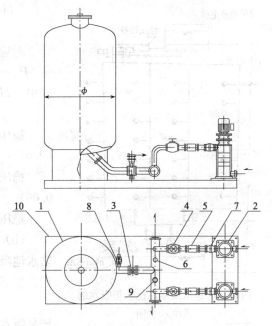

图 3-33　立式增压设备组装示意图
1—隔膜式气压罐；2—水泵；3—蝶阀；4—截止阀；
5—止回阀；6—安全阀；7—橡胶软接头；8—泄水阀；
9—远传压力表；10—底座

或报警阀压力开关等开关信号直接自动启动消防水泵，所以存在一个自动启动系统的压力值。

（b）稳压泵的设计压力应保持系统在泵房内消防水泵出水干管上压力开关设置点处的压力在准工作状态时大于系统设置自动启泵压力值，且增加值宜为 0.07～0.10MPa。

（c）稳压泵的设计压力应保持系统最不利点处水灭火设施在准工作状态时的压力大于该处的静水压，且增加值不应小于 0.15MPa。

稳压泵的压力对于消火栓系统应满足充实水柱的压力要求（10m 充实水柱压力约为 0.16MPa，13m 充实水柱压力约为 0.22MPa），对于自喷系统，则必须取 0.15MPa。

④ 稳压泵压力的计算

设稳压泵的最低工作压力为 $P_1$，自动启泵（消防主泵）压力为 $P_2$，稳压泵的启泵设计压力为 $P_{s1}$，停泵压力设计为 $P_{s2}$，准工作状态时最不利点处消防设施的压力为 $P_0$，压力开关处的自动启泵压力为 $P_3$。

当由稳压泵维持系统压力时，稳压泵的最低工作压力 $P_1$ 可以作为系统主泵的最低自动启动压力值 $P_2$，即 $P_1 = P_2$。

（a）当消防增压设备采用上置式，稳压泵从高位水箱吸水（见图 3-34）时，稳压泵的设计压力的计算如下：

$$P_2 = P_1 = P_0 - 0.01H_1$$

式中　$P_0$——最不利点消防设施的最低工作压力，MPa，当稳压泵为消火栓系统所用时，应按充实水柱要求取值，为自喷系统所用时，$P_0$ 应取 0.15MPa。

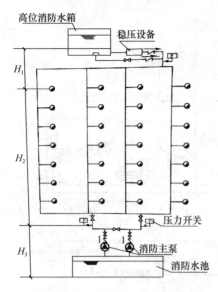

图 3-34　稳压泵从高位水箱吸水的
系统示意图

$H_1$——水箱最低有效水位至最不利点消防设施处的高差（静水压力），m。

对应的压力开关处的自动启泵压力：

$$P_3 = P_2 + 0.01(H_1 + H_2) = P_0 + 0.01H_2$$

式中　$H_2$——最不利点消防设施至压力开关处的高差，m。

稳压泵启泵设计压力 $P_{s1} = P_0 - 0.01H_1 + (0.07 \sim 0.10)$。

稳压泵停泵设计压力 $P_{s2} = P_{s1} + (0.05 \sim 0.06)$。

稳压泵设计扬程 $= (P_{s1} + P_{s2})/2$。

（b）当消防增压设备采用下置式，稳压泵从消防水池吸水（见图 3-35）时，稳压泵的设计压力的计算如下：

$$P_2 = P_1 = P_0 + 0.01(H_2 + H_3) - 0.01H_1 + 稳$$

压泵吸水喇叭口至最不利消防设施处管路的水头损失（为简化表述，此水头损失可以忽略）

式中　$H_3$——压力开关至稳压泵吸水喇叭口的高差，m。

对应的压力开关处的自动启泵压力为：

$$P_3 = P_2 = P_0 + 0.01(H_2 + H_3) - 0.01H_1$$

稳压泵启泵设计压力：

$$P_{s1} = P_3 + (0.07 \sim 0.10) = P_0 + 0.01(H_2 + H_3) - 0.01H_1 + (0.07 \sim 0.10)$$

稳压泵停泵设计压力：

$$P_{s2} = P_{s1} + (0.05 \sim 0.06)$$

稳压泵设计扬程 $= (P_{s1} + P_{s2})/2$

（5）消防水池

1）消防水池的设置条件

消防水池是消防给水系统可选择的一种消防水源。当采用市政给水管网不能满足消防供水要求时，就需要设置消防水池。具有下列情况之一者均应设置消防水池：

① 当生产、生活用水量达到最大时，市政给水管网或入户引入管不能满足室内外消防用水量。

② 采用一路消防供水或只有一条引入管，且室外消火栓设计流量大于 20 L/s 或建筑高度大于 50m。

③ 市政消防给水设计流量小于建筑室内外消防给水设计流量。

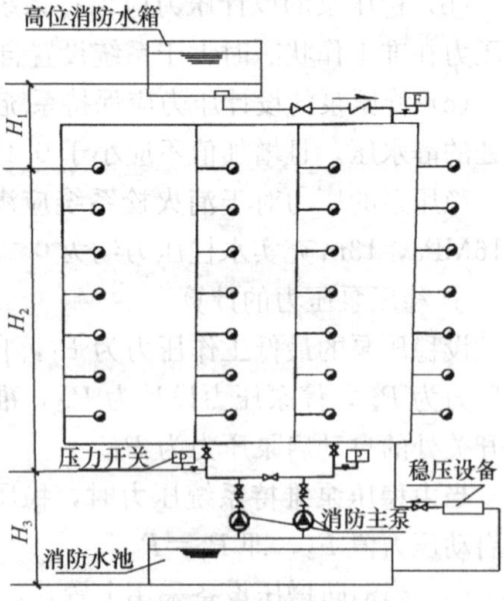

2）消防水池有效容积的计算

① 当市政给水管网能保证室外消防给水设计流量时，消防水池的有效容积应满足在

图 3-35　稳压泵从消防水池吸水的
系统示意图

火灾延续时间内室内消防用水量的要求。

这里的"保证"必须有具备有法律效力的文件作为支持。设置有由市政给水管网直接供水的建（构）筑物室外消火栓也不能认为是"保证"，在火灾现场是消防水量的补充，不能"保证"室外消防用水量。

② 当市政给水管网不能保证室外消防给水设计流量时，消防水池的有效容积应满足火灾延续时间内室内消防用水量和室外消防用水量不足部分之和的要求。

消防水池的有效容积＝总容积－火灾延续时间内的补水容积。

③ 当消防水池采用两路消防供水且在火灾情况下连续补水能满足消防要求时，消防水池的有效容积应根据计算确定，但不应小于100m³，当仅设有消火栓系统时，不应小于50m³。

④ 同一时间内只考虑一次火灾的高层建筑群，可共用消防水池，消防水池的容量应按消防用水量最大的一幢高层建筑计算。

3）消防水池补水量的确定

连续补水量是在消防水池有效容积计算中需要扣除的用水量，但需要满足以下三个条件才能扣除这部分水量：

① 消防水池采用两路（两条引入管）消防供水。

② 连续补水流量应按消防水池最不利进水管供水量计算。

③ 消防水池进水管管径和流量应根据市政给水管网或其他给水管网的压力、入户管管径、消防水池给水管管径，以及消防时其他用水量等经水力计算确定，当计算条件不具备时，给水管的平均流速不宜大于1.5m/s。

火灾延续时间内的连续补水流量可按下式计算：

$$q_f = 3600Av \tag{3-5}$$

式中　$q_f$——火灾时消防水池的补水流量，m³/h；

　　　$A$——消防水池给水管断面面积，m²；

　　　$v$——管道内水的平均流速，m/s。

4）消防水池的设置要求

① 消防水池的总蓄水有效容积大于500m³时，宜设两格能独立使用的消防水池；当大于1000m³时，应设置能独立使用的两座消防水池（见图3-36）。

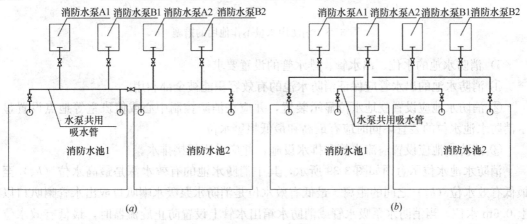

图 3-36　独立使用的两座消防水池示意图

69

② 每格（或座）消防水池应设置独立的出水管；当最低有效水位低于穿水池壁的吸水管中心线时，应加设连通管，且其管径应满足消防给水设计流量的要求。

③ 进水管应根据消防水池的有效容积和补水时间确定，一般情况下，补水时间不宜大于 48 h，但当消防水池有效总容积大于 2000m³ 时，补水时间不应大于 96 h；进水管管径应经计算确定，且不应小于 DN100。

④ 储存室外消防用水的消防水池或供消防车取水的消防水池，应设置取水口（井），且吸水高度不应大于 6.0m；取水口（井）与建筑物（水泵房除外）的距离不宜小于 15m，如图 3-37 所示。

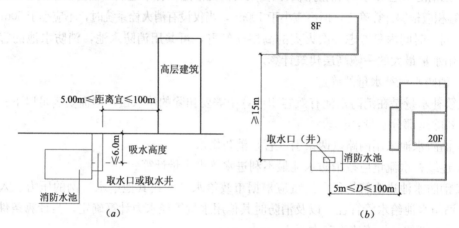

图 3-37　室外消防水池的布置
(a) 取水口吸水高度和位置示意图；(b) 取水口与多层和高层建筑距离示意图

⑤ 消防用水与其他用水共用的水池，应采取确保消防用水量不作他用的技术措施，如图 3-38 所示。

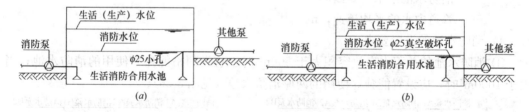

图 3-38　消防用水量不作他用的措施

5）消防水池的水位、出水管、排水管的设置要求

① 消防水池的出水管应保证消防水池的有效容积能被全部利用。

② 消防水池应设置就地水位显示装置，并应在消防控制中心或值班室等地点设置显示消防水池水位的装置，同时应有最高和最低报警水位。

③ 消防水池应设置溢流水管和排水设施，并应采用间接排水。

消防水池水位示意图如图 3-39 所示，其中消防水池的有效水深是最高水位（$h_3$）至最低有效水位（$h_1$）之间的距离。最低有效水位是消防水泵吸水喇叭口或出水管喇叭口以上 0.6m 水位，当消防水泵吸水管或消防水箱出水管上设置防止旋流器时，最低有效水位为防止旋流器顶部以上 0.20m，如图 3-40 所示。

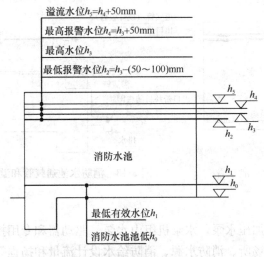

图 3-39　消防水池水位示意图

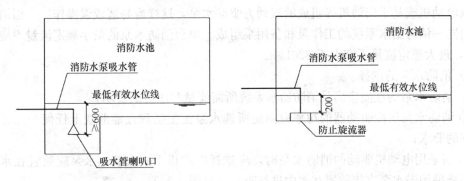

图 3-40　消防水池最低有效水位示意图

设置最低报警水位的目的是当消防水池水位小于最高水位时，提醒管理人员查看现场，确保消防水池的有效储水容积满足要求。设置最高报警水位的目的是当由于进水液位控制阀损坏等原因造成消防水池水位不断上升时，及时报警，避免水资源的浪费。消防水池水位计和液位信号装置设置示意图如图 3-41 所示。设置溢流水位的目的是当进水管的浮球阀损坏，水池达到最高报警水位后报警，但由于种种原因，进水阀门无法及时关闭时，可通过溢流水位处设置的溢流泄水管泄水，防止不断进入的水使消防水池水位不断上升，超过水池池壁的承压能力，破坏消防水池结构安全。泄水管采用有空气隔断的排水方式，消防水池溢流管和泄水管的设置如图 3-42 所示。

6）消防水池通气管的设置要求

消防水池通气管和溢流水管等应采取防止虫鼠等进入消防水池的技术措施，如图 3-43 所示。

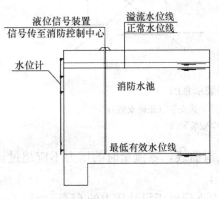

图 3-41　消防水池水位计和液位信号
装置示意图

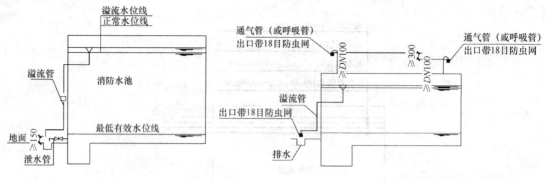

图 3-42 消防水池溢流管和泄水管　　图 3-43 消防水池通气管和溢流管防止虫鼠措施

（6）消防水泵

消防水泵是指消防加压水泵，水泵机组由水泵、驱动器和专用控制柜等组成。消防水泵宜根据可靠性、安装场所、消防水源、消防给水设计流量和扬程等综合因素确定水泵的形式，水泵驱动器宜采用电动机或柴油机直接传动。从效果和安全性考虑，消防水泵不应采用双电动机或基于柴油机等组成的双动力驱动水泵，这样容易造成误操作。一组消防水泵可由同一消防给水系统的工作泵和备用泵组成。单台消防水泵的最小额定流量不应小于 10L/s，最大额定流量不宜大于 320L/s。

1）消防水泵的选择

① 消防水泵的性能应满足消防给水系统所需流量和压力的要求；

② 消防水泵所配驱动器的功率应满足所选水泵流量扬程性能曲线上任何一点运行所需功率的要求；

③ 当采用电动机驱动的消防水泵时，应选择电动机干式安装，水泵应放置在水池之外，不能采用潜水泵直接放置在水中进行吸水（见图 3-44）；

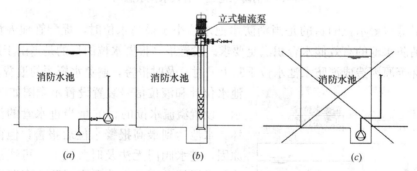

图 3-44 消防水泵干式安装示意图

（a）干式安装（正确安装）；（b）立式轴流泵干式安装（正确安装）；
（c）潜水泵供水方式（错误安装）

④ 流量扬程性能曲线应为无驼峰、无拐点的光滑曲线，零流量时的压力不应超过设计压力的 140%，且不宜小于设计额定压力的 120%；

⑤ 当出流量为设计流量的 150% 时，其出口压力不应低于设计压力的 65%；

⑥ 泵轴的密封方式和材料应满足消防水泵在低流量时运转的要求；

⑦ 消防给水同一泵组的消防水泵型号宜一致，且工作泵不宜超过 3 台；

⑧ 多台消防水泵并联时，应校核流量叠加对消防水泵出口压力的影响。

⑨ 水泵外壳宜为球墨铸铁；叶轮宜为青铜或不锈钢。

2）消防水泵的管路设计

① 消防水泵应采取自灌式吸水方式；

② 消防水泵从市政管网直接抽水时，应在消防水泵出水管上设置减压型倒流防止器；

③ 当吸水口处无吸水井时，吸水口处应设置旋流防止器。

立式和卧式消防水泵吸水示意图如图 3-45 和 3-46 所示。

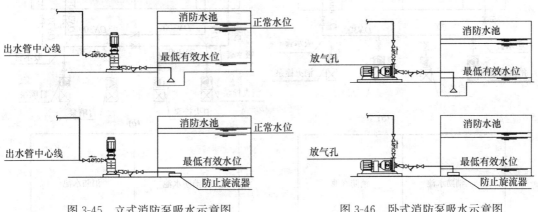

图 3-45　立式消防泵吸水示意图　　　　　　图 3-46　卧式消防泵吸水示意图

④ 一组消防水泵，吸水管不应少于两条，当其中一条损坏或检修时，其余吸水管应仍能通过全部消防给水设计流量；一组消防水泵应设不少于两条的输水干管与消防给水环状管网连接，当其中一条输水管检修时，其余输水管应仍能供应全部消防给水设计流量。同一组消防水泵吸水管和输水管满足全部消防给水设计流量通过的布置形式如图 3-47 所示。几种消防水泵吸水管的布置如图 3-48 所示，其中图（a）和（b）中连通管兼作出水管，不满足每个消防水池独立出水管的要求，图（c）、（d）、（e）和（f）中在消防水池中设计了连通管，满足每个水池独立出水且满足最低有效水位设连通管的要求。

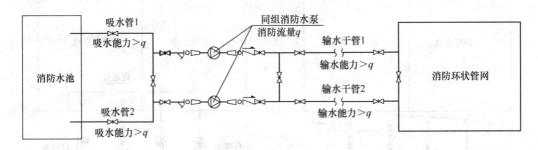

图 3-47　同组消防水泵吸水管、输水管设计示意图

⑤ 消防水泵吸水口的淹没深度应满足消防水泵在最低水位运行安全的要求，吸水管喇叭口在消防水池最低有效水位下的淹没深度应根据吸水管喇叭口的水流速度和水力条件确定，但不应小于 600mm，当采用旋流防止器时，淹没深度不应小于 200mm。消防水泵

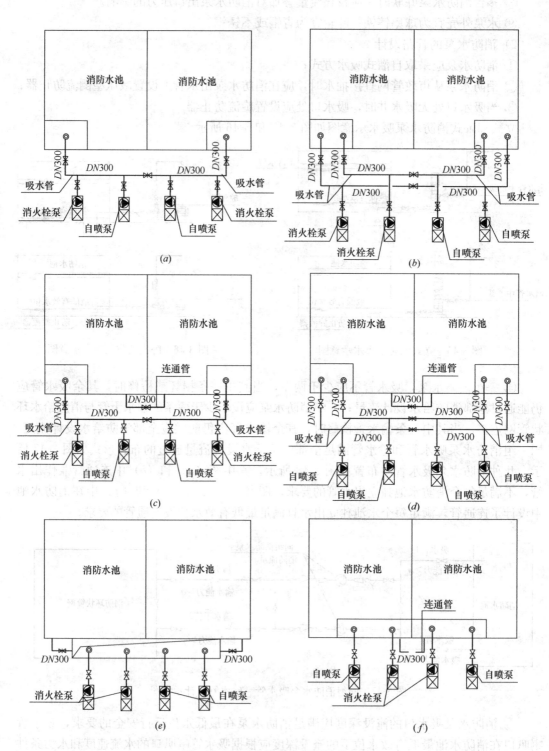

图 3-48　消防水泵吸水管设计示意图

吸水管淹没深度的设计做法如图 3-49 所示。

⑥ 消防水泵的吸水管上应设置明杆闸阀或带自锁装置的蝶阀，但当设置暗杆阀门时应设有开启刻度和标志；当管径超过 $DN300$ 时，宜设置电动阀门；消防水泵的出水管上应设止回阀、明杆闸阀，当采用蝶阀时，应带有自锁装置；当管径大于 $DN300$ 时，宜设置电动阀门。消防水泵吸水管和出水管上阀门的设置示意图如图 3-50 所示。

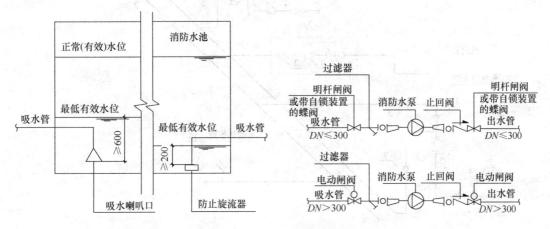

图 3-49　消防水泵吸水口设置示意图　　图 3-50　消防水泵吸水管、出水管阀门设置示意图

⑦ 消防水泵吸水管的直径小于 $DN250$ 时，其流速宜为 $1.0\sim1.2m/s$；直径大于 $DN250$ 时，宜为 $1.2\sim1.6m/s$；消防水泵出水管的直径小于 $DN250$ 时，其流速宜为 $1.5\sim2.0m/s$；直径大于 $DN250$ 时，宜为 $2.0\sim2.5m/s$。

⑧ 消防水泵的吸水管穿越消防水池时，应采用柔性套管；采用刚性防水套管时应在水泵吸水管上设置柔性接头，且管径不应大于 $DN150$。

⑨ 一组消防水泵应在消防水泵房内设置流量和压力测试装置；每台消防水泵出水管上应设置 $DN65$ 的试水管，并应安装 $DN65$ 的消火栓；为防止消防系统的超压问题，在消防供水管上应设安全阀、超压泄压阀等，使回流水流入消防水池。消防水泵管路系统示意图如图 3-51 所示。

3）消防水泵的控制

以自动或手动方式启动消防水泵时，应保证在火警后 30s 内启动。临时高压消防给水系统的每个消火栓处应设置直接启动消火栓给水泵的按钮。消防泵房应有现场应急操作启、停泵按钮，消防控制室应有手动远控启泵按钮。

（7）消防水泵房

1）消防水泵房的设置要求

① 消防水泵不宜设在有防振或有安静要求房间的上一层、下一层和毗邻位置，当必须布设时，应采取降噪减振措施（见图 3-52）。

② 消防水泵房的设计应根据具体情况设计相应的供暖、通风和排水设施，严寒、寒冷等冬季结冰地区供暖温度不应低于 10℃，但当无人值守时不应低于 5℃；消防水泵房的通风宜按 $6h^{-1}$ 设计；消防水泵房应设置排水和不被水淹没的技术措施（见图 3-53）。

③ 消防水泵房内的架空水管道，不应阻碍通道和跨越电气设备，当必须跨越时，应

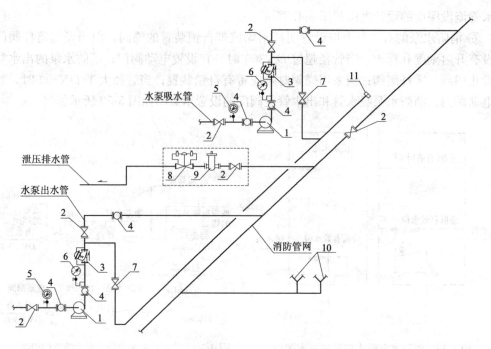

图 3-51　消防水泵管路系统示意图

1—消防水泵；2—阀门；3—多功能水泵控制阀；4—可曲绕橡胶管接头；5—压力真空表；6—压力表；

7—试验放水阀；8—泄压装置；9—管道过滤器；10—消防水泵接合器；11—消防水带接口

注：泄压阀和试验放水阀排水管应接至专用消防水池，当消防水泵直接从室外管网吸水时，可接至室外检
查井或泵房集水坑，并应采取可靠的空气隔断措施。

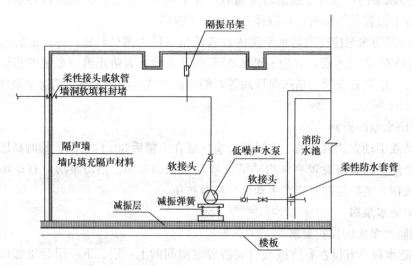

图 3-52　消防水泵房降噪减振措施示意图

采取保证通道畅通和保护电气设备的措施。

消防水泵房的其他设置要求可参见本书第 2 章节的内容。

2）消防水泵的布置

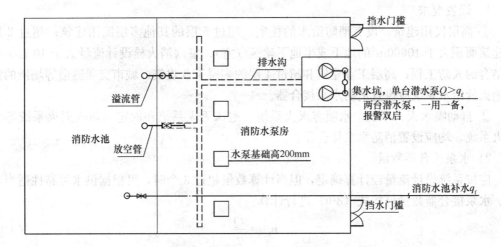

图 3-53　消防水泵房排水技术措施示意图

① 消防水泵机组外轮廓面与墙和相邻机组间的间距应符合表 3-8 的要求。

消防水泵机组外轮廓面与墙和相邻机组间的间距的确定　　　　　表 3-8

| 电动机额定功率（kW） | 相邻两个机组及机组至墙壁间的最小净距（m） |
|---|---|
| ≤22 | 0.6 |
| 22～55 | 0.8 |
| 55～255 | 1.2 |
| ≥255 | 1.5 |

注：水泵侧面有管道时，外轮廓面计至管道外壁。

② 泵房主要人行通道宽度不宜小于 1.2m，电气控制柜前通道宽度不宜小于 1.5m。

③ 水泵机组基础的平面尺寸，有关资料如未确定，无隔振安装应较水泵机组底座四周宽出 100～150mm；有隔振安装应较水泵机组底座四周宽出 150mm。

④ 泵房内管道管外底距地面的距离，当管径小于或等于 $DN150$mm 时，不应小于 0.20m；当管径大于或等于 $DN200$mm 时，不应小于 0.25m。

⑤ 当消防水泵就地检修时，应至少在每个机组一侧设消防水泵机组宽度加 0.5m 的通道，并应保证消防水泵轴和电动机转子在检修时能拆卸。

⑥ 当消防水泵房内设有集中检修场地时，其面积应根据水泵或电动机外形尺寸确定，并应在周围留有宽度不小于 0.7m 的通道。地下式泵房宜利用空间设集中检修场地。对于装有深井水泵的湿式竖井泵房，还应设堆放泵管的场地。

3）起重设施

① 消防水泵的重量小于 0.5t 时，宜设置固定吊钩或移动吊架。

② 消防水泵的重量为 0.5～3t 时，宜设置手动起重设备。

③ 消防水泵的重量大于 3t 时，应设置电动起重设备。

（8）水泵接合器

消防水泵接合器是消防队使用消防车从室外消火栓、消防水池或天然水源取水，向室内消防给水管网加压供水的装置。

1）设置要求

① 高层民用建筑；设有消防给水的住宅、超过 5 层的其他多层民用建筑；超过 2 层或建筑面积大于 10000m² 的地下或半地下建筑（室）、室内消火栓设计流量大于 10 L/s 平战结合的人防工程；高层工业建筑和超过 4 层的多层工业建筑；城市交通隧道等场所的室内消火栓给水系统应设置消防水泵接合器。

② 自动喷水灭火系统、水喷雾灭火系统、泡沫灭火系统和固定消防炮灭火系统等水灭火系统，均应设置消防水泵接合器。

2）水泵接合器数量

应按系统设计流量经计算确定，但当计算数量超过 3 个时，可根据供水可靠性适当减少。水泵接合器数量可按式（3-6）进行计算：

$$n_j = \frac{Q}{q} \tag{3-6}$$

式中　$n_j$——水泵接合器数量，个；

　　　$Q$——室内消防用水量，L/s；

　　　$q$——每个水泵接合器的流量，10～15L/s；

3）设置位置

① 临时高压消防给水系统向多栋建筑供水时，消防水泵接合器宜在每栋单体附件就近设置。

② 消防给水为竖向分区供水时，在消防车供水压力范围内的分区，应分别设置水泵接合器；当建筑高度超过消防车供水高度时，消防给水应在设备层等方便操作的地点设置手抬泵或移动泵接力供水的吸水和加压接口。

③ 水泵接合器应设在室外便于消防车使用的地点，且距室外消火栓或消防水池的距离不宜小于 15m，并不宜大于 40m。

④ 墙壁消防水泵接合器的安装高度距地面宜为 0.7m；与墙面上的门、窗、孔、洞的净距离不应小于 2.0m，且不应安装在玻璃幕墙下方；地下消防水泵接合器的安装，应使进水口与井盖底面的距离不大于 0.4m，且不应小于井盖的半径。

⑤ 水泵接合器处应设置永久性标志铭牌，并应标明供水系统、供水范围和额定压力。

水泵接合器有地上式、地下式和墙壁式三种安装形式，如图 3-54 所示。

（9）消防管道

1）埋地管道的管材要求

① 当系统工作压力不大于 1.20MPa 时，宜采用球墨铸铁管或钢丝网骨架塑料复合管。

② 当系统工作压力大于 1.20MPa、小于 1.60MPa 时，宜采用钢丝网骨架塑料复合管、加厚钢管和无缝钢管。

③ 当系统工作压力大于 1.60MPa 时，宜采用无缝钢管。

④ 钢管连接宜采用沟槽连接件（卡箍）和法兰，当采用沟槽连接件连接时，公称直径小于或等于 DN250 的沟槽式管接头系统工作压力不应大于 2.50MPa，公称直径大于或等于 DN300 的沟槽式管接头系统工作压力不应大于 1.60MPa。

2）敷设要求

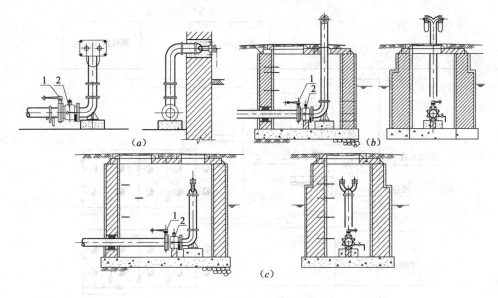

图 3-54 水泵接合器安装形式

(a) 墙壁式水泵接合器；(b) 地上式水泵接合器；(c) 地下式水泵接合器

1—蝶阀；2—止回阀

管道最小管顶覆土应按地面何载、埋深荷载和冰冻线对管道的综合影响确定。

① 管道最小管顶覆土不应小于 0.70m；但当在机动车道下时，管道最小管顶覆土应经计算确定，并不宜小于 0.90m；管道最小管顶覆土应至少在冰冻线以下 0.30m。

② 钢丝网骨架塑料复合管道最小管顶覆土深度，在人行道下不宜小于 0.80m，在轻型车行道下不应小于 1.0m，且应在冰冻线下 0.3m；在重型汽车道路或铁路、高速公路下应设置保护套管，套管与钢丝网骨架塑料复合管的净距不应小于 100mm。

③ 钢丝网骨架塑料复合管道与热力管道间的距离，应在保证聚乙烯管道表面温度不超过 40℃的条件下计算确定，但最小净距不应小于 1.50m。

④ 埋地钢管和铸铁管，应根据土壤和地下水腐蚀性等因素确定管外壁防腐措施。

3）架空管道的管材

室内、外架空管道应采用热浸锌镀锌钢管等金属管材。

（10）消火栓系统的分区与减压

1）消火栓系统的分区

当消火栓栓口处的静水压力大于 1.00MPa，消火栓系统应采取分区供水措施。分区供水可采用消防水泵并行或串联、减压水箱和减压阀减压的形式，但当系统的工作压力大于 2.40 MPa 时，应采用消防水泵串联或减压水箱分区供水形式。减压水箱分区供水的做法如图 3-55 所示。

当采用减压阀进行分区供水时，减压阀的设置应满足下列要求：

① 每一供水分区应设不少于两组减压阀组，每组减压阀组宜设置备用减压阀。

② 减压阀宜采用比例式减压阀，当超过 1.20MPa 时宜采用先导式减压阀。

③ 减压阀仅应设置在单向流动的供水管上，不应设置在有双向流动的输水干管上。

④ 减压阀后应设置安全阀，安全阀的开启压力应能满足系统安全，且不应影响系统

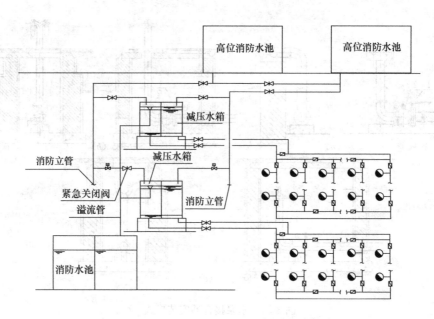

图 3-55　减压水箱分区供水示意图

的供水安全性。

减压阀分区供水示意图如图 3-56 所示。减压阀组安装示意图如图 3-57 所示。

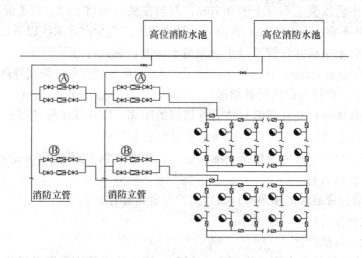

图 3-56　减压阀分区供水示意图

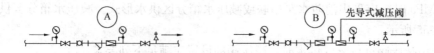

图 3-57　减压阀组安装示意图

2）消火栓栓口减压

消火栓栓口的动压力不应大于 0.50MPa，当大于 0.7MPa 时，消火栓栓口处必须设置减压装置。限制消火栓栓口压力的原因为：水枪反作用力大，直流水枪难以操持，还会导致超流量问题严重。所以当栓口压力超过规定值时，应采取减压措施。减压措施有：减压孔板、减压阀、减压稳压消火栓等。

① 减压孔板

减压孔板用不锈钢等材料制作。减压孔板只能减掉消火栓给水系统的动压，对于消火栓给水系统的静压不起作用。减压孔板的安装简图如图 3-58 所示。

② 减压稳压消火栓

减压稳压消火栓的外形与一般消火栓相同，但集消火栓与减压阀于一身，是一种能自动调节、使栓后压力保持基本稳定的消火栓。消火栓的栓前压力保持在 0.4~0.8 MPa 的范围内，其栓口出口压力就会保持在 0.3±0.5MPa 的范围内，且 SN65 消火栓的流量不小于 5L/s。

减压稳压消火栓结构如图 3-59 所示。该减压稳压消火栓的栓体内部采用了内活塞套、活塞及弹簧组成的减压装置。活塞的底部受进水水压的作用，上部受弹簧力作用。活塞的侧壁上开有特别设计的泄水孔。且可在活塞套中左右滑动。当旋启手轮，打开消火栓时，若进水端压力 $P_1$ 较大，其作用于活塞底部的水压力大于弹簧的弹性力，活塞在活塞套内向右滑动，此时活塞侧壁上的泄水孔受活塞套遮挡，泄水孔的有效流通面积减少，水流阻力增大，故栓后的压力 $P_2$ 减少；反之，若进水端压力 $P_1$ 较小，弹性张力就会大于活塞底部的水压力，活塞套内向左滑动，泄水孔被活塞套遮挡部分减少，泄水孔的有效流通面积增大，水流阻力减少，故栓后的压力 $P_2$ 增大。减压稳压消火栓既能免除繁琐的减压计算及施工中复杂的现场调试，又可使栓后压力基本保持稳定，使用方便，设计中应尽量予以采用。

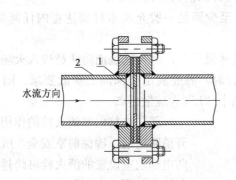

图 3-58 减压孔板安装示意图
1—减压孔板；2—消火栓支管

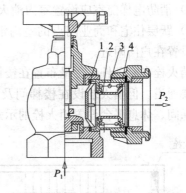

图 3-59 减压稳压消火栓结构图
1—挡板；2—活塞；3—弹簧；4—活塞套

### 3.1.2.4 室内消火栓的布置

（1）室内消火栓的设计原则

设置室内消火栓的建筑，包括设备层在内的各层均应设置消火栓。但层高小于 2.2m 的管道层且只敷设管道的可不设置消火栓，但宜在管道层的入口处附近设置两个消火栓以备消防队员灭火使用（见图 3-60）。

（2）室内消火栓的设置要求

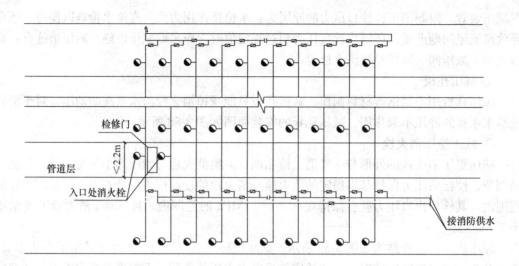

图 3-60  管道层设置消火栓系统示意图

1）室内消火栓应设置在楼梯间及其休息平台和前室、走道等明显易于取用，以及便于火灾扑救的位置。

2）住宅的室内消火栓宜设置在楼梯间及其休息平台。

3）汽车库内消火栓的设置不应影响汽车的通行和车位的设置，并应确保消火栓的开启。

4）同一楼梯间及其附近不同层设置的消火栓，其平面位置宜相同。

5）冷库的室内消火栓应设置在常温穿堂或楼梯间内。

6）消防电梯前室应设置室内消火栓，并应计入消火栓使用数量。

7）跃层住宅和商业网点的室内消火栓应至少满足一股充实水柱到达室内任何部位，并宜设置在户门附近。

消火栓在有条件时尽量布置在楼梯间及其休息平台，因为这是消防队员进入火场的一个主要通道。但消火栓设在楼梯间及休息平台时，需要满足楼梯间的疏散要求。图 3-61 为楼梯间、休息平台设置消火栓的示意图，图中"$L$"为疏散距离。

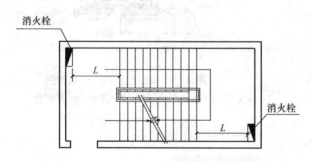

图 3-61  楼梯间、休息平台设置消火栓示意图

消防电梯前室消火栓的作用是打开消防通道，确保前室安全，所以消防电梯前室设置的消火栓可跨越防火门用，如图 3-62 所示。当 A 处在消火栓保护范围之内时（≤30m），可以借用消防电梯前室的消火栓对该区域进行保护。

8）对于建筑高度不大于 27m 的住宅，当设置消火栓时，可采用干式消防竖管。干式消防竖管一般指消火栓竖管在准工作状态时不充水，仅在使用时由消防车向竖管供水。

干式消防系统无需设置消防泵房，不设置高位消防水箱、水龙带、水枪，立管只配置消火栓栓口，消防水量也不计入消防系统中。

干式消防竖管宜设置在楼梯间休息平台，且仅应配置消火栓栓口；在干式消防竖管上应设置供消防车供水的接口，同时在竖管顶端设置自动排气阀。干式消防竖管平面及系统示意图如图 3-63 所示。

（3）室内消火栓的布置

室内消火栓的布置应满足同一平面有 2 支消防水枪的 2 股充实水柱同时到达任何部位的要求。但建筑高度小于或等于 54m 且每单元设置一部疏散楼梯的住宅，人防工程中体积小于或等于 1000m³ 的展览厅、影院、剧场、健身体育场所等，以及人防工程中体积小于或等于 5000m³ 的商场、餐厅、旅馆、医院等可采用 1 支消防水枪的场所，可采用 1 支消防水枪的 1 股充实水柱到达室内任何部位。

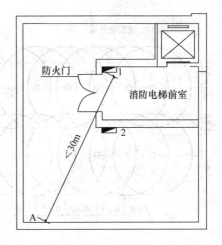

图 3-62　消防电梯前室消火栓可借用的示意图

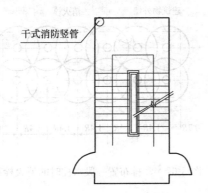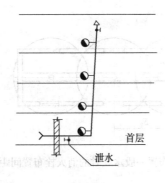

图 3-63　干式消防竖管的平面与系统示意图

室内消火栓宜按直线距离计算其布置间距，消火栓按 2 支消防水枪的 2 股水柱布置的建筑物，消火栓的布置间距不应大于 30m；消火栓按 1 支消防水枪的 1 股水柱布置的建筑物，消火栓的布置间距不应大于 50m。

1）两股水柱同时到达室内任何部位的消火栓间距的计算

① 室内只设有一排消火栓时的布置如图 3-64 所示。消火栓的间距可按式（3-7）计算：

$$S_1 = \sqrt{R^2 - b^2} \quad (3-7)$$

式中　$S_1$——一排消火栓两股水柱时的消火栓间距，m；

　　　$R$——消火栓的保护半径，m；

　　　$b$——消火栓的最大保护宽度，m。

② 室内需要多排消火栓时，其

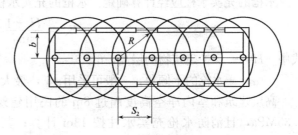

图 3-64　单排布置两股水柱时的消火栓布置间

83

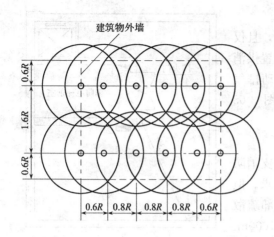

图 3-65　多排布置两股水柱时的消火栓布置

式中　$S_n$——多排消火栓一股水柱时的消火栓间距，m。

布置见图 3-65。

2) 一股水柱到达室内任何部位的消火栓间距的计算：

① 室内只设一排消火栓时的布置如图 3-66 所示。消火栓的间距可按式（3-8）计算：

$$S_2 = 2\sqrt{R^2 - b^2} \tag{3-8}$$

式中　$S_2$——一排消火栓一股水柱时的消火栓间距，m。

② 室内宽度较宽，需要布置多排消火栓时，其布置见图 3-67。消火栓的间距可按式（3-9）计算：

$$S_n = \sqrt{2}R = 1.414R \tag{3-9}$$

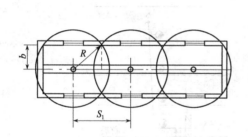

图 3-66　一排布置一股水柱时的消火栓布置间距

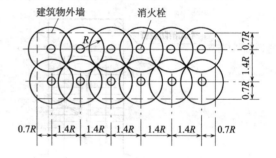

图 3-67　多排布置一股水柱时的消火栓布置间距

3) 室内消火栓保护半径的计算：

室内消火栓保护半径按式（3-10）计算：

$$R = L_d + L_s \tag{3-10}$$

式中　$R$——消火栓保护半径，m；

$L_d$——水带铺设长度，按水带长度乘以折减系数 0.8 计算，m；

$L_s$——水枪充实水柱长度在平面上的投影长度，m，当水枪倾角为 45°时，$L_s = 0.71 S_k$。

$S_k$——水枪充实水柱长度，m。

水枪的充实水柱应经计算确定。水枪的充实水柱长度可按式（3-11）计算：

$$S_k = \frac{H-1}{\sin\alpha} \tag{3-11}$$

式中　$H$——保护建筑物的层高，m；

$\alpha$——水枪的上倾角，一般可采用 45°，最大上倾角不应大于 60°。

高层建筑和室内净空高度超过 8m 的民用建筑等场所，消火栓栓口动压不应小于 0.35MPa，且消防水枪充实水柱按 13m 计算；其他场所，消火栓栓口动压不应小于 0.25MPa，且消防水枪充实水柱按 10m 计算。

### 3.1.2.5 室内消防用水量

（1）室内消火栓设计流量的确定

民用建筑物室内消火栓设计流量，应根据建筑物的用途、功能、体积、高度、耐火极限等因素综合确定，且不应小于表 3-9 的规定。

**民用建筑室内消火栓设计流量**　　　　表 3-9

| 建筑物名称 | | 高度 $h$(m)、层数、体积 $V$（$m^3$）或座位数 $n$(个) | 消火栓设计流量（L/s） | 同时使用消防水枪数（支） | 每根竖管最小流量（L/s） |
|---|---|---|---|---|---|
| 单层及多层 | 科研楼、试验楼 | $V \leqslant 10000$ | 10 | 2 | 10 |
| | | $V > 10000$ | 15 | 3 | 10 |
| | 车站、码头、机场楼和展览建筑等 | $5000 < V \leqslant 25000$ | 10 | 2 | 10 |
| | | $25000 < V \leqslant 50000$ | 15 | 3 | 10 |
| | | $V > 50000$ | 20 | 4 | 15 |
| | 剧院、电影院、会堂、礼堂、体育馆等 | $800 < n \leqslant 1200$ | 10 | 2 | 10 |
| | | $1200 < n \leqslant 5000$ | 15 | 3 | 10 |
| | | $5000 < n \leqslant 10000$ | 20 | 4 | 15 |
| | | $n > 10000$ | 30 | 6 | 15 |
| | 旅馆 | $5000 < V \leqslant 10000$ | 10 | 2 | 10 |
| | | $10000 < V \leqslant 25000$ | 15 | 3 | 10 |
| | | $V > 25000$ | 20 | 4 | 15 |
| | 商店、图书馆、档案馆等 | $5000 < V \leqslant 10000$ | 15 | 3 | 10 |
| | | $10000 < V \leqslant 25000$ | 25 | 5 | 15 |
| | | $V > 25000$ | 40 | 8 | 15 |
| | 病房楼、门诊楼等 | $5000 < V \leqslant 25000$ | 10 | 2 | 10 |
| | | $V > 25000$ | 15 | 3 | 10 |
| | 办公楼、教学楼、公寓、宿舍等其他建筑 | 高度超过 15m 或 $V > 10000$ | 15 | 3 | 10 |
| | 住宅 | $21 < h \leqslant 27$ | 5 | 2 | 5 |
| 高层 | 住宅 | $27 < h \leqslant 54$ | 10 | 2 | 10 |
| | | $h > 54$ | 20 | 4 | 10 |
| | 二类公共建筑 | $h \leqslant 50$ | 20 | 4 | 10 |
| | | $h > 50$ | 30 | 6 | 15 |
| | 一类公共建筑 | $h \leqslant 50$ | 30 | 6 | 15 |
| | | $h > 50$ | 40 | 8 | 15 |
| 国家级文物保护单位的重点砖木结构的古建筑 | | $V \leqslant 10000$ | 20 | 4 | 10 |
| | | $V > 10000$ | 25 | 5 | 15 |
| 地下建筑 | | $V \leqslant 5000$ | 10 | 2 | 10 |
| | | $5000 < V \leqslant 10000$ | 20 | 4 | 15 |
| | | $10000 < V \leqslant 25000$ | 30 | 6 | 15 |
| | | $V > 25000$ | 40 | 8 | 20 |
| 人防工程 | 展览厅、影院、剧场、礼堂、健身体育场所等 | $V \leqslant 1000$ | 5 | 1 | 5 |
| | | $1000 < V \leqslant 2500$ | 10 | 2 | 10 |
| | | $V > 2500$ | 15 | 3 | 10 |
| | 商场、餐厅、旅馆、医院等 | $V \leqslant 5000$ | 5 | 1 | 5 |
| | | $5000 < V \leqslant 10000$ | 10 | 2 | 10 |
| | | $10000 < V \leqslant 25000$ | 15 | 3 | 10 |
| | | $V > 25000$ | 20 | 4 | 10 |
| | 自行车库 | $V \leqslant 2500$ | 5 | 1 | 5 |
| | | $V > 2500$ | 10 | 2 | 10 |

另外，在计算室内消防设计流量时，应注意以下几个问题：

1）消防软管卷盘、轻便消防水龙及多层住宅楼楼梯间中的干式消防竖管，其消防给水设计流量可不计入室内消防给水设计流量。

2）建筑中同一使用功能的定义为：如果同一建筑内，存在多种用途的房间或场所，但这些不同性质的房间如果属于同一功能服务的配套用房，如办公建筑内的会议室、餐厅、锅炉房、水泵房等，就属于同一使用功能，该建筑仍定性为办公楼；又如宾馆内设有会议室、餐厅、锅炉房、水泵房、小卖部、库房等，该建筑仍定性为宾馆。

3）当一座多层建筑有多种使用功能时，室内消火栓设计流量应根据多层建筑总体积按表 3-9 中的不同功能分别计算，取最大值。如市民中心内设有图书馆、档案馆和旅馆，应根据总体积分别计算图书馆、档案馆和旅馆的室内消火栓设计流量，取最大值。当多层建筑有连通的地下室、汽车库等，总面积应包括地下室、汽车库等的体积。当一座高层建筑有多种使用功能时，室内消火栓设计流量应根据建筑总高度按表 3-9 中的不同功能分别计算，取最大值。

4）建筑物内设置自动喷水灭火系统、水喷雾灭火系统、泡沫灭火系统或固定消防炮灭火系统等一种或两种以上自动水灭火系统全保护时，高层建筑当高度不超过 50m 且室内消火栓设计流量超过 20L/s 时，其室内消火栓设计流量可按表 3-9 减少 5L/s；多层建筑室内消火栓设计流量可减少 50%，但不应小于 10L/s。但当自动喷水灭火系统采用局部应用系统时，其室内消火栓设计流量不应减少。地下建筑的室内消火栓设计流量也不可减少。

5）宿舍、公寓等非住宅类居住建筑的室内消火栓设计流量，当为多层建筑时，应按表 3-9 中的宿舍、公寓确定；当为高层建筑时，应按表 3-9 中的公共建筑确定。

（2）一起火灾灭火用水总量的确定

消防给水一起火灾灭火用水量应按需要同时作用的室内外消防给水用水量之和计算，两座或两座及以上建筑合用时，应取其最大者，并应按下列公式计算。

$$V = V_1 + V_2 \tag{3-12}$$

$$V_1 = 3.6 \sum_{i=1}^{i=n} q_{1i} t_{1i} \tag{3-13}$$

$$V_2 = 3.6 \sum_{i=1}^{i=n} q_{2i} t_{2i} \tag{3-14}$$

式中  $V$——建筑消防给水一起火灾灭火用水总量，$m^3$；

$V_1$——室外消防给水一起火灾灭火用水量，$m^3$；

$V_2$——室内消防给水一起火灾灭火用水量，$m^3$。

$q_{1i}$——室外第 $i$ 种水灭火系统的设计流量，L/s；

$t_{1i}$——室外第 $i$ 种水灭火系统的火灾延续时间，h；

$n$——建筑需要同时作用的室外水灭火系统数量；

$q_{2i}$——室内第 $i$ 种水灭火系统的设计流量，L/s；

$t_{2i}$——室内第 $i$ 种水灭火系统的火灾延续时间，h；

$m$——建筑需要同时作用的室内水灭火系统数量。

当建筑物有多个防火分区时，一起火灾灭火用水量应以个防护区为单位，分别计算室内外消防用水量之和，取其中的大值为建筑物的一起火灾灭火用水量。如图 3-68 所示，该建筑物一起火灾灭火用水量取 $V_A$、$V_B$ 中的较大值。

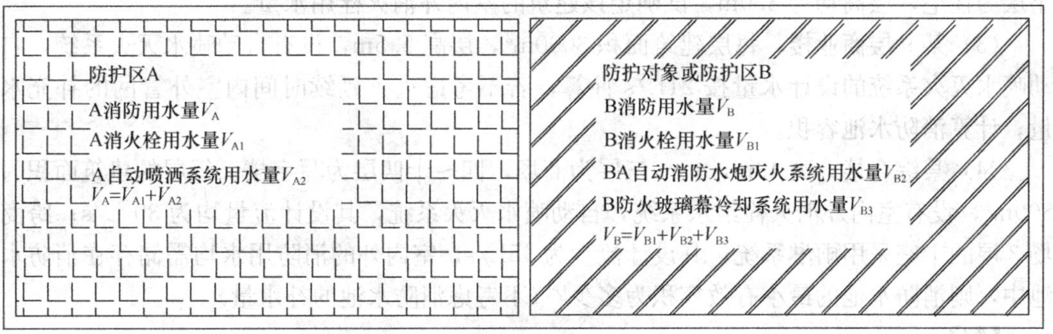

| 防护区A | 防护对象或防护区B |
|---|---|
| A消防用水量 $V_A$ | B消防用水量 $V_B$ |
| A消火栓用水量 $V_{A1}$ | B消火栓用水量 $V_{B1}$ |
| A自动喷洒系统用水量 $V_{A2}$ | BA自动消防水炮灭火系统用水量 $V_{B2}$ |
| $V_A=V_{A1}+V_{A2}$ | B防火玻璃幕冷却系统用水量 $V_{B3}$ |
| | $V_B=V_{B1}+V_{B2}+V_{B3}$ |

图 3-68　建筑物一起火灾灭火用水量

（3）火灾延续时间的确定

不同场所消火栓系统和水灭火系统的火灾延续时间的确定如表 3-10 所示。各类建筑的一次消防用水总量应为各灭火设施的消防用水量和火灾延续时间的乘积的叠加。

不同场所的火灾延续时间　　　　　　　　　　　　　表 3-10

| 建筑类别 | | 场所与火灾危险性 | 火灾延续时间 (h) |
|---|---|---|---|
| 民用建筑 | 公共建筑 | 高层建筑中的商业楼、展览楼、综合楼，建筑高度大于50m的财贸金融楼、图书馆、书库、重要的档案楼、科研楼和高级宾馆等 | 3.0 |
| | | 其他公共建筑 | 2.0 |
| | 住宅 | | 2.0 |
| 人防工程 | | 建筑面积小于3000m² | 1.0 |
| | | 建筑面积大于或等于3000m² | 2.0 |
| 地下建筑、地铁车站 | | | 2.0 |
| 水灭火系统 | 自动喷水灭火系统 | — | 1.0 |
| | 防火分隔水幕、防护冷却水幕 | 防火墙上设置 | 3.0 |
| | | 其他墙体上设置 | 与墙体耐火极限一致 |
| | 早期抑制快速响应喷头 | 仓库 | 1.0 |
| | 水喷雾灭火系统 | 扑灭固体火灾 | |
| | | 扑灭液体火灾 | 0.5 |
| | | 扑灭电气火灾 | 0.4 |

【例 3-3】消防用水量的确定。

（1）某 30 层建筑，其首层设有多间面积为 $250\sim450m^2$ 的便民商店和商业性服务用房，建筑高度 4.5m，总面积 $4000m^2$，二~三十层均为普通住宅。确定该建筑室内消火栓给水系统用水量。

（2）某普通住宅，每层建筑面积均为 $700m^2$，一层为高度为 2.0m 的自行车库，二～十层为住宅，层高均为 3.0m，试确定该建筑的室内外消火栓用水量。

（3）某 9 层商业楼，每层建筑面积 $3000m^2$，层高 5.5m，设有自动喷水灭火系统，自动喷水灭火系统的设计水量按 21L/s 计算，若不考虑火灾延续时间内室外管网的补充水量，计算消防水池容积。

（4）某综合楼，高 49m，一～三层为商场，四～十四层为写字楼，每层的建筑面积为 $800m^2$，设有室内外消火栓给水系统，自动喷水灭火系统，其设计流量均为 30 L/s；跨商场 3 层的中庭采用雨淋系统，其设计流量为 45L/s，室内外的消防用水均需储存在消防水池中，则消防水池的最小有效容积为多少？（不考虑消防水池的补水量）

【解】

（1）由于该建筑首层有面积超过 $300m^2$ 的商店和商业性服务用房，因此不属于带商业服务网点的住宅建筑，而是为住宅与商业合建的建筑，整体上属于一类高层公共建筑。所以住宅部分和非住宅部分的室内消防设施配置，可根据各自的建筑高度分别按照有关住宅建筑和公共建筑的规定执行。

住宅部分：30 层的住宅建筑高度大于 54m，室内消火栓设计流量为 20L/s。

商业部分：仅为 1 层，属于多层商店建筑，总体积为：$4.5×4000＝18000m^3$，室内消火栓设计流量为 25L/s。

该建筑属于一般的公共建筑（不属于高层商业楼），其火灾延续时间取 2h，则：消防用水量为：$25×3.6×2＝180m^3$。

（2）该住宅室外消火栓用水量为 15 L/s；由于一层是高度为 2.0m 的自行车库，按照《建筑防火规范》中建筑高度的计算方法："对于住宅建筑，设置在底部且室内高度不大于 2.2m 的自行车库，可不计入建筑高度"。因此，该住宅的建筑高度为：$9×3.0＝27m$，其室内消火栓用水量为 5L/s。

（3）该商业楼为公共建筑，建筑高度为 49.5m，同时该建筑每层建筑面积 $3000m^2$（>$1000m^2$），所以为一类公共建筑，其室内消火栓用水量为 30L/s；又因该建筑自喷系统全覆盖，室内消防用水量可减少 5L/s，故该建筑室内消火栓用水量取 25L/s。

该建筑体积为：$3000×49.5＝148500m^3$，其室外消火栓用水量为 40L/s。

该建筑消火栓的火灾延续时间为 3.0h；自喷系统的火灾延续时间为 1.0h。故消防水池容积为：$V＝(25+40)×3×3.6+21×1×3.6＝777.6m^3$，因水池容积大于 $500m^3$，宜设两格能独立使用的消防水池，故将消防水池分成容积相等的两格，每格水池的容积为 $389m^3$。

（4）该综合楼的总体积为 $49×800＝39200m^3$，其室外消火栓设计流量为 30L/s；该建筑为二类公共建筑，其室内消火栓设计流量为 20L/s。高层综合楼消火栓系统火灾延续时间为 3h，自喷和雨淋均为 1h，其中自喷和雨淋系统的设计流量取两者的大值。

因此，消防水池最小有效容积为：$V＝(30+20)×3×3.6+Max(30×1×3.6，45×1×3.6)＝702m^3$

3.1.2.6　室内消火栓系统设计计算

室内消火栓系统设计计算步骤：

① 确定消火栓消防用水量和火灾延续时间；

② 消防给水管网的水力计算；

③ 室内消火栓的减压计算；

④ 消防给水系统增压设备的计算和选用。

（1）消火栓消防用水量和火灾延续时间的确定

根据表 3-9、表 3-10 可分别确定出不同类型建筑物的消火栓用水量和火灾延续时间，进而计算出消防水池及高位消防水箱的容积。

1）消防水池的容积按式（3-15）计算：

$$V = (Q_x - q_f) \cdot t \cdot 3.6 \tag{3-15}$$

式中　$V$——消防水池有效容积，$m^3$；

　　　$Q_x$——室内、外消防用水总量，$L/s$；

　　　$q_f$——在火灾延续时间内可连续补充的水量，$L/s$；

　　　$t$——火灾延续时间，$h$。

2）高位消防水箱的容积可根据表 3-5 确定。

（2）消防给水管网水力计算

1）消防给水管网管径的确定

选定建筑物最高、最远的两个或多个消火栓作为计算最不利点。根据室内消火栓消防用水量，按表 3-11 的规定，进行各竖管的流量分配。即可按流量公式 $Q = 1/4\pi \times d^2 \times v$，选定流速，可计算出各管段的管径，或查水力计算表确定管径。消防管道内水的流速不宜大于 2.5m/s。每根消防竖管的管径不应小于 100mm。

**消火栓最不利点计算流量分配**　　　　　　　　　　　　**表 3-11**

| 多层建筑 | | | | 高层建筑 | | | |
|---|---|---|---|---|---|---|---|
| 室内消防流量<br>（水枪数×每支流量）<br>（L/s） | 消防竖管出水枪数（支） | | | 室内消防流量<br>（水枪数×每支流量）<br>（L/s） | 消防竖管出水枪数（支） | | |
| | 最不利<br>竖管 | 次不利<br>竖管 | 第三不利<br>竖管 | | 最不利<br>竖管 | 次不利<br>竖管 | 第三不利<br>竖管 |
| 5＝1×5 | 1 | | | 10＝2×5 | 2 | | |
| 5＝2×2.5 | 2 | | | 20＝4×5 | 2 | 2 | |
| 10＝2×5 | 2 | | | 30＝6×5 | 3 | 3 | |
| 15＝3×5 | 2 | 1 | | 40＝8×5 | 3 | 3 | 2 |
| 20＝4×5 | 3 | 1 | | | | | |
| 25＝5×5 | 3 | 2 | | | | | |
| 30＝6×5 | 3 | 3 | | | | | |
| 40＝8×5 | 3 | 3 | 2 | | | | |

2）最不利消火栓栓口所需压力计算

最不利消火栓栓口所需水压，按式（3-16）计算：

$$H_{xh} = h_d + H_q + H_{sk} = A_d L_d q_{xh}^2 + \frac{q_{xh}^2}{B} + H_{sk} \tag{3-16}$$

式中　$H_{xh}$——最不利消火栓栓口所需压力，$kPa$；

　　　$h_d$——消防水带的水头损失，$kPa$；

$H_q$——水枪喷嘴造成一定长度的充实水柱所需压力，kPa；

$A_d$——水带的比阻，按表3-12选用；

$L_d$——水带的长度，m；

$q_{xh}$——水枪喷嘴射出流量，L/s；

$B$——水枪水流特性系数，见表3-13；

$H_{sk}$——消火栓栓口水头损失，宜取20kPa。

水带的比阻 $A_d$ 值 表3-12

| 水带口径<br>（mm） | 比阻 $A_d$ 值 | |
|---|---|---|
| | 尼龙帆布或麻质帆布水带 | 衬胶的水带 |
| 50 | 0.01501 | 0.00677 |
| 65 | 0.00430 | 0.00172 |

水枪水流特性系数 $B$ 值 表3-13

| 水枪喷嘴直径（mm） | 13 | 16 | 19 | 22 |
|---|---|---|---|---|
| $B$ 值 | 0.346 | 0.793 | 1.577 | 2.834 |

其中水枪喷嘴处所需压力按式（3-17）计算：

$$H_q = \frac{10\alpha_f H_m}{1 - \varphi \alpha_f H_m} \quad (3-17)$$

式中 $H_m$——充实水柱长度，m；

$\varphi$——阻力系数，与水枪喷嘴口径 $d_f$ 有关，见表3-14。

$\alpha_f$——实验系数，与充实水柱长度 $H_m$ 有关，见表3-15。

系数 $\varphi$ 值 表3-14

| $d_f$（mm） | 13 | 16 | 19 |
|---|---|---|---|
| $\varphi$ | 0.0165 | 0.0124 | 0.0097 |

系数 $\alpha_f$ 值 表3-15

| $H_m$（m） | 6 | 8 | 10 | 12 | 16 |
|---|---|---|---|---|---|
| $\alpha_f$ | 1.19 | 1.19 | 1.20 | 1.21 | 1.24 |

水枪喷嘴射出流量按式（3-18）计算：

$$q_{xh} = \sqrt{B H_q} \quad (3-18)$$

不同的充实水柱有不同的压力和流量，表3-16表示不同喷嘴口径的直流水枪与其充实水柱长度 $H_m$、水枪喷嘴所需压力 $H_q$ 及喷嘴出流量 $q_{xh}$ 之间的关系。

充实水柱长度、水枪喷嘴所需压力及喷嘴出流量的关系 表3-16

| 充实水柱 $H_m$<br>（m） | 水枪喷口直径（mm） | | | | | |
|---|---|---|---|---|---|---|
| | 13 | | 16 | | 19 | |
| | $H_q$（mH₂O） | $q_{xh}$（L/s） | $H_q$（mH₂O） | $q_{xh}$（L/s） | $H_q$（mH₂O） | $q_{xh}$（L/s） |
| 6 | 8.1 | 1.7 | 7.8 | 2.5 | 7.7 | 3.5 |
| 8 | 11.2 | 2.0 | 10.7 | 2.9 | 10.4 | 4.1 |
| 10 | 14.9 | 2.3 | 14.1 | 3.3 | 13.6 | 4.5 |

续表

| 充实水柱 $H_m$ (m) | 水枪喷口直径(mm) | | | | | |
|---|---|---|---|---|---|---|
| | 13 | | 16 | | 19 | |
| | $H_q$(mH$_2$O) | $q_{xh}$(L/s) | $H_q$(mH$_2$O) | $q_{xh}$(L/s) | $H_q$(mH$_2$O) | $q_{xh}$(L/s) |
| 12 | 19.1 | 2.6 | 17.7 | 3.8 | 16.9 | 5.2 |
| 14 | 23.9 | 2.9 | 21.8 | 4.2 | 20.6 | 5.7 |
| 16 | 29.7 | 3.2 | 26.5 | 4.6 | 24.7 | 6.2 |

3) 计算最不利管路的水头损失

① 室内消火栓管网为环状管网，在进行水力计算时，宜把消火栓管网简化为枝状管网计算。

② 选取最不利消防竖管，按流量分配原则分别对最不利竖管上的消火栓进行流量和出口压力计算。

③ 消火栓给水系统横干管的流量应为消火栓用水量。

④ 消防管道沿程水头损失的计算方法与给水管道相同，管道的局部阻力损失通常可按沿程水头损失的10%计算。

4) 消火栓泵流量和扬程的确定

① 消火栓泵供水流量应大于或等于室内消火栓用水量。

② 消火栓泵扬程可按式（3-19）计算：

$$H_b \geqslant H_{xh} + H_h + H_z \tag{3-19}$$

式中  $H_b$——消火栓泵的扬程，mH$_2$O；

$H_{xh}$——最不利消火栓栓口所需压力，mH$_2$O；

$H_h$——消火栓管道沿程和局部水头损失之和，mH$_2$O；

$H_z$——消防水池最低水位与最不利消火栓之间的几何高差，mH$_2$O。

5) 水箱设置高度的确定

应按照本章中消防水箱的设置高度的相关内容进行设计。

（3）室内消火栓的减压计算

消火栓栓口压力过大会带来两方面的不利影响：一是使出水压力增大，水枪的反作用力加大，使人难以操作；二是出水压力增大，消火栓出水量也增大，将会使消防水箱的储水量在较短时间内被用完。因此，消除消火栓栓口的剩余水压是十分必要的。

当消火栓栓口的出水压力大于0.50MPa时，消火栓处应采取减压稳压消火栓或减压孔板进行减压。经减压后消火栓栓口的出水压力应在 $H_{xh}$～0.50MPa 之间（$H_{xh}$为消火栓栓口要求的最小灭火水压）。

各层消火栓栓口剩余压力按式（3-20）计算：

$$H_{xhb} = H_b - H_{xh} - h_z - \Delta h \tag{3-20}$$

式中  $H_{xhb}$——计算层最不利点消火栓栓口剩余压力，mH$_2$O；

$H_b$——消防水泵的扬程，m；

$H_{xh}$——消火栓栓口处所需水压，mH$_2$O；

$h_z$——消防水箱最低水位或消防水泵与室外给水管网连接点至计算层消火栓栓口几何高差，m；

$\Delta h$ ——水经水泵到计算层最不利点消火栓之间管道的沿程和局部水头损失，$mH_2O$。

（4）消火栓给水系统的增压设备

当水箱的设置高度不能满足最不利点消火栓静水压力的要求时，常采用稳压泵加气压水罐的增压措施。用于消火栓给水系统的增压设备在平时是由稳压补水泵按整定的启闭压力 $P_{s1}$ 和 $P_{s2}$ 自动地反转运转，维持系统消防水压，保证罐内的启动容积。遇有火灾时，打开消火栓阀门就有足够压力、足够流量的水柱由水枪射出。随着水枪的喷射，罐体压力逐渐下降，当降至 $P_2$ 时（见图 3-30 和图 3-31），消防泵立即启动并切断压力传感仪表的信号电路，30s 后关闭电磁阀，切断气压水罐与系统间的联系，使消防水泵直接供应消防用水。待灭火工作完毕，以手动方式关闭消防水泵，使电磁阀复位，电力控制柜又以自动方式控制稳压补水泵维持日常运转。

增压设备中气压罐容积、稳压泵流量和水泵扬程设计参数的确定参见本章消防增压设备的相关内容。

### 3.1.2.7　消火栓给水系统设计实例

【实例 2】工程概况：本工程为高层住宅楼，建筑面积约 $14400m^2$，建筑高度 54.80m。地上 18 层，地下 1 层，其中地下 1 层为设备用房，地上一～十八层为普通住宅，每层 6 户，两梯三户，共两个单元，每层建筑面积约为 $750m^2$。试设计其室内消防给水系统。

【设计过程】

（1）室内消火栓的布置

因本工程为 18 层的普通住宅，属于二类高层民用建筑。结合楼内平面布置情况，按照同层有两支水枪的充实水柱同时到达任何部位的原则及室内消火栓的设置位置要求，即：①室内消火栓应设置在位置明显且易于操作的部位；②消防电梯间前室内应设置消火栓，并应计入消火栓使用数量；③消火栓不宜设于高层建筑的防烟和封闭楼梯间内。

室内消火栓间距，应保证每一个防火分区同层有两支水枪的充实水柱同时到达任何部位，且高层建筑中室内消火栓的间距不应大于 30.0m。消火栓的间距和保护半径可按式（3-7）和式（3-10）进行计算，其中建筑高度不超过 100m 的高层建筑，充实水柱长度不应小于 13m。

所以，本建筑的消火栓充实水柱长度取 $S_k=13m$，$L_d=25×0.8=20m$，则消火栓保护半径 $R=20+13×0.7=29.1m$。

本建筑最大宽度 21.9m，消火栓最大保护宽度 $b=10.95m$。室内消火栓间距：

$$S_1=\sqrt{R^2-b^2}=\sqrt{29.1^2-10.95^2}\approx26.96m$$

因本建筑一～十八层为普通住宅，分成两个单元，每一单元的长度为 20.6m，宽度为 21.9m，即在每一单元内布置两个消火栓就可满足 26.96m 的消火栓间距要求。

所以本工程每层平面一个单元内设 2 个消火栓，全楼共设 4 个消火栓，采用垂直成环布置。

室内消火栓型号的选择：本工程选用的消火栓直径为 $DN65mm$，水枪喷嘴直径 $\varphi=19mm$，$DN65$ 的衬胶水龙带长度 $L=25m$。

本工程消火栓的平面布置图和系统计算简图如图 3-69 和图 3-70 所示。

图 3-69 住宅楼标准层消火栓系统平面布置图

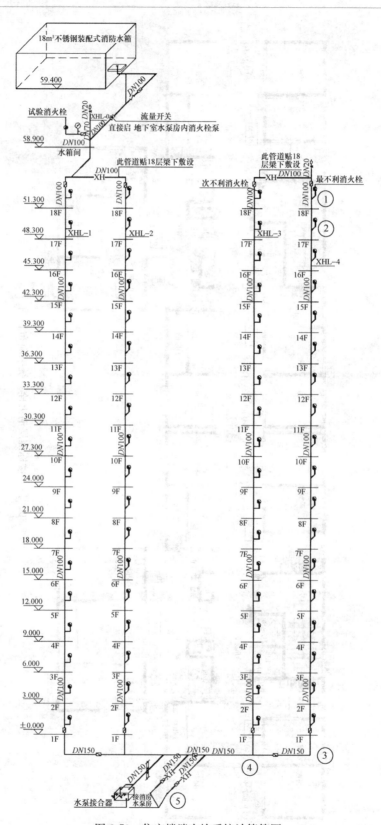

图 3-70　住宅楼消火栓系统计算简图

（2）消防水池和屋顶水箱的设置与计算

因市政给水管网水压不能满足本工程室内最不利点消火栓的水压要求，所以本工程采用临时高压消防给水系统，并在屋顶设消防水箱。

1）消防水池的设置与计算：

本建筑室内消火栓用水量为 20L/s，室外消火栓用水量为 15L/s，火灾延续时间为 2h。

消防水池的有效容积若在消防时不考虑市政管网补充的水量时，则：消防水池的有效容积为：

$$V = Q \cdot t \cdot 3.6 = (20 + 15) \cdot 2 \cdot 3.6 = 252\text{m}^3$$

2）高位消防水箱的设置与计算：

高位消防水箱的容积：因本建筑为一类高层居住建筑，故水箱的有效容积取 18m³。

消防水箱的外形尺寸为：$4000 \times 3000 \times 2000(H)$。

高位消防水箱的设置高度为：$51.3 + 1.1 + 7.0 = 59.4$m。

本建筑能满足高位消防水箱设置高度要求，故不需设置消火栓增压设备。

（3）消火栓及管网的计算

1）系统分区情况：因底层消火栓所承受的静水压力为 $59.4 - 1.10 = 58.3$m$< 100$m，因此该消火栓系统可不分区，即室内消火栓系统竖向为一个区。

2）最不利消火栓栓口的压力计算：

① 最不利管段的确定：

设图 3-70 中的⑤点为消防用水入口，立管 XHL-1 为最不利管段，立管 XHL-1 的第十八层①号消火栓为最不利点；立管 XHL-2 为次不利管段。

② 消防给水管网管径的确定：室内消防给水管道采用热镀锌钢管。查本书附录，本建筑立管上出水枪数为 2 支，每根立管最小流量为 10L/s，故消防立管管径确定为 $DN100$，符合规范 $v < 2.5$m/s 和竖管的管径不应小于 100mm 的要求；因水平环状管网的消防流量为室内消防用水量（20L/s），可确定出水平环状干管的管径为 $DN150$，也符合规范中 $v < 2.5$m/s 的要求。

③ 最不利消火栓栓口的压力计算：

按照规范规定，一支消火栓的流量应为 5L/s。可计算①号消火栓栓口压力。分别查表 3-12 和表 3-13，得 $A_\text{d} = 0.00172$，$B = 1.577$，水龙带长 $L_\text{d} = 25$m，则：

$$H_\text{xh} = h_\text{d} + H_\text{q} + H_\text{sk} = A_\text{d}L_\text{d}q_\text{xh}^2 + \frac{q_\text{xh}^2}{B} + H_\text{sk}$$

$$= 0.00172 \times 25 \times 5^2 + \frac{5^2}{1.577} + 2$$

$$= 1.075 + 15.853 + 2 = 18.93\text{mH}_2\text{O} \approx 0.19\text{MPa}$$

所以①号消火栓栓口最低压力为 0.19MPa。

3）最不利消防给水管网水头损失计算

在图 3-70 中，消防用水从⑤点入口开始，到十八层①号消火栓为最不利消防管道。

十八层①号消火栓栓口压力为 $H_1 = 19$m，流量为 $q_1 = 5$L/s。

十七层②号消火栓栓口压力 $H_2 = H_1 +$（层高 3.0m）$+$（十八层～十七层的消防立管的水头损失）。

$DN100$ 镀锌钢管，当 $q=5\text{L/s}$ 时，查表水力坡降 $i=0.00749$，则：

$$H_2 = 19 + 3.0 + 3.0 \times 0.00749(1+10\%)$$

$$= 22.03\text{m} \approx 0.22\text{MPa}$$

十七层消火栓的消防出水量为：

$$H_{xh} = A_d L_d q_{xh}^2 + \frac{q_{xh}^2}{B} + H_{sk}$$

$$q_2 = \sqrt{\frac{H_2-2}{A_d L_d + \frac{1}{B}}} = \sqrt{\frac{22.03-2}{0.00172 \times 25 + \frac{1}{1.577}}} = 5.44\text{L/s}$$

②点和③点之间的流量：$q = q_1 + q_2 = 5 + 5.44 = 10.44\text{L/s}$，$DN100$ 的钢管，水力坡降 $i=0.0292$，管道长约51m。则②～③点之间的水头损失为：

$$51 \times 0.0292 \times (1+10\%) = 1.64\text{m} = 0.016\text{MPa}$$

消火栓给水管道水头损失计算结果如表 3-17 所示。

消火栓给水管道水头损失计算表

表 3-17

| 管段 | 流量 $q$ (L/s) | 管长 (m) | 管径 (mm) | 流速 (m/s) | 单阻 $i$ | 水头损失 (m) |
|---|---|---|---|---|---|---|
| ①～② | 5 | 3 | 100 | 0.58 | 0.00749 | 0.025 |
| ②～③ | 10.44 | 51 | 100 | 1.20 | 0.0292 | 1.64 |
| ③～④ | 10.44 | 8.0 | 100 | 1.20 | 0.0292 | 0.26 |
| ④～⑤ | 20.88 | 36 | 150 | 1.10 | 0.015 | 0.60 |
| | | | | | | $\sum h = 2.52$ |

注：消防管道的局部损失按管道沿程损失的10%计。

4）消防水泵的计算与选择

消火栓系统所需压力（消防水泵所需扬程）为：

$H_b \geqslant H_{xh} + H_h + H_z \geqslant 19 + (2.52) + 51.3 + 1.1 - (-4.8) \geqslant 78.72\text{m} \approx 79\text{m}$

消火栓供水泵选型：

根据 $Q \geqslant 20\text{L/s}$，$H_b \geqslant 79\text{m}$。

选用 2 台 XBD8.4/20-100L 型多级消防泵，一用一备。水泵性能参数为：$Q=20\text{L/s}$，$H=0.84\text{MPa}$。功率 $N=30\text{kW}$，转数 $n=2900\text{r/min}$。

5）各层消火栓栓口动水压力的计算

根据式（3-20）可知，18 层消火栓栓口动水压力为：

$$H_{xhi} = H_{xhb} + H_{xh} = H_b - h_z - \Delta h$$

$$= 84 - (51.3 + 1.1 + 4.8) - 2.52$$

$$= 24.28\text{m} \approx 0.24\text{MPa} < 0.5\text{MPa}$$

十七层消火栓栓口动水压力为：

$$H_{17} = 84 - (48.3 + 1.1 + 4.8) - 2.50 \approx 0.27\text{MPa}。$$

同理，十六层消火栓栓口动水压力为：

$$H_{16} = 84 - (45.3 + 1.1 + 4.8) - 2.40 \approx 0.30\text{MPa}。$$

同理可计算出十五层消火栓栓口动水压力为 0.34MPa、十四层为 0.37MPa、十三层为 0.40MPa、十二层为 0.43MPa、十一层为 0.46MPa、十层为 0.49MPa、九层为 0.52MPa＞0.5 MPa。

故应在九层～地下一层之间采用减压稳压消火栓。

（4）水泵结合器数量计算

一个水泵结合器的出水量 $q_j=10\sim15L/s$，本工程室内消火栓水量 $Q=20L/s$。水泵结合器数量：

$$n_j=\frac{Q_n}{q_j}=\frac{20}{15}\approx2$$

消火栓水泵结合器选用 2 个。

# 3.2 自动喷水灭火系统

### 3.2.1 自动喷水灭火系统的特点

自动喷水灭火系统是一种在发生火灾时，能自动打开喷头喷水灭火，同时发出火警信号的固定灭火系统。这种灭火系统是当今世界上公认的最为有效的自救灭火设施，是应用最广泛、用量最大的自动灭火系统。

自动喷水灭火系统由洒水喷头、报警阀组、水流报警装置（水流指示器和压力开关）等组件，以及管道、供水设施等组成。能在发生火灾时喷水的自动灭火系统。自动喷水灭火系统有以下特点：

（1）火灾初期自动喷水灭火，着火小，用水量小；

（2）系统灵敏度和灭火成功率较高，损失小，无人员伤亡；

（3）目的性强，直接面对着火点，灭火迅速，不会蔓延；

（4）造价高。

从灭火的效果来看，凡发生火灾时可以用水灭火的场所，均可以采用自动喷水灭火系统，所以其适用于各类民用和工业建筑，但不适用于存在较多下列物品的场所：

（1）遇水发生爆炸或加速燃烧的物品；

（2）遇水发生剧烈化学反应或产生有毒有害物质的物品；

（3）洒水将导致喷溅或沸溢的液体。

### 3.2.2 自动喷水灭火系统火灾危险等级

自动喷水灭火系统设置场所的火灾危险等级划分为：

1）轻危险级；

2）中危险级：Ⅰ级，Ⅱ级；

3）严重危险级：Ⅰ级，Ⅱ级；

4）仓库危险级：Ⅰ级，Ⅱ级，Ⅲ级。

设置场所的火灾危险等级，应根据其用途、容纳物品的火灾荷载及室内空间条件等因素，在分析火灾特点和热气流驱动洒水喷头开放及喷头到位的难易程度后确定。当建筑物内各场所的火灾危险性及灭火难度存在较大差异时，宜按各场所的实际情况确定系统选型与火灾危险等级。自动喷水灭火系统火灾危险等级的划分如表 3-18 所示。

自动喷水灭火系统设置场所火灾危险等级的划分及设置场所举例　　　表 3-18

| 火灾危险等级 | | 设置场所举例 | 设置场所的特点 |
|---|---|---|---|
| 轻危险级 | | 住宅建筑、幼儿园、老年人建筑、建筑高度为 24m 及以下的旅馆、办公楼；仅在走道设置闭式系统的建筑 | 可燃物品较少、可燃性低、火灾发热量低、外部增援和疏散人员较容易 |
| 中危险级 | Ⅰ级 | 高层民用建筑：旅馆、办公楼、综合楼、邮政楼、金融电信楼、指挥调度楼、广播电视楼等；<br>公共建筑（含单多高层）：医院、疗养院；图书馆（书库除外）、档案馆、展览馆；影剧院、音乐厅和礼堂（舞台除外）及其他娱乐场所；火车站和飞机场及码头的建筑；总建筑面积小于 5000m² 的商场，总建筑面积小于 1000m² 的地下商场等；<br>文化遗产建筑：木结构古建筑、国家文物保护单位等；<br>工业建筑：食品、家用电器、玻璃制品等工厂的备料与生产车间；冷藏库、钢屋架等建筑构件 | 内部可燃物数量中等、可燃性中等、火灾初期不会引起剧烈燃烧的场所（大部分民用建筑和工业厂房划归中危险级，大规模商场列入中危险级Ⅱ级） |
| | Ⅱ级 | 民用建筑：书库、舞台（葡萄架除外）、汽车停车场（库）、总建筑面积 5000m² 及以上的商场、总建筑面积 1000m² 及以上的地下商场；净空高度不超过 8m、物品高度不超过 3.5m 的超级市场等；<br>工业建筑：棉毛麻丝及化纤的纺织、织物及制品、皮革及制品、木材器具及胶合板、谷物加工、烟草及制品、饮用酒、造纸及纸制品、制药等工厂的备料与生产车间 | |
| 严重危险级 | Ⅰ级 | 印刷厂、酒精制品、可燃液体制品等工厂的备料与车间；净空高度不超过 8m、物品高度超过 3.5m 的超级市场等 | 火灾危险性大、可燃物品数量多、火灾时容易引起燃烧并可能迅速蔓延的场所 |
| | Ⅱ级 | 易燃液体喷雾操作区域、固体易燃物品、可燃的气溶胶制品、溶剂清洗、喷涂油漆、沥青制品等工厂的备料及生产车间；摄影棚、舞台葡萄架下部 | |
| 仓库危险级 | Ⅰ级 | 食品、烟酒、木箱、纸箱包装的不燃、难燃物品等 | |
| | Ⅱ级 | 木材、纸、皮革、谷物及制品；棉毛麻丝化纤及制品；家用电器、电缆、B 组塑料与橡胶及其制品；钢塑混合材料制品；各种塑料瓶盒包装的不燃、难燃物品；各类物品混杂储存的仓库 | |
| | Ⅲ级 | A 组塑料与橡胶及其制品、沥青制品等 | |

注：表中的 A、B 组塑料橡胶的举例见《自动喷水灭火系统设计规范》GB 50084—2017 附录 B。

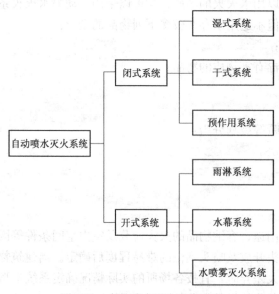

图 3-71　自动喷水灭火系统分类

### 3.2.3　自动喷水灭火系统的分类

　　自动喷水灭火系统的分类根据被保护场所的气象条件、对被保护场所的保护目的、可燃物类别和火灾燃烧特性、空间环境和喷头特性等因素综合确定。常用的自动喷水灭火系统可分为闭式自动喷水灭火系统和开式自动喷水灭火系统，如图 3-71 所示。

　　闭式系统是采用闭式洒水喷头的自动喷水灭火系统，失火时热气流溶化喷头的温感释放器而进行洒水灭火。闭式系统可分为：湿式系统、干式系统、预作用系统等。其中，湿式系统是在准工作状态时配水管道内充满用于启动系统的有压水的闭式系统；干式系统是在准工作状态时配水管道内充满用于启动系统的有压气体的闭式系统；预作用系统是在准工作状态时配水管道内不充水，发生火灾时，由火灾自动报警系统、充气管道上的压力开关联锁控制预作用装置和启动消防水泵，向配水管道供水的闭式系统。闭式系统适用于一般可燃物的场所，对扑灭初期火灾和控制火势十分有效。

开式系统是采用开式洒水喷头的自动喷水灭火系统，当发生火灾时，由联控装置启动系统，在失火区域的所有喷头同时洒水灭火，或隔断火源。开式系统可分为：雨淋系统、水幕系统、水喷雾系统等。其中，雨淋系统是由开式洒水喷头、雨淋报警阀组等组成，发生火灾时由火灾自动报警系统或传动管控制，自动开启雨淋报警阀组和启动消防水泵，用于灭火的开式系统；水幕系统是由开式洒水喷头或水幕喷头、雨淋报警阀组或感温雨淋报警阀等组成，用于防火分隔或防护冷却的开式系统；水喷雾系统利用水喷雾喷头把水粉碎成细小的水雾滴之后喷射到正在燃烧的物质表面而实现灭火，该系统常用于容易瞬间形成大面积的火灾场所的灭火。

### 3.2.4 自动喷水灭火系统的选择

自动喷水灭火系统应根据设置场所的建筑特征、环境条件和火灾特点等选择相应的闭式或开式系统。一般在露天场所不宜采用闭式系统。

#### 3.2.4.1 闭式系统的适用场所

闭式系统的适用场所如表 3-19 所示。

闭式自动喷水灭火系统的适用场所           表 3-19

| 系统类型 | 适用情况 |
| --- | --- |
| 湿式系统 | 室温不低于 4℃，且不高于 70℃的建筑物和场所（无冰冻地区） |
| 干式系统 | 室温低于 4℃或高于 70℃的建筑物和场所 |
| 预作用系统 | 三种情况之一：①系统处于准工作状态时严禁误喷的场所；②系统处于准工作状态时严禁管道充水的场所；③用于替代干式系统的场所。<br>灭火后必须及时停止喷水的场所，应采用重复启闭预作用系统 |

注：重复启闭预作用系统是能在扑灭火灾后自动关阀、复燃时再次开阀喷水的预作用系统。

#### 3.2.4.2 开式灭火系统适用场所

（1）雨淋系统适用场所

1）火灾的水平蔓延速度快、闭式洒水喷头的开放不能及时使喷水有效覆盖着火区域；

2）火灾危险等级为严重危险级Ⅱ级的场所；

3）室内净空高度超过表 3-20 的规定，且必须迅速扑救初期火灾的场所。

采用雨淋系统的室内净空高度要求           表 3-20

| 设置场所 | 室内净空高度（m） |
| --- | --- |
| 民用建筑和工业厂房 | >8 |
| 仓库 | >9 |
| 采用早期抑制快速相应喷头的仓库 | >13.5 |

（2）水幕系统适用场所

水幕系统不具备直接灭火的能力，而是利用密集喷洒所形成的水墙或水帘，或配合防火卷帘等分隔物，阻断烟气和火势的蔓延，属于暴露防护系统。一般安装在舞台口、防火卷帘以及需要设水幕保护的门、窗、洞、檐口等处。

（3）水喷雾系统适用场所

水喷雾系统主要用于扑救固体火灾，闪点高于 60℃ 的液体火灾和电气火灾，并可用于可燃气体和甲、乙、丙类液体的生产、储存装置或装卸设施的防护冷却。在民用建筑中水喷雾灭火系统主要用于保护燃油燃气锅炉房、柴油发电机房和柴油泵等场所。

### 3.2.4.3　自动喷水灭火系统的设置要求

（1）自动喷水灭火系统的设计原则

1）闭式洒水喷头或启动系统的火灾探测器，应能有效探测初期火灾；

2）湿式系统、干式系统应在开放一只洒水喷头后自动启动，预作用系统、雨淋系统和水幕系统应根据其类型由火灾探测器、闭式洒水喷头作为探测元件，报警后自动启动；

3）作用面积内开放的洒水喷头，应在规定时间内按设计选定的喷水强度持续喷水；

4）喷头洒水时，应均匀分布，且不应受阻挡。

（2）自动喷水灭火系统的设置方式

1）建筑物中保护局部场所的干式系统、预作用系统、雨淋系统、自动喷水—泡沫联用系统，可串联接入同一建筑物内的湿式系统，并应与其配水干管连接，如图 3-72 所示。

2）自动喷水灭火系统应设有洒水喷头、报警阀组、水流报警装置等组件和末端试水装置，以及管道、供水设施等。

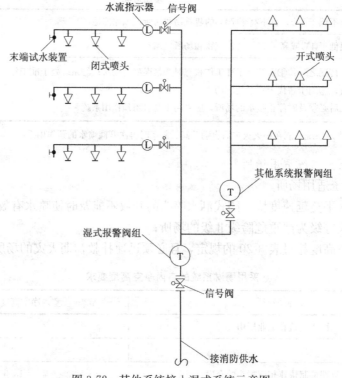

图 3-72　其他系统接入湿式系统示意图

3）控制管道静压的区段宜分区供水或设减压阀，控制管道动压的区段宜设减压孔板或节流管。

4）应设有泄水阀、排气阀和排污口。

5）干式系统和预作用系统的配水管道应设快速排气阀。有压充气管道的快速排气阀入口前应设电动阀。

### 3.2.5 闭式自动喷水灭火系统

#### 3.2.5.1 设置场所

闭式系统是使用时间最长、应用最广的灭火系统。闭式自动喷水灭火系统的设置场所如表3-21所示。

闭式自动喷水灭火系统的设置场所               表3-21

| 设置部位 | | 设置条件 |
|---|---|---|
| 厂房 | 棉纺厂：开包车间、清花车间 | ≥50000纱锭 |
| | 麻纺厂：分级车间、梳麻车间 | ≥5000纱锭 |
| | 木器厂 | 建筑面积>1500m² |
| | 火柴厂的烤垛、筛选工段 | |
| | 制鞋、制衣、玩具及电子等单层、多层厂房 | 占地面积>1500m²或总建筑面积>3000m² |
| | 泡沫塑料厂：预发、成型、切片、压花部位 | |
| | 高层乙、丙、丁类厂房 | |
| | 地下或半地下丙类厂房 | 建筑面积>500m² |
| 库房 | 棉、毛、丝、麻、化纤、毛皮及制品库房 | 每座占地面积>1000m² |
| | 火柴库房 | 每座占地面积>600m² |
| | 邮政楼中的空邮袋库，可燃物品地下仓库 | 建筑面积>500m² |
| | 可燃、难燃物品的高架仓库和高层仓库 | |
| | 设计温度高于0℃的高架冷库 | |
| | 设计温度高于0℃的非高架冷库 | 每个防火分区建筑面积>1500m² |
| | 可燃物品地下仓库 | 总建筑面积>500m² |
| | 其他单层或多层丙类物品仓库 | 每座占地面积>1500m²或总建筑面积>3000m² |
| 公共建筑 | 会堂、礼堂 | >2000座位 |
| | 剧院 | 特等、甲等或>1500座位剧院 |
| | 体育馆；体育场的室内人员休息室与器材间 | >3000座位；>5000人 |
| | 展览建筑、商店、餐饮、旅馆建筑、病房楼、门诊楼、手术部 | 总建筑面积>3000m²或任一楼层建筑面积>1500m² |
| | 地下或半地下商店 | |
| | 设置有送回风道（管）的集中空调系统的办公楼 | |
| | 歌舞娱乐放映游艺场所（游泳场所除外） | 建筑面积>500m² |
| | 图书馆 | >3000m² |
| | 大中型幼儿园 | |
| | 老年人建筑 | >500m² |

续表

| 设置部位 | | 设置条件 |
|---|---|---|
| 高层民用建筑 | 一类高层公共建筑（除游泳池、溜冰场外）及其地下、半地下室 | |
| | 二类高层公共建筑及其地下、半地下室 | 公共活动用房、走道、办公室和旅馆的客房、可燃物品库房、自动扶梯底部 |
| | 高层民用建筑内的歌舞娱乐放映游艺场所 | |
| | 住宅 | 建筑高度＞100m |

注：根据表3-21的要求难以设置自动喷水灭火系统的展览厅、观众厅等人员密集的场所和丙类生产车间、库房等高大空间场所，应设置其他自动灭火系统，并宜采用固定消防炮等灭火系统。

### 3.2.5.2 系统组成和工作原理

（1）湿式系统

湿式系统由闭式喷头、管道系统、水流指示器、湿式报警阀组、报警控制器和供水设备等组成（见图3-73）。该系统平时由消防水箱、稳压泵或气压给水设备等稳压设施维持管道内水的压力。发生火灾时，由闭式喷头探测火灾，水流指示器报告起火区域，消防水箱出水管上的流量开关、消防水泵出水管上的压力开关或报警阀组的压力开关

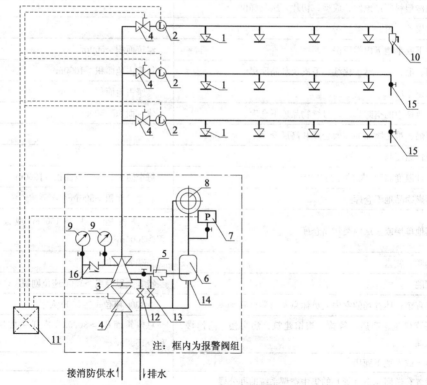

图3-73 湿式系统组成示意图

1—闭式喷头；2—水流指示器；3—湿式报警阀；4—信号阀；5—过滤器；6—延迟器；
7—压力开关；8—水力警铃；9—压力表；10—末端试水装置；11—火灾报警控制器；
12—泄水阀；13—试验阀；14—节流器；15—试水阀；16—止回阀

输出启动消防水泵信号，完成系统的启动。系统启动后，由消防水泵向开放的喷头供水，开放的喷头将供水按不低于设计规定的喷水强度均匀喷洒，实施灭火。系统工作原理如图3-74所示。湿式系统是自动喷水灭火系统中最基本的系统形式，具有系统简单、建设投资少、灭火速度快、及时扑救效率高的优点，是目前世界上应用范围最广的自动喷水灭火系统。

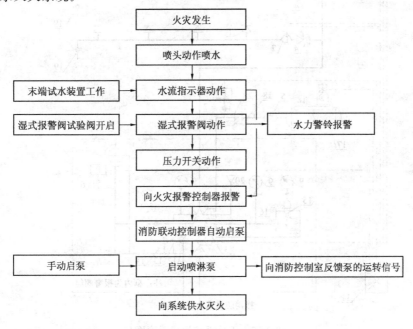

图3-74 湿式系统工作原理图

（2）干式系统

干式系统由闭式洒水喷头、管道、充气设备、干式报警阀、报警装置和供水设施等组成（见图3-75）。干式系统与湿式系统一样为喷头常闭的灭火系统，不同之处在于干式系统在准工作状态时，干式报警阀前（水源侧）的管道内充以压力水，干式报警阀后（系统侧）的管道内充以有压气体，报警阀处于关闭状态。平时用充气设备维持报警阀内气压大于水压，将水隔断在报警阀前。当发生火灾时，闭式喷头受热动作，喷头开启，管道中的有压气体从喷头喷出，干式报警阀系统侧压力下降，造成干式报警阀水源侧压力大于系统侧压力，干式报警阀被自动打开，压力水进入供水管道，将剩余压缩空气从系统立管顶端或横干管最高处的排气阀或已打开的喷头处喷出，然后喷水灭火。在干式报警阀被打开的同时，通向水力警铃和压力开关的通道也被打开，水流冲击水力警铃和压力开关，压力开关直接自动启动系统消防水泵供水。干式系统工作原理如图3-76所示。

干式系统与湿式系统的区别在于干式系统采用干式报警阀组，准工作状态时配水管道内充以压缩空气等有压气体。为保持气压，需要配套设置补气设施。由于闭式喷头开放后，配水管道有一个排气充水过程，所以干式系统开始喷水的时间将因排气充水过程而产生滞后，因此削弱了系统的灭火能力，这一点是干式系统的固有缺陷。

（3）预作用系统

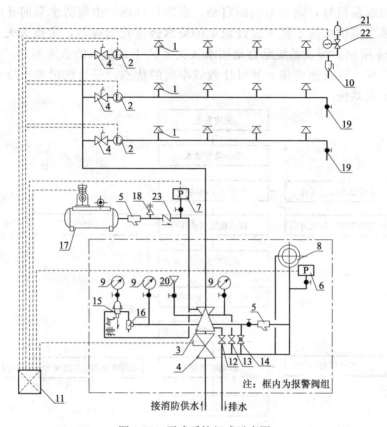

图 3-75　干式系统组成示意图

1—闭式喷头；2—水流指示器；3—干式报警阀；4—信号阀；5—过滤器；

6—压力开关（1）；7—压力开关（2）；8—水力警铃；9—压力表；

10—末端试水装置；11—火灾报警控制器；12—泄水阀；13—试验阀；

14—球阀；15—加速器；16—抗洪装置；17—空压机；18—安全阀；

19—试水阀；20—注水口；21—快速排气阀；22—电动阀；23—止回阀

　　预作用系统与干式系统一样为喷头常闭的灭火系统。系统由火灾探测系统、闭式喷头、水流指示器、预作用报警阀组，以及管道和供水设施等组成。预作用系统在准工作状态时报警阀后配水管道内也不充水，而充以有压或无压的气体，配套设火灾自动报警系统。发生火灾时，由感烟火灾探测器报警，同时发出信息开启报警信号，报警信号延迟30s，证实无误后，自动启动预作用报警阀后，向喷水管网中自动充水，转为湿式系统。温度再升高，喷头的闭锁装置脱落，喷头即自动喷水灭火。平时补气维持管道内气压，是为了发现管网和喷头是否漏气，以便及时检修，避免系统误充水时漏水，造成水渍污染，预作用系统组成如图 3-77 所示，其工作原理如图 3-78 所示。

　　预作用系统既兼有湿式、干式系统的优点，又避免了湿式、干式系统的缺点，在不允许出现误喷或管道漏水的重要场所，可替代湿式系统使用；在低温或高温场所中替代干式系统使用，可避免喷头开启后延迟喷水的缺点。

### 3.2.5.3　系统组件及选型

　　（1）闭式喷头

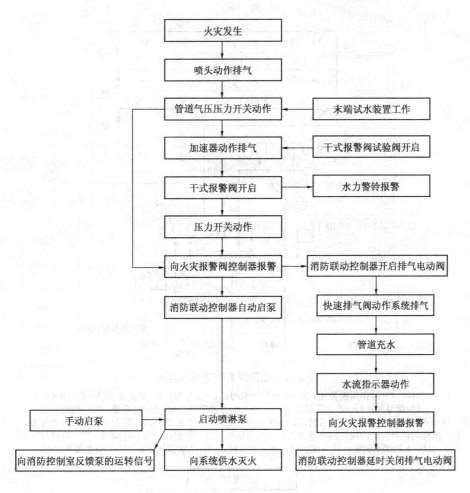

图 3-76　干式系统工作原理图

闭式喷头具有释放机构，它是由热敏感元件、密封件等零件所组成的机构。平时喷头出水口用释放机构封闭住，当达到一定温度时能自动开启，即灭火时释放机构自动脱落，喷头开启喷水。

1）闭式喷头的分类

按感温元件分为玻璃球喷头和易熔合金喷头。

易熔合金喷头：在热的作用下，使易熔合金熔化脱落而开启喷水。

玻璃球喷头：在热的作用下，使玻璃球内的液体膨胀产生压力，导致玻璃球爆破脱落而开启喷水。玻璃球泡内的工作液体通常用的是酒精和乙醚。

按喷头的用途分为：下垂型、直立型、普通型和边墙型等喷头，如图 3-79 所示。

按喷头的响应时间、覆盖面积、喷水流量、特殊用途等可分为：标准响应洒水喷头、快速响应洒水喷头、特殊响应洒水喷头；标准覆盖面积洒水喷头、扩大覆盖面积洒水喷头；标准流量洒水喷头、早期抑制快速响应喷头、特殊应用喷头、家用喷头等。表 3-22 为各类特殊喷头的特点和适用场所。

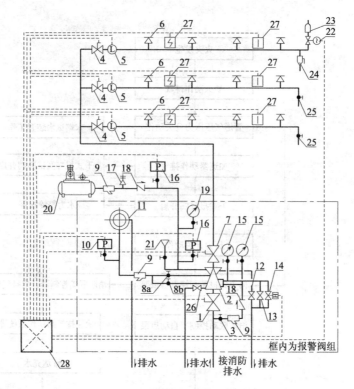

图 3-77 预作用系统组成示意图

1—信号阀；2—预作用报警阀；3—控制腔供水阀；4—信号阀；5—水流指示器；6—闭式喷头；
7—试验信号阀；8a—水力警铃控制阀；8b—水力警铃测试阀；9—过滤器；10—压力开关；
11—水力警铃；12—试验放水阀；13—手动开启阀；14—电磁阀；15—压力表；16—压力开关；
17—安全阀；18—止回阀；19—压力表；20—空压机；21—注水口；22—电动阀；23—自动排气阀；
24—末端试水装置；25—试水阀；26—泄水阀；27—火灾探测器；28—火灾报警控制器

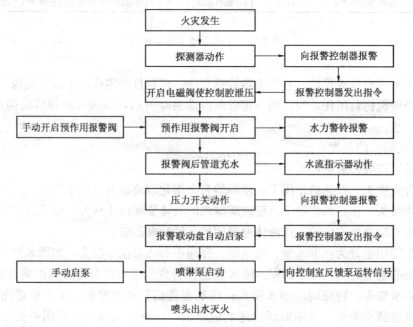

图 3-78 预作用系统工作原理

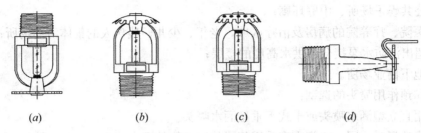

图 3-79　玻璃球闭式洒水喷头

（a）下垂型喷头；（b）直立型喷头；（c）普通型喷头；（d）边墙型喷头

**各类特殊喷头的特点和适用场所**　　　　　　　　　　　　表 3-22

| 喷头类型 | 特点和使用场所 |
|---|---|
| 标准响应洒水喷头 | 响应时间指数 $80<RTI\leqslant350(\mathrm{m}\cdot\mathrm{s})^{0.5}$ 的闭式洒水喷头 |
| 快速响应洒水喷头 | 响应时间指数 $RTI\leqslant50(\mathrm{m}\cdot\mathrm{s})^{0.5}$ 的闭式洒水喷头 |
| 特殊响应洒水喷头 | 响应时间指数 $50<RTI\leqslant80(\mathrm{m}\cdot\mathrm{s})^{0.5}$ 的闭式洒水喷头 |
| 标准流量洒水喷头 | 流量系数 $K=80$ 的标准覆盖面积洒水喷头 |
| 标准覆盖面积洒水喷头 | 流量系数 $K\geqslant80$，一只喷头的最大保护面积不超过 $20\mathrm{m}^2$ 的直立型、下垂型洒水喷头及一只喷头的最大保护面积不超过 $18\mathrm{m}^2$ 的边墙型洒水喷头 |
| 扩大覆盖面积洒水喷头 | 流量系数 $K\geqslant80$，一只喷头的最大保护面积大于标准覆盖面积洒水喷头的保护面积，且不超过 $36\mathrm{m}^2$ 的洒水喷头，包括直立型、下垂型和边墙型扩大覆盖面积洒水喷头 |
| 早期抑制快速响应喷头 | 流量系数 $K\geqslant161$，响应时间指数 $RTI\leqslant28\pm8(\mathrm{m}\cdot\mathrm{s})^{0.5}$，用于保护堆垛与高架仓库的标准覆盖面积洒水喷头 |
| 特殊应用喷头 | 流量系数 $K\geqslant161$，具有较大水滴粒径，在通过标准试验验证后，可用于民用建筑和厂房高大空间场所以及仓库的标准覆盖面积洒水喷头，包括非仓库型特殊应用喷头和仓库型特殊应用喷头 |
| 家用喷头 | 适用于住宅建筑和非住宅类居住建筑的一种快速响应洒水喷头 |

注：响应时间指数（$RTI$）是闭式洒水喷头的热敏性能指标。

2）闭式喷头选择的原则

湿式系统洒水喷头的选型：

① 不做吊顶的场所，当配水支管布置在梁下时，应采用直立型洒水喷头；

② 吊顶下布置的洒水喷头，应采用下垂型洒水喷头或吊顶型洒水喷头；

③ 顶板为水平面的轻危险级、中危险级Ⅰ级住宅建筑、宿舍、旅馆建筑、客房、医疗建筑病房和办公室，可采用边墙型洒水喷头；

④ 易受碰撞的部位，应采用带保护罩的洒水喷头或吊顶型洒水喷头；

⑤ 顶板为水平面，且无梁、通风管等障碍物影响洒水的场所，可采用扩大覆盖面积洒水喷头；

⑥ 住宅建筑和宿舍、公寓等非住宅类居住建筑宜采用家用喷头；

⑦ 不宜选用隐蔽式洒水喷头，确需采用时，应仅适用于轻危险级和中危险级Ⅰ级场所；

⑧ 下列场所宜选用快速响应洒水喷头，当采用快速响应洒水喷头时，系统应为湿式系统：

（a）公共娱乐场所、中庭环廊；

（b）医院、疗养院的病房及治疗区域，老年、少儿、残疾人的集体活动场所；

（c）超出消防水泵接合器供水高度的楼层；

（d）地下商业场所。

干式和预作用喷头的选型：

应采用直立型洒水喷头或干式下垂型洒水喷头。

在喷头选择时，同一隔间内应采用相同热敏性能的洒水喷头。

（2）报警阀组

1）报警阀组的主要作用

接通或关断报警水流，喷头动作后报警水流将驱动水力警铃和压力开关报警；防止水倒流。

2）报警阀组的构造和工作原理

闭式系统根据报警阀的构造和功能分为：湿式报警阀组、干式报警阀组和预作用报警阀组等。

① 湿式报警阀组

湿式报警阀组由湿式报警阀、水力警铃、压力开关、延迟器、控制和检修阀、检验装置等组成。适用于在湿式自动喷水灭火系统立管上安装。湿式报警阀组的安装示意图如图 3-80 所示。

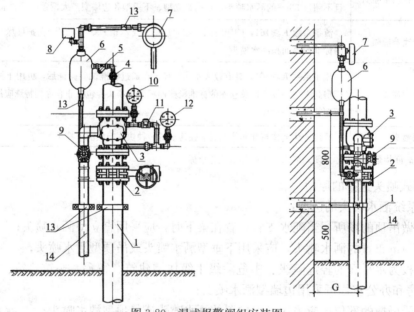

图 3-80　湿式报警阀组安装图

1—消防给水管；2—信号蝶阀；3—湿式报警阀；4—球阀；5—过滤器；
6—延时器；7—水力警铃；8—压力开关；9—球阀；10—出水口压力表；
11—止回阀；12—进水口压力表；13—管卡；14—排水管

湿式报警阀的工作原理：湿式报警阀平时阀芯前后水压相等（水通过导向管中的水压平衡小孔保持阀板前后水压平衡），由于阀芯的自重和阀芯前后所受水的总压力不同，阀芯处于关闭状态（阀芯上面的总压力大于阀芯下面的总压力）。发生火灾时，闭式喷头喷水，由于水压平衡小孔来不及补水，报警阀上面的水压下降，此时阀下水压大于阀上水压，于是阀板开启，向洒水管网及洒水喷头供水，同时水沿着报警阀的环形槽进入延迟器，这股水首先充满延时器后才能流向压力继电器及水力警铃等设施，发出火警信号并启动消防水泵等设施。若水流较小，不足以补充从节流孔排出的水，就不会引起误报。

② 干式报警阀组

干式报警阀组由干式报警阀、水力警铃、压力开关、延迟器、控制和检修阀、检验装置、充气装置等组成。适用于在干式自动喷水灭火系统立管上安装。干式报警阀组的安装示意如图 3-81 所示。

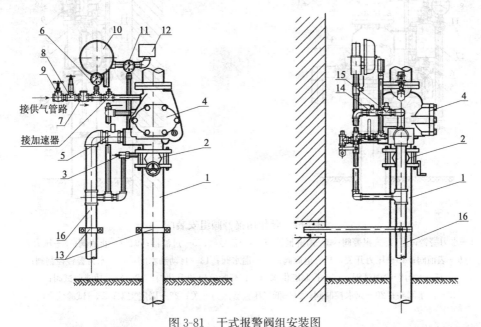

图 3-81　干式报警阀组安装图

1—消防给水管；2—信号蝶阀；3—自动滴水阀；4—干式报警阀；5—主排水阀；6—气压表；
7—气路止回阀；8—安全阀；9—供气截止阀；10—水力警铃；11—水压表；12—压力开关；
13—管卡；14—冷凝水排水阀；15—注水口管堵；16—排水管

干式报警阀的工作原理：阀体内装有一个差动双盘阀板，阀板下圆盘关闭水，阻止水从干管进入喷水管网，阀板上圆盘承受压缩空气，保持干式阀处于关闭状态。由于气压作用面积大于水压作用面积（一般约为 5∶1 以上），为了使阀保持关闭状态，闭式喷洒管网内空气压力应大于水压的 1/5 以上，并应使空气压力保持恒定。当闭式喷头开启时，空气管网内的压力下降，作用在差动阀板的圆盘上的压力降低，阀板被推起，水通过报警阀进入喷水管网由喷头喷出，同时水通过报警阀座位上的环形槽进入信号设施进行报警。

③ 预作用报警阀组

预作用报警阀组常由雨淋阀和湿式阀上下串联而成。雨淋阀位于供水侧，湿式阀位于系统侧，通过补水漏斗向阀瓣上方加水至阀体接管口后，关闭各球阀，通过空压机维持管网中的空气压力。湿式阀的阀瓣靠重力和管网中气压关闭阀瓣，阀瓣上方的存水起密封阀瓣的作用，使上方有压气体不向下泄漏。雨淋阀阀瓣和湿式阀阀瓣之间的腔体内为自由空气，渗漏进来的水从滴水阀自由排出。当启动装置动作时，雨淋阀控制腔压力下降，雨淋阀阀瓣打开，下部水压大于上部气压，使水冲开湿式报警阀，进入消防给水管网，成为湿式系统，预作用报警阀组安装图如图 3-82 所示。

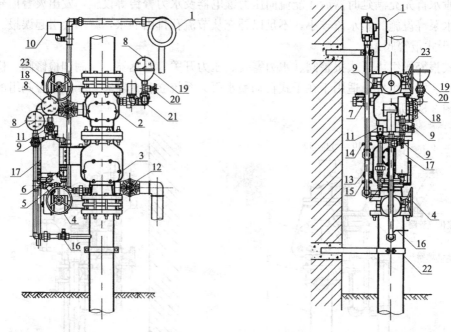

图 3-82　预作用报警阀组安装图

1—水力警铃；2—湿式报警阀；3—雨淋报警阀；4—信号阀；5—过滤器；6、7—止回阀；8—压力表；
9—表前阀；10—压力开关；11—电磁阀；12—泄水阀；13—自动滴水阀；14—水力警铃控制阀；
15—水力警铃测试阀；16—控制腔供水阀；17—紧急启动手动阀；18—阀瓣功能调试阀；
19—注水漏斗；20—充水控制阀；21—低气压报警压力开关；22—固定支架；23—试验信号阀

3）报警阀组主要部分的作用

① 湿式报警阀：防止水倒流并在一定流量下报警的止回阀。

② 干式报警阀：防止水气倒流并在一定流量下报警的止回阀。

③ 水力警铃：靠水力驱动的机械警铃。报警阀阀瓣打开后，水流通过报警连接管冲击水轮，带动铃锤敲击铃盖发出报警声音。

④ 压力开关（压力继电器）：一般垂直安装在延时器与水力警铃之间的信号管道上。检测管网内的水压，给出接点信号，发出火警信号并自动启泵。

⑤ 延时器：安装在报警阀与水力警铃之间的罐式容器，用以防止水源发生水锤时引起水力警铃的误动作。

⑥ 气压维持装置：包括空压机和气压控制装置。空压机可输出压缩空气经供气管供入干式阀或预作用阀的空气管接口，充满配水管网系统，维持系统压力。供气管路上的压力开关自动启停空压机，保持气体的压力。供气管上的止回阀阻止水进入空压机，安全阀用于防止气压超压。

4）报警阀组的设置原则

① 自动喷水灭火系统应设报警阀组。保护室内钢屋架等建筑构件的闭式系统，应设独立的报警阀组。

② 串联接入湿式系统配水干管的干式、预作用、雨淋等其他自动喷水灭火系统，应分别设置独立的报警阀组，其控制的喷头数计入湿式阀组控制的喷头总数。

③ 一个报警阀组控制的喷头数应符合下列规定：

（a）湿式系统、预作用系统不宜超过800只，干式系统不宜超过500只。

（b）当配水支管同时安装保护吊顶下方和上方空间的喷头时，应只将数量较多一侧的喷头计入报警阀组控制的喷头总数。

④ 每个报警阀组供水的最高与最低位置的喷头，其高程差不宜大于50m。

⑤ 报警阀组宜设在安全及易于操作的地点，报警阀距地面的高度宜为1.2m。安装报警阀的部位应设有排水设施。

⑥ 连接报警阀进出口的控制阀应采用信号阀。当不采用信号阀时，控制阀应设锁定阀位的锁具。

⑦ 水力警铃的工作压力不应小于0.05MPa，并应符合下列规定：

（a）应设在有人值班的地点附近或公共通道的外墙上；

（b）与报警阀连接的管道，其管径应为20mm，总长不宜大于20m。

（3）水流指示器

1）水流指示器的作用

水流指示器用于监测管网内的水流情况，安装在每楼层或每个防火分区的配水干管上。当有水流过装有水流指示器的管道时，流动的水流推动水流指示器的桨片发生偏移，接通电接点，输出电信号，并能指出喷水喷头的大致位置。水流指示器安装示意图如图3-83所示。

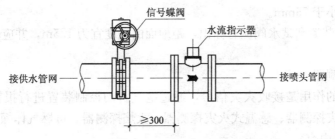

图 3-83　水流指示器安装示意图

2）设置要求

闭式系统（湿式、干式、预作用式）一般都应设置水流指示器，设置要求为：

① 每个防火分区、每个楼层均应设水流指示器。但当一个湿式报警阀组仅控制一个防火分区或一个楼层的喷头时，由于报警阀组的水力警铃和压力开关已能发挥报告火灾部位的作用，故此种情况可以不设水流指示器。

② 仓库内顶板下喷头与货架内喷头应分别设置水流指示器。

③ 当水流指示器入口前设置控制阀时，应采用信号阀。

（4）末端试水装置

1）末端试水装置的作用

湿式、干式和预作用系统应设置末端试水装置，其作用为检测水流指示器、报警阀、压力开关、水力警铃等在某个喷头作用下是否能正常工作。一般由试水阀、压力表和试水接头组成，如图 3-84 和图 3-85 所示。

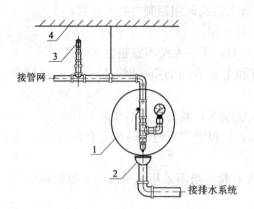

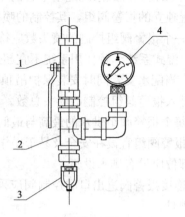

图 3-84　末端试水装置安装示意图
1—末端试水装置；2—排水漏斗；
3—喷头；4—顶板

图 3-85　末端试水装置组成
1—球阀；2—三通；
3—喷头体（试水接头）；4—压力表

2）设置要求

① 每个报警阀组控制的最不利点喷头处应设末端试水装置，其他防火分区、楼层均应设直径为 25mm 的试水阀。

② 试水接头出水口的流量系数应等同于同楼层或防火分区内的最小流量系数喷头。

③ 末端试水装置的出水，应采取孔口出流的方式排入排水管道，排水立管宜伸顶通气，且管径不应小于 75mm。

④ 末端试水装置和试水阀应有标识，距地面的高度宜为 1.5m，并应采取不被他用的措施。

（5）火灾探测器

火灾探测器的作用是接收火灾信号，通过电气自动控制装置进行报警或启动消防设备。有感烟式火灾探测器、感温式火灾探测器、火焰探测器、可燃气体探测器等几种类型（详见第 5 章相关内容）。

3.2.5.4　闭式自动喷水灭火系统的设计要求

（1）基本设计参数

闭式自动喷水灭火系统的设计，应保证被保护建筑物的最不利点喷头有足够的喷水强度。各危险等级的设计喷水强度、作用面积和喷头设计压力应符合相关的规定。

1）民用建筑和厂房湿式系统设计基本参数不应低于表 3-23 的规定。

2）民用建筑和厂房高大空间场所采用湿式系统的设计基本参数不应低于表 3-24 的规定。

3）干式系统的作用面积应按表 3-23 规定值的 1.3 倍确定。

4）预作用系统的喷水强度应按表 3-23 的规定值确定；当系统采用仅由火灾自动报警系统联动开启的方式时，系统作用面积应按表 3-23 的规定值确定；当系统采用由火灾自动报警系统和充气管道上设置压力开关控制预作用装置时，系统作用面积应按表 3-23 规定值的 1.3 倍确定。

5）仅在走道设置洒水喷头的闭式系统，其作用面积应按最大疏散距离所对应的走道面积确定。

6）装设网格、栅板类通透性吊顶的场所，系统的喷水强度应按表 3-23 规定值的 1.3 倍确定。

民用建筑和厂房的湿式系统设计基本参数 表 3-23

| 火灾危险等级 | | 净空高度（m） | 喷水强度 [L/(min·m²)] | 作用面积 (m²) |
|---|---|---|---|---|
| 轻危险级 | | | 4 | |
| 中危险级 | Ⅰ级 | h≤8 | 6 | 160 |
| | Ⅱ级 | | 8 | |
| 严重危险级 | Ⅰ级 | | 12 | 260 |
| | Ⅱ级 | | 16 | |

注：系统最不利点处喷头的工作压力不应低于 0.05MPa。

民用建筑和厂房高大空间场所的湿式系统设计基本参数 表 3-24

| 适用场所 | | 净空高度 h (m) | 喷水强度 [L/(min·m²)] | 作用面积 (m²) | 喷头间距 S(m) |
|---|---|---|---|---|---|
| 民用建筑 | 中庭、体育馆、航站楼等 | 8<h≤12 | 12 | 160 | 1.8<S≤3.0 |
| | | 12<h≤18 | 15 | | |
| | 影剧院、音乐厅、会展中心等 | 8<h≤12 | 15 | | |
| | | 12<h≤18 | 20 | | |
| 厂房 | 制衣制鞋、玩具、木器、电子生产车间 | 12<h≤18 | 15 | | |
| | 棉纺厂、麻纺厂、泡沫塑料生产车间等 | | 20 | | |

注：当民用建筑高大空间场所的最大净空高度为 12<h≤18 时，应采用非仓库型特殊应用喷头。

（2）喷头的布置

1）布置形式

喷头应布置在顶板或吊顶下易于接触到火灾热气流并有利于均匀布水的位置，一般常用正方形、矩形布置。宽度不超过 3.6m 的走道或房间仅布置单排喷头。

2）一般规定

① 直立型、下垂型标准覆盖面积洒水喷头的布置，包括同一根配水支管上喷头的间距及相邻配水支管的间距，应根据设置场所的火灾危险等级、洒水喷头类型和工作压力确定，并不应大于表 3-25 的规定，且不宜小于 1.8m。

② 边墙型标准覆盖面积洒水喷头的最大保护跨度与间距不应大于表 3-26 的规定。喷头的最大保护跨度和配水支管上的洒水喷头间距，应按洒水喷头工作压力下能够喷湿对面墙和临近端墙距溅水盘 1.2m 高度以下的墙面确定，且保护面积内的喷水强度应符合表 3-23 的规定。

③ 直立型、下垂型扩大覆盖面积洒水喷头应采用正方形布置，其布置间距不应大于表 3-27 的规定，且不应小于 2.4m。

④ 除吊顶型洒水喷头及吊顶下设置的洒水喷头外，直立型、下垂型标准覆盖面积洒水喷头和扩大覆盖面积洒水喷头溅水盘与顶板的距离，不应小于 75 mm，不应大于 150 mm。

⑤ 除吊顶型洒水喷头及吊顶下设置的洒水喷头外，直立型、下垂型早期抑制快速响应喷头、特殊应用喷头和家用喷头溅水盘与顶板的距离应符合表 3-28 的规定。

直立型、下垂型标准覆盖面积洒水喷头的布置　　　　　　　表 3-25

| 火灾危险等级 | 正方形布置的边长（m） | 矩形或平行四边形布置的长边边长（m） | 1 只喷头的最大保护面积（m²） | 喷头与端墙的距离（m） | |
|---|---|---|---|---|---|
| | | | | 最大 | 最小 |
| 轻危险级 | 4.4 | 4.5 | 20.0 | 2.2 | |
| 中危险级 I 级 | 3.6 | 4.0 | 12.5 | 1.8 | |
| 中危险级 II 级 | 3.4 | 3.6 | 11.5 | 1.7 | 0.1 |
| 严重危险级、仓库危险级 | 3.0 | 3.6 | 9.0 | 1.5 | |

注：1. 设置单排喷头的闭式系统，其洒水喷头间距应按走道地面不留漏喷空白点确定。

2. 严重危险级或仓库危险级场所，宜采用流量系数 $K > 80$ 的喷头。

边墙型标准覆盖面积洒水喷头的最大保护跨度和间距　　　　　　表 3-26

| 火灾危险等级 | 配水支管上喷头的最大间距（m） | 单排喷头的最大保护跨度（m） | 两排相对喷头的最大保护跨度（m） |
|---|---|---|---|
| 轻危险级 | 3.6 | 3.6 | 7.2 |
| 中危险级 I 级 | 3.0 | 3.0 | 6.0 |

注：1. 两排相对洒水喷头应交错布置。

2. 室内跨度大于两排相对喷头的最大保护跨度时，应在两排相对喷头中间增设一排喷头。

直立型、下垂型扩大覆盖面积洒水喷头的布置间距　　　　　　表 3-27

| 火灾危险等级 | 正方形布置的边长（m） | 1 只喷头的最大保护面积（m²） | 喷头与端墙的距离（m） | |
|---|---|---|---|---|
| | | | 最大 | 最小 |
| 轻危险级 | 5.4 | 29.0 | 2.7 | |
| 中危险级 I 级 | 4.8 | 23.0 | 2.4 | |
| 中危险级 II 级 | 4.2 | 17.5 | 2.1 | 0.1 |
| 严重危险级 | 3.6 | 13.0 | 1.8 | |

喷头溅水盘与顶板的距离（mm）　　　　　　表 3-28

| 喷头类型 | | 喷头溅水盘与顶板的距离 $S_L$ |
|---|---|---|
| 早期抑制快速响应喷头 | 直立型 | $100 < S_L \leqslant 150$ |
| | 垂直型 | $150 < S_L \leqslant 360$ |
| 特殊应用喷头 | | $150 < S_L \leqslant 200$ |
| 家用喷头 | | $25 < S_L \leqslant 100$ |

⑥ 当局部场所设置自动喷水灭火系统时，局部场所与相邻不设自动喷水灭火系统场所连通的走道或连通门窗的外侧，应设洒水喷头。

⑦ 净空高度大于800mm的闷顶和技术夹层内有可燃物时，应设置洒水喷头。当闷顶内敷设的配电线路采用不燃材料套管封闭式金属槽保护，风管保温材料等采用不燃、难燃材料之多或无其他可燃物时，可不设置洒水喷头。

⑧ 图书馆、档案馆、商场、仓库中的通道上方宜设有喷头。喷头与被保护对象的水平距离不应小于0.3m；喷头溅水盘与保护对象的最小垂直距离：标准喷头0.45m，其他喷头0.90m。

⑨ 边墙型洒水喷头溅水盘与顶板和背墙的距离应符合表3-29的规定，如图3-86所示。

边墙型洒水喷头溅水盘与顶板和背墙的距离（mm）　　　　　　　表 3-29

| 喷头类型 | | 喷头溅水盘与顶板的距离 $S_L$ | 喷头溅水盘与背墙的距离 $S_W$ |
| --- | --- | --- | --- |
| 边墙型标准覆盖面积洒水喷头 | 直立型 | $100 < S_L \leqslant 150$ | $50 < S_W \leqslant 100$ |
| | 水平型 | $150 < S_L \leqslant 300$ | 600 |
| 边墙型扩大覆盖面积洒水喷头 | 直立型 | $100 < S_L \leqslant 150$ | $100 < S_W \leqslant 150$ |
| | 水平型 | $150 < S_L \leqslant 300$ | — |
| 边墙型用喷头 | | $150 < S_L \leqslant 300$ | |

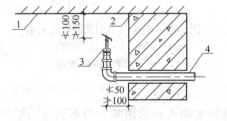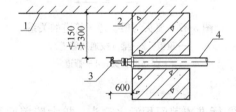

图 3-86　边墙型喷头溅水盘与顶板及背墙的关系
1—顶板；2—背墙；3—喷头（直立式、水平式）；4—管道

3）喷头与障碍物

布置喷头时，会遇到梁、通风道、管道、排水管、桥架等障碍物。喷头须与障碍物之间保持一定距离。

① 直立型、下垂型喷头与梁、通风管道的距离应符合表3-30的规定（见图3-87）。

喷头与梁、通风管道的距离（m）　　　　　　　表 3-30

| 喷头与梁、通风管道的水平距离 $a$ | 喷头溅水盘与梁、通风管道的底面的垂直距离 $b$ | | |
| --- | --- | --- | --- |
| | 标准覆盖面积洒水喷头 | 扩大覆盖面积洒水喷头、家用喷头 | 早期抑制快速响应喷头、特殊应用喷头 |
| $a < 300$ | 0 | 0 | 0 |
| $300 < a \leqslant 600$ | $b \leqslant 60$ | 0 | $b \leqslant 40$ |
| $600 < a \leqslant 900$ | $b \leqslant 140$ | $b \leqslant 30$ | $b \leqslant 140$ |
| $900 < a \leqslant 1200$ | $b \leqslant 240$ | $b \leqslant 80$ | $b \leqslant 250$ |

续表

| 喷头与梁、通风管道的水平距离 $a$ | 喷头溅水盘与梁、通风管道的底面的垂直距离 $b$ | | |
|---|---|---|---|
| | 标准覆盖面积洒水喷头 | 扩大覆盖面积洒水喷头、家用喷头 | 早期抑制快速响应喷头、特殊应用喷头 |
| $1200 < a \leqslant 1500$ | $b \leqslant 350$ | $b \leqslant 130$ | $b \leqslant 380$ |
| $1500 < a \leqslant 1800$ | $b \leqslant 450$ | $b \leqslant 180$ | $b \leqslant 550$ |
| $1800 < a \leqslant 2100$ | $b \leqslant 600$ | $b \leqslant 230$ | $b \leqslant 780$ |
| $a \geqslant 2100$ | $b \leqslant 880$ | $b \leqslant 350$ | $b \leqslant 780$ |

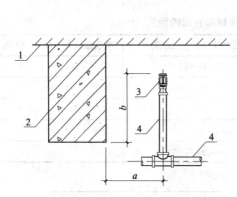

图 3-87 喷头与梁、通风管道的关系

1—顶板；2—梁（或通风管道）；

3—直立型喷头；4—管道

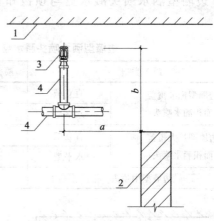

图 3-88 喷头与不到顶隔墙的关系

1—顶板；2—不到顶隔墙；

3—直立型喷头；4—管道

② 标准覆盖面积洒水喷头、扩大覆盖面积洒水喷头和家用喷头与不到顶隔墙的水平距离和处置距离应符合表 3-31 的规定（见图 3-88）。

喷头与不到顶隔墙的水平距离和垂直距离（mm）　　　　　　　　　表 3-31

| 喷头与不到顶隔墙的水平距离 $a$ | 喷头溅水盘与不到顶隔墙的垂直距离 $b$ |
|---|---|
| $a < 150$ | $b \geqslant 80$ |
| $150 \leqslant a < 300$ | $b \geqslant 150$ |
| $300 \leqslant a < 450$ | $b \geqslant 240$ |
| $450 \leqslant a < 600$ | $b \geqslant 310$ |
| $600 \leqslant a < 750$ | $b \geqslant 390$ |
| $a \geqslant 750$ | $b \geqslant 450$ |

③ 特殊应用喷头的溅水盘以下 0.9m 范围内，其他类型喷头的溅水盘以下 0.45m，当有屋架等间断障碍物或管道时，喷头与邻近障碍物的最小水平距离宜符合表 3-32 的规定（见图 3-89 和图 3-90）。

**喷头与邻近障碍物的最小水平距离（m）** 表 3-32

| 喷头类型 | 喷头与邻近障碍物的最小水平距离 $a$ | |
|---|---|---|
| 标准覆盖面积洒水喷头 | $c$、$e$ 或 $d \leqslant 200$ | $3c$ 或 $3e$（$c$ 与 $e$ 取最大值）或 $3d$ |
| 特殊应用喷头 | $c$、$e$ 或 $d > 200$ | 600 |
| 扩大覆盖面积洒水喷头 | $c$、$e$ 或 $d \leqslant 225$ | $4c$ 或 $4e$（$c$ 与 $e$ 取最大值）或 $4d$ |
| 家用喷头 | $c$、$e$ 或 $d > 225$ | 900 |

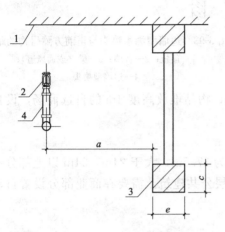 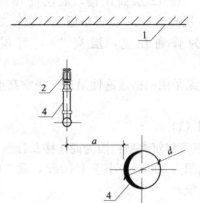

图 3-89 喷头与邻近障碍物的关系（一）　　图 3-90 喷头与邻近障碍物的关系（二）

1—顶板；2—直立型喷头；3—屋架、管道等间断障碍物；4—管道

④ 当梁、通风管道、成排布置的管道、桥架等障碍物的宽度大于 1.2m 时，应在障碍物下方增设喷头；采用早期抑制快速响应喷头和特殊应用喷头的场所，当障碍物的宽度大于 0.6m 时，应在障碍物下方增设喷头，如图 3-91 所示

⑤ 直立型、下垂型喷头与靠墙障碍物的距离（见图 3-92）应符合下列规定：

（a）当 $e < 750$mm 时，$a \geqslant (e-200) + b$；

（b）当 $e \geqslant 750$mm 时或 $a$ 的计算值大于表 3-28 中喷头与端墙距离的规定时，应在靠墙障碍物下增设喷头。

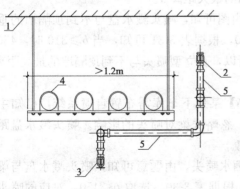 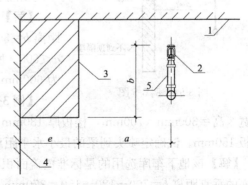

图 3-91 障碍物下方增设喷头示意图　　图 3-92 喷头与靠墙障碍物的关系图

1—顶板；2—直立型喷头；3—下垂型喷头；　　1—顶板；2—直立型喷头；3—靠墙障碍物；

4—排管（或梁、通风管道、桥架等）；5—管道　　4—墙面；5—管道

117

⑥ 边墙型标准覆盖面积洒水喷头正前方1.2m范围内，边墙型扩大覆盖面积洒水喷头和边墙型家用喷头正前方2.4m范围内顶板或吊顶下不应有阻碍喷水的障碍物（见图3-93）。

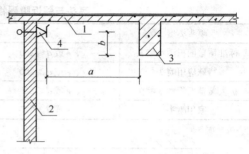

图3-93　边墙型洒水喷头与正前方障碍物的距离
1—顶板；2—背墙；3—梁（或通风道）；
4—边墙型喷头

【例3-4】根据建筑类型，确定自动喷水灭火系统的设计参数。

（1）一栋12层商住楼，底层商场面积1000m²，层高4.5m，设置格栅型吊顶，二层及以上为普通住宅，层高3m，每层面积600m²。

（2）某采用网格通透性吊顶，净空高度7m，物品堆放高度4m的自选商场，设自喷系统。

【解】（1）

1）确定建筑类型：因为商住楼总建筑高度为37.5m，大于24m，24m以上部分各层的建筑面积为600m²，小于1000m²，属二类高层公共建筑。需要在商业部分设置自动喷水灭火系统。

2）确定设计参数：

危险等级：该建筑属中危险Ⅰ级；

喷水强度：底层商场设置格栅型吊顶，其喷水强度为规定值的1.3倍，喷水强度为：$6 \times 1.3 = 7.8 \text{L}/(\text{min} \cdot \text{m}^2)$；

作用面积：作用面积为160m²。

（2）根据表3-18有关自喷系统设置场所危险等级的划分可知，净空高度不超过8m，物品堆放高度大于3.5m的自选商场，火灾危险等级为严重危险级Ⅰ级。其喷水强度为12L/（min·m²），作用面积为260m²。

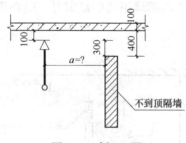

图3-94　例3-5图

【例3-5】如图3-94所示，喷头溅水盘距离顶板为100mm，隔墙高3m，层高3.5m。确定直立型喷头与不到顶隔墙的最大距离a。

【解】由图可知，喷头溅水盘与不到顶隔墙的垂直距离$b=300$，根据表3-31可知，当$b \geq 310$时，$450 \leq a < 600$。所以，直立型喷头与不到顶隔墙的最大距离a为600mm。

【例3-6】某地下车库需布置自喷系统，已知主梁的宽×高=300mm×700mm，楼板厚180mm，忽略次梁对喷头的影响。喷头溅水盘距离顶板150mm。试确定喷头到梁的最小水平距离。

【解】该地下车库选用的是标准覆盖面积洒水喷头，由题意可知，喷头溅水盘与梁的底面的垂直距离$b=700-180-150=370\text{mm}$。根据表3-30，选取$b \leq 450$，对应的喷头与梁的水平距离为$1500 < a \leq 1800$，取$a=1.5\text{m}$。

（3）自喷系统管道设计

1）管道布置与设计安装要求

自喷系统的配水管道由配水支管、配水管、配水干管及立管组成。一般采用枝状管网布置，管网的布置应尽量对称、合理，以减小管径、节约投资和方便计算。通常根据建筑平面的具体情况布置成侧边式和中央式，如图 3-95 所示。

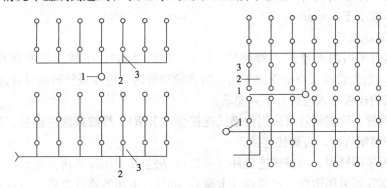

图 3-95 管网布置形式

1—主配水管；2—配水管；3—配水支管

① 为了控制配水支管的长度，避免水头损失过大，一般情况下，配水管两侧每根配水支管控制的标准流量洒水喷头数为：轻危险级、中危险级场所不应超过 8 只（在吊顶上下设置喷头的配水支管，上下侧均不应超过 8 只）；严重危险级和仓库危险级场所不应超过 6 只。

② 轻危险级、中危险级场所配水支管，配水管控制的标准流量洒水喷头数量，不应超过表 3-33 的规定。

轻危险级、中危险级场所中配水支管、配水管控制的标准喷头数 表 3-33

| 公称管径 (mm) | 控制的标准喷头数（只） | | 公称管径 (mm) | 控制的标准喷头数（只） | |
|---|---|---|---|---|---|
| | 轻危险级 | 中危险级 | | 轻危险级 | 中危险级 |
| 25 | 1 | 1 | 65 | 18 | 12 |
| 32 | 3 | 3 | 80 | 48 | 32 |
| 40 | 5 | 4 | 100 | — | 64 |
| 50 | 10 | 8 | | | |

③ 配水管道的布置应使配水管入口的压力均衡。轻、中危险级场所中各配水入口的压力不宜大于 0.4 MPa。报警阀出口后的配水管道工作压力不应大于 1.2 MPa；管道上不应设置其他用水设施。

④ 干式系统、由火灾自动报警系统和充气管道上设置的压力开关开启预作用装置的预作用系统，其配水管道充水时间不宜大于 1min。

⑤ 水平设置的管道宜有坡度，并应坡向泄水阀。充水管道的坡度不宜小于 2‰，准工作状态不充水管道的坡度不宜小于 4‰。

⑥ 喷头与配水管道采用消防洒水软管连接时，应符合下列规定：消防洒水软管仅适用于轻危险级或中危险级Ⅰ级场所，且系统应为湿式系统；消防洒水软管应隐蔽安装在吊顶内；消防洒水软管的长度不应超过 1.8m。

2）管径的要求

① 管道的直径应经水力计算确定。接喷头的短立管及末端试水装置的连接管，管径不应小于25mm。

② 干式系统、预作用系统的供气管道，采用钢管时，管径不宜小于15mm；采用铜管时，管径不宜小于10mm。

3）管材的要求

配水管道可采用内外壁热镀锌钢管、涂覆钢管、铜管、不锈钢管和氯化聚氯乙烯（PVC-C）管，当报警阀入口前管道采用不防腐的钢管时，应在报警阀前设置过滤器。

配水管道的连接方式应符合下列要求：

① 镀锌钢管、涂覆钢管可采用沟槽式连接件（卡箍）、螺纹或法兰连接。当报警阀前采用内壁不防腐钢管时，可焊接连接。

② 铜管可采用钎焊、沟槽式连接件（卡箍）、法兰和卡压等连接方式。

③ 不锈钢管可采用沟槽式连接件（卡箍）、法兰、卡压等连接方式，不宜采用焊接。

④ 氯化聚氯乙烯（PVC-C）管材、管件可采用粘接连接，氯化聚氯乙烯（PVC-C）管材、管件与其他材质管材、管件之间可采用螺纹、法兰或沟槽式连接件（卡箍）连接。

⑤ 铜管、不锈钢管、氯化聚氯乙烯（PVC-C）管应采用配套的支架、吊架。

（4）系统供水设计

1）一般规定

① 系统用水应无污染、无腐蚀、无悬浮物。可由市政或企业的生产、消防给水管道供给，也可由消防水池或天然水源供给，并应确保持续喷水时间内的用水量。

② 与生活用水合用的消防水箱和消防水池，其储水的水质应符合饮用水标准。

③ 严寒与寒冷地区，对系统中遭受冰冻影响的部分，应采取防冻措施。

④ 当自动喷水灭火系统中设有2个及以上报警阀组时，报警阀组前应设环状供水管道。环状供水管道上设置的控制阀应采用信号阀。当不采用信号阀时，应设锁定阀位的锁具（见图3-96）。

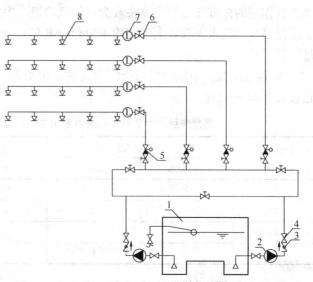

图 3-96　环状供水管网示意图

1—消防水池；2—自喷泵；3—止回阀；
4—闸阀（信号阀）；5—报警阀组；
6—信号阀；7—水流指示器；8—闭式喷头

2）水泵

① 采用临时高压给水系统的自动喷水灭火系统，宜设置独立的消防水泵，并应按一用一备或二用一备，以及最大一台消防水泵的工作性能设置备用泵。当与消火栓系统合用消防水泵时，系统管道应在报警阀前分开。

② 按二级负荷供电的建筑，宜采用柴油机泵作备用泵。

③ 系统的消防水泵、稳压泵，应采用自灌式吸水方式。采用天然水源时，消防水泵的吸水口应采取防止杂物堵塞的措施。

④ 每组消防水泵的吸水管不应少于 2 根。报警阀入口前设置环状管道的系统，每组消防水泵的出水管不应少于 2 根（见图 3-96）。消防水泵的吸水管应设控制阀；出水管应设控制阀、止回阀、压力表，出水管上还应设置流量和压力检测装置或预留可供连接流量和压力检测装置的接口。必要时，应采取控制消防水泵出口压力的措施。

3）高位消防水箱

① 采用临时高压给水系统的自动喷水灭火系统，应设高位消防水箱。自动喷水灭火系统可与消火栓系统合用高位消防水箱。

② 当高位消防水箱的设置高度不能满足系统最不利点处喷头的工作压力时，系统应设置增压稳压设施。

③ 采用临时高压给水系统的自动喷水灭火系统，当按现行国家标准《消防给水及消火栓系统技术规范》GB 50974 的规定可不设置高位消防水箱时，系统应设气压供水设备。气压供水设备的有效水容积，应按系统最不利处 4 只喷头在最低工作压力下 5min 的用水量确定。

④ 干式系统、预作用系统设置的气压供水设备，应同时满足配水管道的充水要求。

⑤ 高位消防水箱的出水管应设止回阀，并应与报警阀入口前管道连接；高位消防水箱出水管管径不小于 100mm。

4）水泵结合器

系统应设消防水泵结合器，其数量应按系统的设计流量确定，每个消防水泵结合器的流量宜按 10～15L/s 计算。

### 3.2.5.5 闭式系统的水力计算

水力计算的目的在于确定系统所需流量、供水压力，正确地选择消防水泵。

（1）喷头出流量

根据建筑物的危险等级对应的喷水强度 $D$ 和单个喷头保护面积 $A_s$，确定喷头的出流量和最不利点喷头的压力，系统最不利点处喷头的工作压力应计算确定。喷头流量按式（3-21）计算：

$$q = D \times A_s = K\sqrt{10P} \tag{3-21}$$

式中　$q$——喷头的出流量，L/min；

$D$——相应危险等级的设计喷水强度，L/(min·m²)；

$A_s$——一个喷头的保护面积，m²；

$K$——喷头的流量系数（标准喷头 $K=80$）；

$P$——喷头工作压力，MPa。

（2）作用面积和喷头数的确定

1）作用面积的确定

水力计算选定的最不利点处作用面积宜为矩形，其长边应平行于配水支管，其长度不宜小于作用面积平方根的 1.2 倍。即：

$$L_{min} = 1.2\sqrt{A} \tag{3-22}$$

121

式中　$A$——相应危险等级的作用面积，$m^2$；

　　　$L_{min}$——作用面积长边的最小长度，m；

作用面积的短边为：

$$B \geqslant A/L \tag{3-23}$$

式中　$B$——作用面积短边的长度，m；

　　　$L$——作用面积长边的实际长度，m；

对仅在走道内布置单排喷头的闭式系统，其作用面积应按最大疏散距离所对应的走道面积计算。

2）喷头数的确定

作用面积内的喷头数应根据喷头的平面布置、喷头的保护面积 $A_S$ 和设计作用面积 $A'$ 确定，即：

$$N = A'/A_S \tag{3-24}$$

式中　$N$——作用面积内的喷头数，个；

　　　$A'$——设计作用面积，$m^2$；

　　　$A_S$——一个喷头的保护面积，$m^2$/个；

根据式（3-22）和式（3-23）计算出作用面积的长宽，再根据喷头的保护面积的长度确定设计作用面积，作用面积应是喷头保护面积的整数，而且大于表 3-23 规定的作用面积。

【例 3-7】某高层办公楼按中危险级 I 级设计自动喷水灭火系统，计算系统最不利点作用面积和喷头数。

【解】按矩形设计作用面积。

因该办公楼按中危险级 I 级设计，根据表 3-23 的规定，系统作用面积为 $160m^2$，因此矩形长边长度应大于 $1.2\sqrt{160}=15.18m$。

中危险级 I 级一个喷头的最大保护面积为 $12.5m^2$，按 $3.6m \times 3.6m$ 的间距设置喷头。支管上计算喷头数为 $15.18/3.6=4.2$ 个，取 5 个，因此矩形长边实际长度取 $3.6 \times 5=18m$，短边长度应大于 $160/18=8.9m$，计算支管数为 $8.9/3.6=2.9$ 个，取 3 个，矩形短边实际取 $3.6 \times 3=10.8m$。

设计最不利点作用面积为 $18 \times 10.8-7.2 \times 3.6=168.5m^2 > 160m^2$。

设计作用面积内共有 $168.5/12.5 \approx 13$ 个喷头。

【例 3-8】一栋 5 层旅馆设有空气调节系统，层高 3m，楼梯间分别设于两端头，中间走道宽 $B=2.4m$，长度 $L=42m$，仅在走廊设置闭式系统。计算作用面积内的喷头数和走道内应布置的喷头总数。

【解】（1）确定设计参数

该旅馆建筑高度 15m<24m，属于轻危险级。喷水强度 $D=4L/(min \cdot m^2)$，喷头工作压力 $P=0.1MPa$。

根据仅在走道内布置单排喷头的闭式系统，其作用面积应按最大疏散距离所对应的走道面积计算。因楼梯间分别设于建筑物的两端头，最大疏散距离为走道长度（42m）的一半，作用面积为：$A=21 \times 2.4=50.4m^2$

（2）确定喷头间距

每个喷头的流量：采用标准喷头，$K=80$，由式（3-21）得：

$$q=D \times A_S=K\sqrt{10P}=80 \times \sqrt{10 \times 0.1}=80 \text{ L/min},$$

所以，1 只喷头的最大保护面积：$A_S=80/4=20\text{m}^2$，故 $R=\sqrt{A_S/\pi}=\sqrt{20/3.14}=2.52\text{m}$

则喷头间距：$S=2\sqrt{R^2-b^2}=2 \times \sqrt{2.52^2-1.2^2}=4.43\text{m}$

喷头数：$n=21/4.43=4.74$ 个，取 5 个。

走道内布置的喷头数：$m=2 \times n=2 \times 5=10$ 个。

作用面积内的喷头数为 5 个，走道内应布置的喷头数为 10 个。

（3）系统设计流量的确定

1）系统的设计流量，应按最不利点处作用面积内喷头同时喷水的总流量确定。

$$Q_s=\frac{1}{60}\sum_{i=1}^{n}q_i \tag{3-25}$$

式中 $Q_s$——系统设计流量，L/s；

$q_i$——最不利点处作用面积内各喷头节点的流量，L/min；

$n$——最不利点处作用面积内的喷头数，个。

注意：在计算喷水量时，仅包括作用面积内的喷头。

2）系统设计流量的计算，应保证任意作用面积内的平均喷水强度不低于表 3-23 的规定值。最不利点处作用面积内任意 4 只喷头围合范围内的平均喷水强度，轻危险级、中危险级不应低于表 3-23 规定值的 85%；严重危险级和仓库危险级不应低于表 3-23 的规定值。

3）建筑物内设有不同类型的系统或有不同危险等级的场所时，系统的设计流量，应按其设计流量的最大值确定。

4）当建筑物内同时设有自动喷水灭火系统和水幕系统时，设计流量按两个系统同时启用计算，并取两者之和的最大者为总用水量。

在作用面积选定后，从最不利点喷头开始，依次计算各管段的流量和水头损失，直至作用面积最末一个喷头为止，以后管段的流量不再增加，仅计算管道水头损失，以保证作用面积内的平均喷水强度不小于表 3-23 规定的喷水强度。

（4）消防用水量的确定

消防用水量可按式（3-26）确定：

$$V_{12}=3.6 \times \sum q_i \times T \tag{3-26}$$

式中 $V_{12}$——自喷系统消防用水量，$\text{m}^3$；

$q_i$——最不利点处作用面积内各喷头节点的流量，L/min；

$T$——持续喷水时间。

（5）管道水力计算

1）管道流速

闭式自动喷水系统的流速宜采用经济流速，一般不大于 5m/s，特殊情况下不应超过 10m/s。为了计算简便，可根据预选管径，查表 3-34 得流速系数，并以流速系数直接乘以流量，校核流速是否超过允许值，即：

$$v=K_0Q \tag{3-27}$$

式中　$v$——管道内的流速，m/s；

　　　$K_0$——流速系数，m/L，见表 3-34；

　　　$Q$——管道流量，L/s。

若校核管段流速大于规定值，说明初选管径偏小，应重新选择管径。

流速系数 $K_0$ 值　　　　　　　　　　　　　　　　表 3-34

| 钢管管径（mm） | 15 | 20 | 25 | 32 | 40 | 50 | 70 |
|---|---|---|---|---|---|---|---|
| $K_0$（m/L） | 5.85 | 3.105 | 1.883 | 1.05 | 0.8 | 0.47 | 0.283 |
| 钢管管径（mm） | 80 | 100 | 125 | 150 | 200 | 250 | |
| $K_0$（m/L） | 0.204 | 0.115 | 0.075 | 0.053 | | | |
| 铸铁管管径（mm） | | 100 | 125 | 150 | 200 | 250 | |
| $K_0$（m/L） | | 0.1273 | 0.0814 | 0.0566 | 0.0318 | 0.021 | |

2）管道的水头损失

管道单位长度的沿程阻力损失可按下式计算：

$$i = 6.05\left(\frac{q_g^{1.85}}{C_h^{1.85} d_j^{4.87}}\right)\times 10^7 \tag{3-28}$$

式中　$i$——管道单位长度的水头损失，kPa/m；

　　　$d_j$——管道计算内径，mm；

　　　$q_g$——管道设计流量，L/min；

　　　$C_h$——海澄—威廉系数，见表 3-35。

不同类型管道的海澄—威廉系数　　　　　　　　表 3-35

| 管道类型 | $C_h$值 |
|---|---|
| 镀锌钢管 | 120 |
| 铜管、不锈钢管 | 140 |
| 涂覆钢管、氯化聚氯乙烯（PVC-C）管 | 150 |

3）管道的局部水头损失

管道的局部水头损失，宜按当量长度进行计算。

报警阀的局部水头损失应按照产品样本或检测数据确定。当无上述数据时，湿式报警阀取 0.04 MPa、干式报警阀取 0.02 MPa、预作用装置取 0.08 MPa，雨淋阀取 0.07 MPa、水流指示器取 0.02 MPa。

4）水泵扬程或系统入口的供水压力的计算

水泵扬程或系统入口的供水压力应按下式计算：

$$H = (1.20 \sim 1.40)\Sigma P_p + P_0 + Z + h_c \tag{3-29}$$

式中　$H$——水泵扬程或系统入口的供水压力，MPa；

　　　$\Sigma P_p$——管道沿程和局部水头损失的累计值，MPa；

　　　$P_0$——最不利点处喷头的工作压力，MPa；

　　　$Z$——最不利处喷头与消防水池的最低水位或系统入口管水平中心线之间的高程

差，当系统入口管或消防水池最低水位高于最不利点处喷头时，$Z$ 应取负值，MPa；

$h_c$——从城市市政管网直接抽水时，城市管网的最低水压，MPa；当从消防水池吸水时，$h_c=0$。

5）减压计算

轻、中危险级系统中各配水管入口的压力，应经水力计算确定，并不宜大于 0.4MPa。可采用减压孔板和减压阀等减压设备限制配水管入口的压力，达到均衡各层管段流量的目的。

① 减压孔板

减压孔板应设在直径不小于 50mm 的水平直管段上，前后管段的长度均不宜小于该管段直径的 5 倍。孔口直径不应小于设置管段直径的 30%，且不应小于 20mm。应采用不锈钢板板材制作。减压孔板的水头损失，应按下式计算：

$$H_k = \xi \frac{V_k^2}{2g} \tag{3-30}$$

式中 $H_k$——减压孔板的水头损失，$\times 10^{-2}$MPa；

$V_k$——减压孔板后管道内水的平均流速，m/s；

$\xi$——减压孔板的局部阻力系数，MPa，见表 3-36。

减压孔板的局部阻力系数　　　　　　　　　　表 3-36

| $d_k/d_j$ | 0.3 | 0.4 | 0.5 | 0.6 | 0.7 | 0.8 |
|---|---|---|---|---|---|---|
| $\xi$ | 292 | 83.3 | 29.5 | 11.7 | 4.75 | 1.83 |

注：$d_k$——减压孔板的孔口直径，m。

　　$d_j$——自喷系统主配水管直径，m。

② 减压阀

减压阀应设在报警阀组入口前，如图 3-97 所示。减压阀前应设过滤器，且便于排污；垂直安装的减压阀，水流方向宜向下；当连接两个及以上报警阀组时，应设置备用减压阀；比例式减压阀宜垂直设置，可调式减压阀宜水平设置；减压阀前后应设控制阀和压力表，当减压阀主阀体自身带有压力表时，可不设置压力表；减压阀和前后的阀门宜有保护或锁定调节配件的装置。

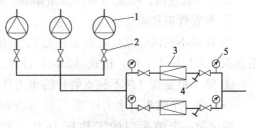

图 3-97　减压阀安装示意图
1—报警阀；2—闸阀；3—减压阀；
4—过滤器；5—压力表

3.2.5.6　设计计算步骤

闭式自动喷水灭火系统的设计流量，按最不利处作用面积内的喷头全部开放喷水时，所有喷头的流量之和确定，并应按式（3-25）进行计算。

1）喷头设计流量计算原理

① 在一个管道系统中，某点的流量 $Q$ 与该点管内的压力 $P$ 和管段的流量系数 $B$ 有关。

$$Q^2 = B \times P \tag{3-31}$$

② 两根支管与配水管连接（见图 3-98），则下式成立：

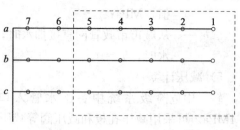

$$\frac{Q_a^2}{Q_b^2} = \frac{B_a \times P_a}{B_b \times P_b} \tag{3-32}$$

式中　$Q_a$——配水管流向支管 a 的流量，L/s；

　　　$Q_b$——配水管流向支管 b 的流量，L/s；

图 3-98　自喷系统平面布置示意图

　　　$P_a$——支管 a 与配水管连接处管内的压力，MPa；

　　　$P_b$——支管 b 与配水管连接处管内的压力，MPa；

　　　$B_a$——支管 a 的流量系数；

　　　$B_b$——支管 b 的流量系数。

③ 若两根支管的管径、管长、管材、喷头数都相同，可以近似地认为两根支管的流量系数相同，$B_a = B_b$，则：

$$\frac{Q_a}{Q_b} = \frac{\sqrt{P_a}}{\sqrt{P_b}} \tag{3-33}$$

④ 结论：配水管流向配水支管的流量与配水支管和配水管连接处管内压力的平方根成正比。

2）计算步骤

① 根据建筑物类型和危险等级，确定设计参数。

设计参数包括：喷头型号及流量系数、喷水强度、作用面积、喷头间距。

② 布置管道和喷头。

③ 在最不利区（点）处画定矩形的作用面积，长边平行于支管，其长度不宜小于作用面积平方根的 1.2 倍，按式（3-22）计算。

④ 第一根支管（最不利支管）的水力计算（见图 3-98）。

（a）第一个喷头的水力计算

确定第一个喷头口的工作压力 $P_1$，根据式（3-21）计算第一个喷头的出水流量 $q_1$，L/s。

第一个管段（管段 1~2）的流量：$Q_{1\sim2} = q_1$

第一个管段的水头损失：

$$H_{1\sim2} = A_Z \times L_{1\sim2} \times Q_{1\sim2}^2 \tag{3-34}$$

式中　$H_{1\sim2}$——第一个管段的水头损失，MPa；

　　　$A_Z$——管道比阻，L/s；

　　　$Q_{1\sim2}$——第一个管段的流量，L/s；

　　　$L_{1\sim2}$——管段 1~2 的计算长度，m。

其中：$i = A_Z \cdot Q^2$，$Q$ 为管道平均流量。镀锌钢管的比阻见表 3-37。

镀锌钢管的比阻 表 3-37

| 公称直径（mm） | 比阻 $[\times 10^{-7}\mathrm{MPa}\cdot\mathrm{s}^2/(\mathrm{m}\cdot\mathrm{L}^2)]$ | 公称直径（mm） | 比阻 $[\times 10^{-7}\mathrm{MPa}\cdot\mathrm{s}^2/(\mathrm{m}\cdot\mathrm{L}^2)]$ |
|---|---|---|---|
| 25 | 43670 | 80 | 116.9 |
| 32 | 9388 | 100 | 26.75 |
| 40 | 4454 | 125 | 8.625 |
| 50 | 1108 | 150 | 3.395 |
| 65 | 289.4 | | |

（b）第二个喷头的水力计算

计算第二个喷头口的工作压力 $P_2$：$P_2 = P_1 + H_{1\sim2}$

计算第二个喷头的出水流量 $q_2$：$q_2 = K/60\sqrt{10P_2}$

第二个管段（管段 2～3）的流量 $Q_{2\sim3}$：$Q_{2\sim3} = Q_{1\sim2} + q_2$

第二个管段的水头损失：$H_{2\sim3} = A_Z \times L_{2\sim3} \times Q_{2\sim3}^2$

（c）在作用面积内循环计算第（b）部分内容（喷头口工作压力 $P$、喷头出水量 $q$、管段流量 $Q$、管段水头损失 $H$），出了作用面积后，管段流量 $Q$ 不再增加，只计算管段的水头损失 $H$，一直到第一根支管与配水管连接处 $a$，求出该连接处管内压力 $P_a$ 和第一根支管的流量 $Q_a$。

⑤ 其他管段的水力计算

（a）第一段配水管（管段 a～b）的流量 $Q_{a\sim b}$ 与第一根支管的流量 $Q_a$ 相同。

（b）计算第一段配水管（管段 a～b）的水头损失 $H_{a\sim b}$：$H_{a\sim b} = A_Z \times L_{a\sim b} \times Q_{a\sim b}^2$

（c）计算第二根支管与配水管连接处管内压力 $P_b = P_a + H_{a\sim b}$

（d）计算第二根支管的流量 $Q_b$：

$$Q_b = Q_a \sqrt{\frac{P_b}{P_a}}$$

（e）计算第二段配水管（管段 b～c）的流量：$Q_{b\sim c} = Q_a + Q_b$

（f）计算第二段配水管（管段 b～c）的水头损失 $H_{b\sim c}$：$H_{b\sim c} = A_Z \times L_{b\sim c} \times Q_{b\sim c}^2$

（g）计算第三根支管与配水管连接处管内压力 $P_c = P_b + H_{b\sim c}$

（h）在作用面积内循序计算上述 4 项：支管流量 $Q_j$、配水管流量 $Q_{j\sim(j+1)}$、配水管管段水头损失 $H_{j\sim(j+1)}$、支管与配水管连接处 $P_{(j+1)}$，出了作用面积后，配水管流量不再增加，只计算管段的水头损失，直至水泵或室外管网，求出计算管路的总水头损失 $\sum h$。

⑥ 校核喷水强度

（a）作用面积内的喷水强度不低于规范确定的数值；

（b）轻、中危险级最不利点处 4 个喷头的平均喷水强度不小于规范规定数值的 0.85 倍；

（c）严重危险级和仓库危险级最不利点处 4 个喷头的平均喷水强度，不小于规范规定的数值。

⑦ 确定水泵扬程或系统入口处的供水压力 $H$，可按式（3-29）计算。

#### 3.2.5.7 闭式自动喷水系统设计计算实例分析

【实例3】某综合楼建筑面积 14000m²，建筑高度 18m，地上 5 层，地下 2 层（层高 4m）。其中地下一、地下二层为水泵房、贮水池（箱）、热交换间、冷水机房、变配电间等；一～三层为商场；四～五层为客房，水箱设置高度为 21m。要求对本工程进行自喷系统的设计和计算。

【设计过程】

（1）确定设计参数：本工程按中危险级 I 级设计，喷水强度 6L/(min·m²)，作用面积为 160m²，火灾延续时间 1h。

（2）设计作用面积：按矩形设计作用面积。矩形长度应大于 $1.2\sqrt{160}=15.18$m。

考虑柱网和梁的遮挡等因素，按 3.3m×3.3m 的间距设置喷头，计算系统设计流量。支管上计算喷头为 15.18/3.3=4.6 个，取 5 个，矩形长边实际长度为 3.3×5=16.5m，短边长度应大于 160/16.5=9.7m，计算支管为 9.7/3.3=2.9 个，取 3 个，矩形短边实际长度为 3.3×3=9.9m。

设计作用面积为 16.5×9.9=163.35m²＞160m²。每个喷头的保护面积 $A=3.3\times3.3=10.89$m²。

设计作用面积内共有 163.35/10.89≈15 个喷头。自动喷水系统最不利作用面积喷头的水力计算简图如图 3-99 所示。

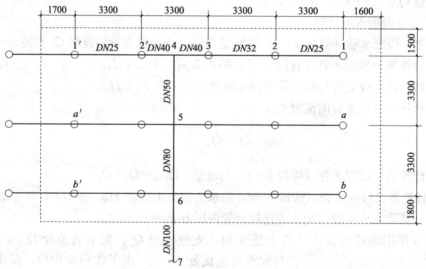

图 3-99 自喷系统最不利作用面积喷头水力计算简图

（3）自喷系统的设计流量 $Q_z$

若采用标准喷头，喷头工作压力为 $P=0.1$MPa，则由式（3-21）得喷头的水流量为：1.33L/s。

自动喷水管道最不利作用面积水力计算过程参见表 3-38。由表 3-38 可见，经过计算最不利作用面积内流量为 24.5L/s。

喷水强度的校核：24.5×60/163.35=9.0L/(min·m²)＞6L/(min·m²)，即作用面

积内的喷水强度大于规范确定的数值。

最不利作用面积内任意 4 只喷头围合的范围内的平均喷水强度的最小值,是由 1、2、1′、2′这 4 只喷头组合成的数值,4 只喷头的流量和为:1.33+1.33+1.49+1.49=5.64,4 只喷头的保护面积为 $10.89 \times 4 = 43.56 \text{m}^2$,4 只喷头的平均喷水强度为 $5.64 \times 60/43.56 = 7.76 \text{L/(min} \cdot \text{m}^2) > 6\text{L/(min} \cdot \text{m}^2)$,即满足最不利点处 4 个喷头的平均喷水强度不小于规范规定数值的 0.85 倍的规定。

(4) 自动喷水泵选型计算

1) 自动喷水泵流量:$Q_b \geq Q_z = 24.5\text{L/s}$。

2) 自动喷水泵扬程:$H = (1.20 \sim 1.40) \sum P_p + P_0 + I + h_c$。

其中,$\sum P_p$ 为管道沿程和局部水头损失的累计值,其中湿式报警阀的水头损失值取 4m,水流指示器取 2m,$h_c = 0$。

由表 3-38 可见,自动喷水管道的沿程和局部水头损失为 26。

$$\sum P_p = 26 + 4 + 2 = 32\text{m}$$

最不利喷头与消防水池最低水位高程差:$Z = 16.5 - (-8) = 24.50\text{m}$。

最不利点处喷头的工作压力:$P_0 = 10\text{m}$。

所以,$H = (1.20 \sim 1.40) \times 32 + 10 + 24.50 = 79.8 \sim 93.1\text{m}$。

自喷泵的流量为 24.5L/s,扬程为 79.8~93.1m。

选用 2 台 XBD8/30-SLH 型恒压泵,其性能如下:$Q = 0 \sim 30\text{L/s}$,$H = 80\text{m}$,$N = 45\text{kW}$,$n = 2970\text{r/min}$。

(5) 自喷系统稳压装置的设计

屋顶消防水箱的设置高度为 21m,不满足最不利点喷头所需的压力 $P = 0.10\text{MPa}$,需在水箱间内设增压稳压装置。稳压装置流量为 1L/s。稳压泵启泵设计压力 $P_{S1} = P_0 - 0.01H_1 + (0.07 \sim 0.10) = 0.15 - 0.03 + 0.1 = 0.22\text{MPa}$,稳压泵停泵设计压力 $P_{S2} = P_{S1} + (0.05 \sim 0.06) = 0.275\text{MPa}$。

稳压泵设计扬程 $= (P_{S1} + P_{S2})/2 = 0.25\text{MPa}$。

选用 ZW(L)-I-Z-10 型增压稳压设备,配 $N = 1.5\text{kW}$ 的泵。

(6) 报警阀服务的喷头数估算

每个喷头服务面积 $10.89\text{m}^2$,每层建筑面积约 $2000\text{m}^2$,则每层喷头数约为:

$$n = 2000/10.89 = 184 \text{ 个}$$

本工程共设两个报警阀组,地下一、地下二层、一层和二~五层各设一组报警阀,每组报警阀服务的喷头数分别为:地下二~一层:$3 \times 184 = 552$ 个;二~五层:$4 \times 160 = 736$ 个。

(7) 水泵接合器数量计算

水泵接合器数量 $n_j = Q_z/q_j = 22.50/10 \sim 15 = 2.25 \sim 1.5$ 个

设计水泵接合器数为 2 个。

## 3.2.6 开式自动喷水灭火系统

开式自动喷水灭火系统为采用开式洒水喷头的自动喷水灭火系统,主要用于保护特定的场合,由火灾探测器、雨淋阀组、开式喷头和管道组成。常用的开式系统有雨淋系统、水幕系统和水喷雾系统三类。

自动喷水管道沿程和局部水头损失水力计算表

表 3-38

| 节点 | 管段 | 节点水压 $P$ (mH₂O) | 流量 (L/s) 节点 $q$ | 流量 (L/s) 管段 $Q$ | 管径 (mm) | 比阻 ($A$) | 流速 $v$ (m/s) | 管长 $L$ (m) | 管段水头损失 $h=1.2A \cdot Q^2 \cdot L$ (mH₂O) | 计 算 式 |
|---|---|---|---|---|---|---|---|---|---|---|
| 1 | | 10 | 1.33 | | | | | | | $q_1=80 \times \sqrt{10 \times 0.1}/60=1.33$ |
| | 1~2 | | | 1.33 | 25 | 0.4368 | 2.5 | 3.3 | 2.55 | $Q_{1 \sim 2}=1.33$（此段不考虑局部水头损失）<br>$P_2=10+2.55=12.55$ |
| 2 | | 12.55 | 1.49 | | | | | | | |
| | 2~3 | | | 2.82 | 32 | 0.09388 | 3.12 | 3.3 | 2.96 | $Q_{2 \sim 3}=1.33+1.49=2.82$<br>$P_3=12.55+2.96=15.51$ |
| 3 | | 15.51 | 1.66 | | | | | | | |
| | 3~4 | | | 4.48 | 40 | 0.04454 | 2.65 | 1.65 | 1.77 | $Q_{3 \sim 4}=2.82+1.66=4.48$<br>$P_4=15.51+1.77=17.28$ |
| 4 | | 17.28 | | | | | | | | |
| 1' | | 10 | 1.33 | | | | | | | $Q_{1' \sim 2'}=1.33$ |
| | 1'~2' | | | 1.33 | 25 | 0.4368 | 2.5 | 3.3 | 2.55 | $P_2=10+2.55=12.55$ |
| 2' | | 12.55 | 1.49 | | | | | | | $Q_{2' \sim 4}=1.33+1.49=2.82$ |
| | 2'~4 | | | 2.82 | 40 | 0.04454 | 2.65 | 1.65 | 0.70 | $P_4=12.55+0.70=13.25$ |
| 4 | | 13.25 | | | | | | | | |
| | | | | | | 2'~4 管段流量修正后为 $Q_{2 \sim 4}=2.82\sqrt{17.28/13.25}=3.22 \mathrm{L/s}$ | | | | | |
| | 4~5 | | | 7.7 | 50 | 0.01108 | | 3.3 | 2.60 | $Q_{4 \sim 5}=4.48+3.22=7.7$<br>$P_3=17.28+2.60=19.88$ |
| | 侧支管 | | | | | a~5同1~4，但压力不同，流量修正后 $Q_{a \sim 5}=4.48\sqrt{19.88/17.28}=4.81 \mathrm{L/s}$ | | | | |
| | 侧支管 | | | | | a'~5同1'~4，但压力不同，流量修正后 $Q_{a \sim 5}=2.82\sqrt{19.88/13.25}=3.45 \mathrm{L/s}$ | | | | |
| 5 | | 19.88 | | 15.96 | 80 | 0.001169 | 1.18 | 3.3 | 1.18 | $Q_{5 \sim 6}=7.7+4.81+3.45=15.96$<br>$P_3=19.88+1.18=21.06$ |
| | 5~6 | | | | | | | | | |
| 6 | | 21.06 | | | | | | | | |
| | 侧支管 | | | | | b~6同1~4，但压力不同，流量修正后 $Q_{b \sim 4}=4.48\sqrt{21.06/17.28}=4.95 \mathrm{L/s}$ | | | | |
| | 侧支管 | | | | | b'~6同1'~4，但压力不同，流量修正后 $Q_{b \sim 6}=2.82\sqrt{21.06/13.25}=3.56 \mathrm{L/s}$ | | | | |
| | 6~7 | | | 24.47 | 100 | 0.0002675 | 3.85 | 20 | 3.85 | $Q_{6 \sim 7}=15.96+4.95+3.56=24.47$<br>$P_报=21.06+3.85=24.91$ |
| 7 | 报警阀处压力 | | | 24.47 | | | | | | |
| | 报警阀~水泵管道 | | | 24.47 | 150 | 0.00003395 | 0.98 | 40 | 0.98 | 总损失：$24.91+0.98=25.90$ |

### 3.2.6.1 雨淋系统

（1）特点

雨淋系统的喷头为开式，由雨淋报警阀组、开式洒水喷头和管道等组成。发生火灾时，由火灾探测器、闭式洒水喷头作为探测元件，通过火灾探测系统或传动管控制，自动开启雨淋报警阀组和启动供水泵后，向其控制的配水管道上所有开式喷头供水，喷头将同时喷水，可在瞬间喷出大量的水覆盖着火区，达到灭火的目的。该系统出水量大，灭火控制面积大，灭火及时，遏制和扑救火灾的效果较闭式系统好，但水渍损失大于闭式系统。通常用于燃烧猛烈、蔓延迅速的某些严重危险级场所。

（2）工作原理

雨淋系统有电动启动和传动管启动两种方式。图 3-100 为雨淋系统工作原理图。图 3-101 为传动管启动雨淋系统示意图，图中雨淋阀入口侧与进水管相通，出水侧接喷水灭火管路，平时传动管中充满了与进水管中相同压力的水，此时，雨淋阀在传动管网的水压作用下紧紧关闭，灭火管网为空管。发生火灾时，传动管网闭式喷头动作，传动管网泄压，自动地释放掉传动管网中有压水，使传动管网中的水压骤然降低，雨淋阀在进水管的水压作用下被打开，压力水立即充满灭火管网，所有喷头喷水，实现对保护区的整体灭火或控火。图 3-102 为电动启动雨淋系统示意图，当火灾探测器探测到火灾信号后，向火灾报警控制器报警，通过消防联动器启动电磁阀，雨淋阀被开启，向系统供水灭火。

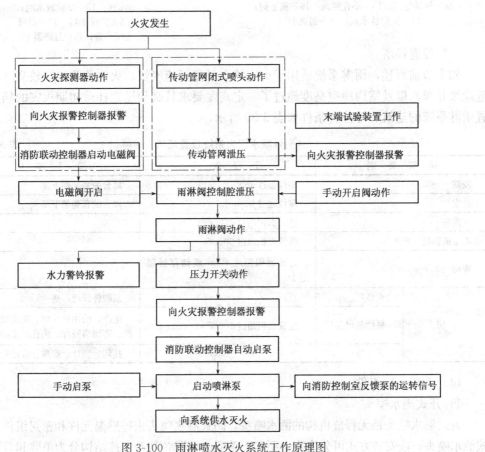

图 3-100 雨淋喷水灭火系统工作原理图

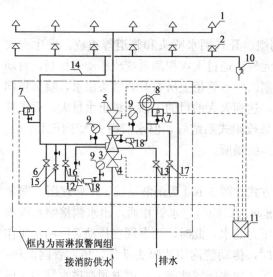

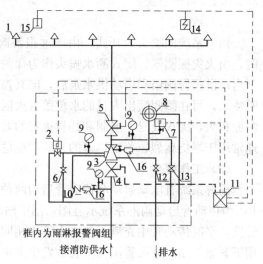

图 3-101　传动管启动雨淋系统示意图
1—开式喷头；2—闭式喷头；3—雨淋报警阀组；
4—信号阀；5—试验信号阀；6—手动开关；7—压力
开关；8—水力警铃；9—压力表；10—末端试水装置；
11—火灾报警控制器；12—止回阀；13—泄水阀；
14—传动管网；15—小孔闸阀；16—截至阀；
17—试验放水阀；18—过滤器

图 3-102　电动启动雨淋系统示意图
1—开式喷头；2—电磁阀；3—雨淋报警阀组；
4—信号阀；5—试验信号阀；6—手动开关；
7—压力开关；8—水力警铃；9—压力表；
10—止回阀；11—火灾报警控制器；
12—泄水阀；13—试验放水阀；
14—烟感火灾探测器；15—温感
火灾探测器；16—过滤器

（3）设置场所

如本节前所述，雨淋系统适用于火灾的水平蔓延速度快、火灾危险等级较高（为严重危险级Ⅱ级）以及室内净空高度超过了一定高度要求且必须迅速扑救初期火灾的场所。设置雨淋系统的建筑、部位和条件如表 3-39 所示。

雨淋喷水灭火系统设置场所　　　　　　　　表 3-39

| 建 筑 类 别 | | 设 置 条 件 | 设 置 部 位 |
| --- | --- | --- | --- |
| 剧院 | | 座位超过 1500 个 | 舞台的葡萄架下部 |
| 会堂 | | 座位超过 2000 个 | 舞台的葡萄架下部 |
| 演播室 | | 建筑面积超过 400m² | |
| 电影摄影棚 | | 建筑面积超过 500m² | |
| 库房 | | 建筑面积超过 60m² 或储存量超过 2t | |
| 厂房 | 火柴厂 | | 氯酸钾压碾厂房 |
| | 易燃易爆品厂 | 建筑面积超过 100m² | 生产、使用硝化棉、喷漆棉、火胶棉、赛璐珞胶片、消化纤维的厂房 |
| | 乒乓球厂 | | 扎坯、切片、磨球、分球检验部位 |

（4）系统主要组件

1）开式洒水喷头

开式洒水喷头是无释放机构的洒水喷头，闭式洒水喷头去掉感温元件和密封组件就是开式洒水喷头。按安装方式可分为直立型和下垂型（见图 3-103），按结构分为单臂和双臂。

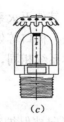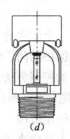

图 3-103　开式洒水喷头

(a) 下垂型喷头；(b) 直立型喷头；(c) 普通型喷头；(d) 边墙型喷头

2）雨淋阀

雨淋阀是通过控制消防给水管路达到自动供水的一种控制阀，可用于闭式系统中的预作用自动喷水灭火系统、开式系统中的雨淋系统、水幕系统。还可作为水喷雾灭火系统中的系统报警控制阀。

雨淋阀阀瓣上方为自由空气，阀瓣用锁定机构扣住，锁定机构的动力由供水压力提供。发生火灾后，启动装置使锁定机构上作用的供水压力迅速降低，从而使阀瓣脱扣、开启，供水进入消防管网。

（5）系统的设计与计算

1）设计要求

① 雨淋系统中每个雨淋阀控制的喷水面积不宜大于表 3-23 中的作用面积。

② 雨淋系统的防护区内应采用相同的喷头。

③ 每根配水支管上装设的喷头数不宜超过 6 个，每根配水干管的一端所负担配水支管的数量亦不应多于 6 根，以免水量分配不均匀。

④ 雨淋系统的设计流量，应按雨淋阀控制的喷头数的流量之和确定。多个雨淋阀并联的雨淋系统，其系统设计流量，应按同时启用雨淋阀的流量之和的最大值确定。

⑤ 雨淋系统的持续喷水时间为 1h。

其他设计要求同闭式自动喷水灭火系统。

2）水力计算

雨淋系统的水力计算同闭式自动喷水灭火系统的管道水力计算方法，但设计流量应按雨淋阀控制的同时喷水的喷头数经水力计算确定。

3.2.6.2　水幕系统

（1）系统类型和作用

水幕系统按照其用途不同分为防火分隔水幕和防护冷却水幕两种：

①防火分隔水幕：由开式洒水喷头或水幕喷头、雨淋报警阀组或感温雨淋报警阀等组成，发生火灾时密集喷洒形成水墙或水帘。

②防护冷却水幕：由水幕喷头、雨淋报警阀组或感温雨淋报警阀等组成，发生火灾时用于冷却防火卷帘、防火玻璃墙等防火分隔设施。

（2）系统组成

水幕系统由开式洒水喷头或水幕喷头、雨淋报警阀组或感温雨淋报警阀、水流报警装置（水流指示器或压力开关）以及配水管道等组成，用于防火分隔或防护冷却的开式系统。

因此，在一个防火分区内与其他灭火系统同时使用，一般安装在舞台口、防火卷帘以及需要设水幕保护的门、窗、洞、檐口等处。

水幕系统的控制方法与雨淋系统相同，亦可采用电磁阀、手动控制阀启动水幕系统，如图 3-101 和图 3-102 所示。

（3）系统使用范围

防火冷却水幕应直接将水喷向被保护对象，不宜用于开口尺寸超过 15m（宽）×8m 高的开口（舞台除外）。

（4）设置场所

应设水幕系统的场所和部位见表 3-40。

水幕系统设置场所 表 3-40

| 建 筑 类 别 | | 设 置 条 件 | 设 置 部 位 |
|---|---|---|---|
| 设防火分隔物的建筑 | | 防火卷帘或防火幕 | 上部 |
| | | 应设防火墙等防火分隔物但无法设置时 | 开口部位 |
| 剧院、会堂、礼堂 | 非高层 | 剧院座位超过 1500 个；会堂、礼堂座位超过 2000 个 | 舞台口 与舞台相连的侧台后台的门、窗、洞口 |
| | 高 层 | 座位超过 800 个 | 舞台口 |

（5）系统主要组件

水幕喷头：水幕喷头喷出的水形成均匀的水帘状，起阻火、隔火作用，以防止火势蔓延扩大。图 3-104 为水幕喷头的结构类型。

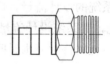

图 3-104  水幕喷头的结构类型

（6）喷头的选型与布置

1）喷头的选型

防火分隔水幕应采用开式洒水喷头或水幕喷头。防护冷却水幕应采用水幕喷头。

2）喷头的布置

① 防护冷却水幕喷头的布置

防护冷却水幕喷头宜布置成单排，且喷水方向应指向保护对象。当防护冷却水幕保护对象有两侧受火面时，应在其两侧设置水幕。喷头的间距 $S$，如图 3-105 所示，应根据水

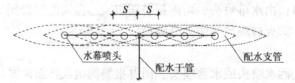

图 3-105  水幕喷头防护冷却水幕布置示意图

力条件计算确定。

② 防火分隔水幕的布置

防火分隔水幕的喷头布置，应保证水幕的宽度不小于 6m。采用水幕喷头时，喷头不应少于 3 排；采用开式洒水喷头时，喷头不应少于 2 排。防火分隔水幕建议采用开式洒水喷头。防火分隔水幕 3 排布置和双排布置示意图如图 3-106 和图 3-107 所示。图中喷头间距 S 应根据水力条件计算确定。

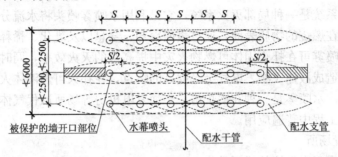

图 3-106　防火分隔水幕 3 排布置示意图

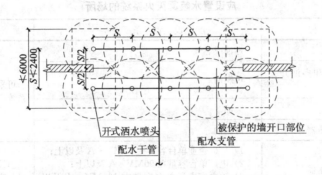

图 3-107　防火分隔水幕双排布置示意图

（7）系统设计与计算

1）基本设计参数

水幕系统的基本设计参数应符合表 3-41 的规定。

水幕系统的基本设计参数　　　　　　　　　　　　　　　　表 3-41

| 水幕类别 | 喷水点高度（m） | 喷水强度（L/s·m） | 喷水工作压力（MPa） |
|---|---|---|---|
| 防火分隔水幕 | ≤12 | 2 | 0.1 |
| 防护冷却水幕 | ≤4 | 0.5 | |

注：防护冷却水幕的喷水点高度每增加 1m，喷水强度应增加 0.1L/(s·m)，但超过 9m 时喷水强度仍采用 1.0L/(s·m)；系统持续喷水时间不应小于系统设置部位的耐火极限要求。

2）水幕系统消防用水量

水幕系统消防用水量与水幕长度、水幕喷水强度和火灾持续时间有关，按下式计算：

$$V_{13} = 3.6 \times L \times q_0 \times T \tag{3-35}$$

式中　$V_{13}$——水幕系统消防用水量，$m^3$；

　　　$q_0$——水幕喷水强度，L/(s·m)，见表 3-41；

　　　$T$——持续喷水时间，取 1.0h。

$L$——水幕长度，m。

3）水力计算

水幕系统的水力计算与闭式自动喷水灭火系统的管道水力计算方法相同。

3.2.6.3　水喷雾灭火系统

（1）系统特点和设置场所

1）系统特点

水喷雾灭火系统是一种局部灭火系统，它是利用水喷雾喷头将水流分解成细小的水雾滴之后喷射到正在燃烧的物质表面，通过表面冷却、窒息以及乳化、稀释的同时作用而实现灭火。所以水喷雾可在扑灭固体可燃物火灾中提高水的灭火效率，同时由于细小水雾滴的形式具有不会造成液体飞溅、电气绝缘度高的特点，在扑灭可燃液体火灾和电气火灾中得到广泛的应用。水喷雾是一种在锅炉房、柴油发电机房等场所取代气体消防而用水灭火的设施，目前在工程中普遍应用。

2）系统设置场所

应设置水喷雾灭火系统的场所见表 3-42。

应设置水喷雾灭火系统的场所　　　　　　表 3-42

| 设　置　部　位 | | 设　置　条　件 | 备　注 |
|---|---|---|---|
| 高层建筑 | 锅炉房 | 燃油或燃气 | 可采用水喷雾或气体灭火系统 |
| | 高压电容器和多油开关室 | 可燃油 | |
| | 自备发电机房 | 柴油 | |
| | 油浸电力变压器 | 可燃油 | |
| 非高层建筑 | 油浸电力变压器 | 1）厂矿企业单台容量在 40MV·A 及以上；<br>2）电厂单台容量在 90MV·A 及以上；<br>3）独立变电所单台容量在 125MV·A 及以上 | 当设置在缺水或严寒地区时，应采用其他灭火系统 |
| | 飞机发动机试验台 | 试飞部位 | |

水喷雾系统在下列情况下不能使用：

① 使用水雾会造成爆炸或破坏的场所，如：高温密闭的容器或房间内；表面温度经常处于高温状态的可燃液体。

② 不适宜用水扑救的物质也不能采用水喷雾灭火系统。不适宜用水扑救的物质有：

（a）过氧化物，如过氧化钾、过氧化钠、过氧化钡、过氧化镁等，这些物质遇水后会发生剧烈分解反应，放出反应热并生成氧气，可能引起爆炸或燃烧；

（b）遇水燃烧的物质，这类物质遇水能使水分解，夺取水中的氧与之化合，并放出热量和产生可燃气体造成燃烧或爆炸的恶果。如钾、钠、钙、碳化钙（电石）、碳化铝、碳化钠、碳化钾等。

（2）系统组成与工作原理

水喷雾系统由水源、供水设备、管道、雨淋报警阀（或电动控制阀、气动控制阀）、过滤器和水雾喷头等组成，向保护对象喷射水雾灭火或防护冷却的灭火系统。其工作原理如图 3-108 所示，水喷雾系统组成示意图如图 3-109 所示。

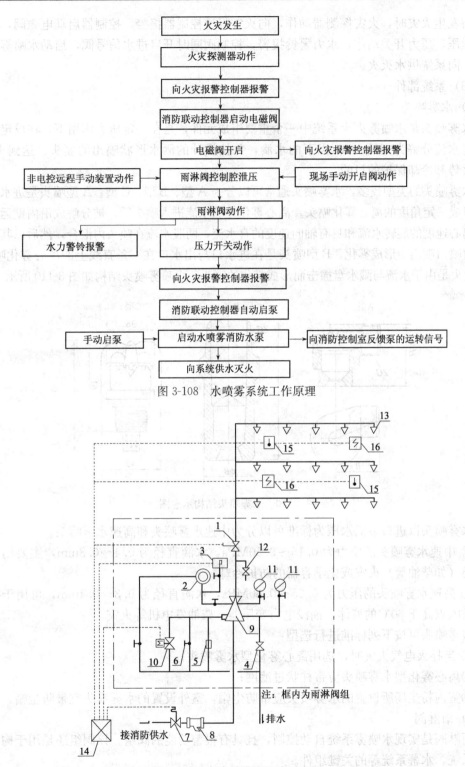

图 3-108 水喷雾系统工作原理

图 3-109 水喷雾系统组成示意图

1—试验信号阀；2—水力警铃；3—压力开关；4—放水阀；5—非电控远程手动装置；
6—现场手动装置；7—进水信号阀；8—过滤器；9—雨淋阀组；10—电磁阀；11—压力表；
12—试水阀；13—水雾喷头；14—火灾报警控制器；15—感温探测器；16—感烟探测器

当发生火灾时，火灾探测器动作，向火灾报警控制器报警，控制器启动电磁阀，使雨淋阀泄压，压力开关动作，水力警铃报警，控制阀同时开启进水信号阀，启动水喷雾消防水泵，向系统供水灭火。

（3）系统部件

1）水雾喷头

水雾喷头是水喷雾灭火系统中一个重要组成元件，是在一定压力作用下，在设定区域内能将水流分解为直径 1mm 以下的水滴，并按设计的洒水形状喷出的喷头，达到灭火、抑制火势和冷却保护的目的。

水雾喷头的类型较多，水雾喷头通常可以分为 A 型、B 型、C 型。A 型喷头是进水口与出水口成一定角度的离心雾化喷头。离心雾化是当水流进入喷头后，被分解成沿内壁运动而具有离心速度的旋转水流和具有轴向速度的直水流，两股水流在喷头内汇合，然后以其合成速度由喷口喷出而形成雾化。B 型喷头是在进水口与出水口在一条直线上的离心雾化喷头。C 型喷头是由于水流与溅水盘撞击而形成雾化的喷头。水喷雾喷头结构如图 3-110 所示。

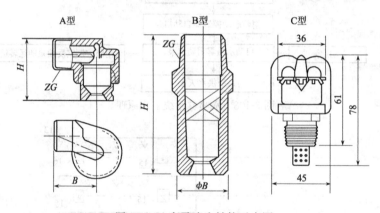

图 3-110　水雾喷头结构示意图

水雾喷头以进口最低水压为标准可以分为中速水雾喷头和高速水雾喷头。

① 中速水雾喷头的压力为 0.15～0.50MPa，水滴直径为 0.4～0.8mm，主要用于轻质油类（如柴油等）火灾或化学容器的防护冷却。

② 高速水雾喷头的压力为 0.25～0.80MPa，水滴直径为 0.3～0.4mm，可用于扑救柴油或闪点高于 60℃ 的液体、油浸电力变压器、柴油发电机等火灾。

水雾喷头可按下列标准进行选型：

① 当扑灭电气火灾时，选用离心雾化型水雾喷头；

②离心雾化型水雾喷头应带柱状过滤网；

③室内粉尘场所设置的水雾喷头应带防尘帽，室外设置的水雾喷头宜带防尘帽。

2）雨淋阀

雨淋阀是实现水喷雾系统自动控制，且具有报警功能的阀组。该阀组还是用于构成预作用系统、水幕系统等的关键组件。

3）火灾探测器

目前，国内水喷雾灭火系统常用的火灾探测器主要有用于外形不规则的变压器、多层并列排布的电缆等场所的缆式线型定温火灾探测器，光感火灾探测器，用于乙炔、液化石油气罐库等场所的可燃气体浓度探测器。有关探测器性能和特点详见第 5 章相关内容。

4）传动控制方式

水喷雾灭火系统有自动控制、手动控制和应急操作三种控制方式。自动控制是指水喷雾灭火系统的火灾探测、报警部分与供水设备、雨淋阀组等部件自动联锁操作的控制方式。手动控制是指人为远距离操纵供水设备、雨淋阀组等系统组件的控制方式。应急操作是指人为现场操纵供水设备、雨淋阀组等系统组件的控制方式。

水喷雾灭火系统一般要同时设有三种控制方式，但是当响应时间大于 60s 时，可采用手动控制和应急操作两种控制方式。

（4）水喷雾灭火系统的设计

1）保护面积的确定

采用水喷雾灭火系统的保护对象，其保护面积要按其外表面积确定，并要符合下列要求：

① 当保护对象外形不规则时，应按包容保护对象的最小规则形体的外表面面积确定；

② 变压器的保护面积除应按扣除底面面积以外的变压器外表面面积确定外，还应包括散热器的外表面面积和油枕及集油坑的投影面积；

③ 分层敷设的电缆的保护面积应按整体包容的最小规则形体的外表面面积确定；

④ 液化石油气罐瓶间的保护面积应按其使用面积确定，液化石油气瓶库、陶坛或桶装酒库的保护面积应按防火分区的建筑面积确定；

⑤ 输送机皮带的保护面积应按上行皮带的上表面面积确定，长距离的皮带宜实施分段保护，但每段长度不宜小于 100m；

⑥ 开口容器的保护面积应按液面面积确定；

⑦ 甲、乙类液体泵，可燃气体压缩机及其他相关设备，其保护面积应按相应设备的投影面积确定，且水雾应包络密封面和其他关键部位。

2）供给强度和响应时间

水喷雾灭火系统的供给强度为系统在单位时间内向单位保护面积喷洒的水量。响应时间为自启动系统供水设施起，至系统中最不利点水雾喷头喷出水雾的时间。供给强度和响应时间应根据防护目的和保护对象确定，并应不小于表 3-43 的规定。

**系统的供给强度和响应时间** 表 3-43

| 防护目的 | 保 护 对 象 | | 供给强度 [L/(min·m²)] | 持续供给时间 (h) | 响应时间 (s) |
|---|---|---|---|---|---|
| 灭火 | 固体物质火灾 | | 15 | 1 | 60 |
| | 输送机皮带 | | 10 | 1 | 60 |
| | 液体火灾 | 闪点 60～120℃的液体 | 20 | 0.5 | 60 |
| | | 闪点高于 120℃的液体 | 13 | | 60 |
| | 电气火灾 | 油浸式电力变压器、油断路器 | 20 | 0.4 | 60 |
| | | 油浸式电力变压器的集油坑 | 6 | | 60 |
| | | 电缆 | 13 | | 60 |
| 防护冷却 | 甲B、乙、丙类液体储罐 | 固定顶罐 | 2.5 | 直径大于 20m 的固定顶罐为 6h，其他为 4h | 300 |
| | | 浮顶罐 | 2.0 | | 300 |
| | | 相邻罐 | 2.0 | | 300 |

3）水雾喷头工作压力

水雾喷头的工作压力，当用于灭火时不应小于 0.35MPa；当用于防护冷却时不应小于 0.2MPa，但对于甲_B、乙、丙类液体储罐不应小于 0.15MPa。

（5）喷头、管网和阀门的布置

1）喷头的布置

① 保护对象的水雾喷头数量应根据设计喷雾强度、保护面积和选用喷头的流量特性按式（3-36）和式（3-37）经计算确定。其布置应使水雾直接喷射和覆盖保护对象，当不能满足要求时应增加水雾喷头的数量。

② 水雾喷头与保护对象之间的距离不得大于水雾喷头的有效射程。有效射程为水雾喷头水平喷射时，水雾达到的最高点与喷口之间的距离。

③ 水雾喷头的平面布置方式可分为矩形或菱形。当为矩形布置时，喷头间距不应大于水雾喷头的水雾锥底圆半径的 1.4 倍；当为菱形布置时，喷头间距不应大于水雾喷头的水雾锥底圆半径的 1.7 倍，水雾喷头的平面布置方式如图 3-111 所示。

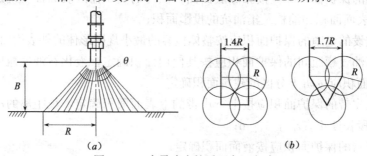

图 3-111　水雾喷头的平面布置方式
（a）水雾喷头的喷雾半径；（b）水雾喷头间距及布置形式

水雾锥底圆半径应按下式计算：

$$R = B \cdot \tan\frac{\theta}{2} \tag{3-36}$$

式中　$R$——水雾锥底圆半径，m；

　　　$B$——水雾喷头的喷口与保护对象之间的距离，m；

　　　$\theta$——水雾喷头的雾化角，取值范围为 30°、45°、60°、90°、120°。

④ 当保护对象为油浸式电力变压器时，水雾喷头布置应符合下列要求：

（a）水雾喷头应布置在变压器的周围，不宜布置在变压器顶部；

（b）保护变压器顶部的水雾不应直接喷向高压套管；

（c）水雾喷头之间的水平距离与垂直距离应满足水雾锥相交的要求；

（d）油枕、冷却器、集油枕应设水雾喷头保护。

⑤ 当保护对象为可燃气体和甲、乙、丙类液体储罐时，水雾喷头与储罐外壁之间的距离不应大于 0.7m。

2）管网与阀门

① 雨淋阀组应设在环境温度不低于 4℃，并有排水设施的室内，其安装位置宜在靠近保护对象并便于操作的地点。

② 雨淋阀前的管道应设置过滤器，当水雾喷头无滤网时，雨淋阀后的管道亦应设过滤器。

③系统用水可由消防水池（罐）、消防水箱或天然水源供给，也可由企业独立设置的稳高压消防给水系统供给。

④给水管道上应设泄水阀、排污口；过滤器后的管道，应采用内外镀锌钢管，且宜采用丝扣连接。

（6）水力计算

1）系统的设计流量

①水雾喷头的流量应按下式计算：

$$q = K\sqrt{10P} \tag{3-37}$$

式中　$q$——水雾喷头的流量，L/min；

　　　$K$——水雾喷头的流量系数，取值由生产厂提供；

　　　$P$——水雾喷头的工作压力，MPa。

②保护对象水雾喷头的计算数量应按下式计算：

$$N = SW/q \tag{3-38}$$

式中　$N$——保护对象的水雾喷头的计算数量；

　　　$S$——保护对象的保护面积，$m^2$；

　　　$W$——保护对象的设计喷雾强度，L/（min·$m^2$）。

③系统的计算流量应按下式计算：

$$Q_j = 1/60\sum_{i=1}^{n}q_i \tag{3-39}$$

式中　$Q_j$——系统的计算流量，L/s；

　　　$n$——系统启动后同时喷雾的水雾喷头的数量；

　　　$q_i$——水雾喷头的实际流量，L/min，应按水雾喷头的实际工作压力 $p_i$（MPa）计算。

当采用雨淋阀控制同时喷雾的水雾喷头数量时，水喷雾灭火系统的计算流量要按系统中同时喷雾的水雾喷头的最大用水量确定。

系统的计算流量，从最不利点水雾喷头开始，沿程按同时喷雾的每个水雾喷头实际工作压力逐个计算其流量，然后累计同时喷雾的水雾喷头总流量确定为系统计算流量。

④系统的设计流量

系统的设计流量可按下式计算：

$$Q_s = kQ_j \tag{3-40}$$

式中　$Q_s$——系统的设计流量，L/s；

　　　$k$——安全系数，取 1.05～1.10；

2）管道水力计算

①钢管管道的沿程水头损失可按下式计算：

$$i = 0.0000107 \times \frac{v^2}{D^{1.3}} \tag{3-41}$$

式中　$i$——管道的沿程水头损失，MPa/m；

　　　$v$——管道内水的流速，m/s，宜取 $v \leqslant 5$m/s；

　　　$D_j$——管道的计算内径，m，应按管道的内径减 1mm 确定。

② 管道的局部水头损失宜采用当量长度法计算，或按管道沿程水头损失的 20%～30% 计算。

③ 雨淋阀的局部水头损失可按下式计算：

$$h_r = B_r Q^2 \qquad (3-42)$$

式中　$h_r$——雨淋阀的局部水头损失，MPa；

　　　$B_r$——雨淋阀的比阻值，其值由生产厂提供；

　　　$Q$——雨淋阀的流量，L/s。

④ 系统管道入口或消防水泵的计算压力可按下式计算：

$$H = \sum h + h_0 + Z/100 \qquad (3-43)$$

式中　$H$——系统管道入口或消防水泵的计算压力，MPa；

　　　$\sum h$——系统管道沿程水头损失与局部水头损失之和，MPa；

　　　$h_0$——最不利点水雾喷头的实际工作压力，MPa；

　　　$Z$——最不利点水雾喷头与系统管道入口或消防水池最低水位之间的高程差，当系统管道入口或消防水池最低水位高于最不利点水雾喷头时，$Z$ 应取负值，m。

3）管道减压措施

管道减压设施有减压阀、减压孔板和节流管等。减压孔板宜采用圆缺型孔板，减压孔板的圆缺孔应位于管道底部，减压孔板前水平直管段的长度不应小于该段管道公称直径的 2 倍。

管道采用节流管时，节流管内水的流速不应大于 20m/s，长度不宜小于 1.0m。

（7）系统设计实例分析

【实例 4】某电厂（一期工程）设有 2 台主变压器，主变压器的型号为 SFP-180MVA/110，露天布置，2 台变压器间有 6m 高的防火墙分隔，变压器的底部设有事故集油坑，集油坑的深度为 700mm，坑内的阻火卵石层厚度为 300mm。其主要的技术参数为：总油重 23.4t，其中储油柜油重 1t，变压器本体尺寸为 8.2m×6.6m×5.1m，集油坑尺寸为 8.6m×10.0m，储油柜（油枕）尺寸为 $\phi500×3500$mm，储油柜中心离地面高度为 5.02m。

【设计过程】

（1）保护面积的计算：包络整个变压器的最小规则形体表面积。

变压器保护的面积：$S_1 = (8.2+6.6) \times 5.1 \times 2 + 8.2 \times 6.6 = 205$m²。

集油坑保护面积：$S_2 = 8.6 \times 10.0 - 8.2 \times 6.6 = 32$m²。

储油柜表面积：$S_3 = 3.14 \times 0.50 \times 2 + 2 \times 3.14 \times 0.5 \times 3.5 = 12.56$m²。

（2）油浸电力压器主要技术参数选取：

喷雾强度：油浸电力变压器、油开关为 20L/(min·m²)；集油坑为 6L/(min·m²)；持续喷雾时间：24min；系统响应时间：不大于 45s。

（3）系统设计流量的确定：

系统计算流量：$Q_j = 20 \times (205+12.56) \div 60 + 6 \times 32 \div 60 = 76$L/s。

系统设计流量：$1.50 \times 76 = 114$L/s，取 120L/s。

由于变压器不规则外形对水雾的干扰很大，变压器有很多配件或形状是突出的，可能会影响喷雾的覆盖面。另外，保持对高压电器的安全距离也给喷头的布置带来了很大的困难，必须额外增加更多的喷头才能弥补局部布水的不足，从而导致局部面积的布水重叠。

对于变压器这种特殊的保护对象，其设计流量可在规范值的基础上乘以 1.5～1.6 的安全系数作为设计平均值。

（4）水喷雾喷头的选择和布置

根据《水喷雾灭火系统设计规范》，应选用高压离心雾化型水雾喷头，型号为 ZST-WB/SL—S223—80—120，流量系数为 42.8，额定流量为 80L/min（1.33L/s），雾化角为 120°，实际流量为 96L/min（1.6L/s）。

喷头数量：$N=120/1.6=75$ 个，取喷头数量为 80 个，接管直径为 $DN20$。

水雾喷头保护的面积按平面布置，喷头布置按矩形布置，喷头间距不应大于喷头水雾锥底圆半径的 1.4 倍，水雾锥底圆半径按式（3-36）计算。

$$R=B \cdot \tan \frac{\theta}{2} \tag{3-36}$$

式中　　$R$——水雾锥底圆半径，m；

　　　　$B$——水雾喷头的喷口与保护对象的距离，取 $B=1.4$m；

　　　　$\theta$——为水雾喷头的雾化角，取 $\theta=120°$。

可得：$R=2.42$m，喷头的最大间距为 3.39m。

水喷雾喷头的有效射程为 2.2m，采用矩形布置，喷头水平间距为 1.5m。喷头布置在变压器周围，应避免直接喷射到变压器上部的高压套管。

（5）水喷雾管道的敷设

根据变压器的外形和喷头水雾全包容的原则，布置喷头时需布置上下两个给水环路，上部环路主要保护变压器侧表面的上半部分，包括冷却器、高压套管和油枕，为保护上方的油枕，分别从上部环管上接出 2 根支管，布置 4 只水雾喷头喷向油枕；下部环路主要保护变压器侧表面的下半部分，包括冷却器的下半部分和集油坑，可从下部环管接出支管布置喷头，以 45°喷向集油坑，喷头布置和管道敷设详见图 3-112 和图 3-113。

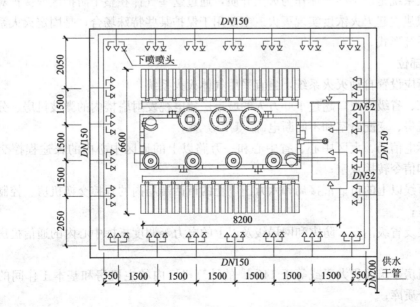

图 3-112　水喷雾喷头的平面布置图

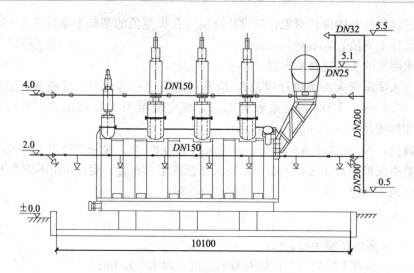

图 3-113　水喷雾系统管道敷设示意图

# 3.3　气体灭火系统

在建筑物中，有些火灾场所不便用水扑救，因为有的物质（如电石、碱金属等）与水接触会引起燃烧爆炸或助长火势蔓延；有些场所有易燃、可燃液体，很难用水扑灭火灾；而有些场所（如计算机房、通信机房、文物资料、图书、档案馆等）用水扑救会造成严重的水渍损失。所以在建筑物内除设置水消防系统外，还应根据其内部不同使用功能、性质和要求，采用其他的灭火系统。

气体灭火系统是以某些气体作为灭火介质，通过这些气体在整个防护区或保护对象周围的局部区域建立起灭火浓度实现灭火。主要用于保护某些特殊场合，是固定灭火系统中的一种重要系统形式。

### 3.3.1　设置部位

下列场所应设置自动灭火系统，且宜采用气体灭火系统：

（1）国家、省级或人口超过 100 万人的城市广播电视发射塔楼内的微波机房、分米波机房、米波机房、变配电室和不间断电源（UPS）室；

（2）国际电信局、大区中心、省中心和一万路以上的地区中心内的长途程控交换机房、控制室和信令转接点室；

（3）两万线以上的市话汇接局和六万门以上的市话端局内的程控交换机房、控制室和信令转接点室；

（4）中央及省级治安、防灾和网局级及以上的电力等调度指挥中心内的通信机房和控制室；

（5）主机房建筑面积大于或等于 140m² 的计算机房内的主机房和基本工作间的已记录磁（纸）介质库；

（6）中央和省级广播电视中心内建筑面积不小于 120m² 的音像制品仓库；

（7）国家、省级或藏书量超过 100 万册的图书馆内的特藏库；中央和省级档案馆内的珍藏库和非纸质档案库；大、中型博物馆内的珍品仓库；一级纸绢质文物的陈列室；

（8）其他特殊重要设备室。

### 3.3.2 气体灭火系统的分类和特点

根据所使用的灭火剂，气体灭火系统主要有卤代烷灭火系统、二氧化碳灭火系统、卤代烷替代系统三种类型。

（1）卤代烷灭火系统

卤代烷灭火系统是以"1211"和"1301"卤代烷灭火剂（哈龙）作为灭火介质，其中卤代烷 1211 灭火剂的化学名称为二氟一氯一溴甲烷，化学式为 $CBrF_3$；卤代烷 1301 灭火剂的化学名称为三氟一溴甲烷，化学式为 $CF_3Br$。其灭火机理主要是通过抑制燃烧的化学反应过程，使燃烧化学反应链中断而达到灭火的目的。与传统的窒息或冷却等灭火方法（如二氧化碳灭火剂）相比，只要用较少的剂量就可达到灭火的目的。

卤代烷灭火系统由于其毒性小，使用期长，喷射性能和灭火性能好，曾经是国内外应用最广泛的一种气体灭火系统。但随着人类环保意识的不断加强，人们发现哈龙等物质被释放并上升到大气平流层时，受到强烈的太阳紫外线 UV-C 的照射，分解出 Cl、Br 自由基与臭氧进行连续反应，每个自由基可摧毁 10 万个臭氧分子。为了保护人类共同的生存环境，我国政府于 1989 年及 1991 年分别签署了《关于保护臭氧层的维也纳公约》、《关于破坏臭氧层物质的蒙特利尔议定书》，所以淘汰哈龙灭火剂，开发新型清洁的灭火剂已成为历史的趋势。

（2）二氧化碳灭火系统

二氧化碳灭火系统是气体消防的一种，其灭火机理主要靠窒息作用，并有一定的冷却降温作用。适用于扑救气体火灾、液体或可熔化固体（如石蜡、沥青等）火灾、固体表面火灾及部分固体（如棉花、纸张等）的深位火灾，以及电气火灾。不能扑救含氧化剂的化学制品（如硝化纤维、火药等）火灾、活泼金属（如钾、钠、镁、钛等）火灾和金属氢化物（如氢化钾、氢化钠等）火灾。

二氧化碳灭火系统较为经济，能远距离输送，但因二氧化碳灭火系统较高的灭火浓度对人有窒息作用，不宜用于保护经常有人工作的场所，一般很少在民用建筑中应用。

（3）卤代烷替代系统

目前，国内外已开发出化学合成类及惰性气体类等多种替代卤代烷的气体灭火剂，其中七氟丙烷、IG-541 混合气体灭火剂、气溶胶灭火剂在我国卤代烷替代气体灭火系统中应用多年，效果较好，并积累了大量的经验。

因此，如无特殊说明，本章所提及的气体灭火系统主要指的是新建、改建、扩建的工业和民用建筑中设置的七氟丙烷、IG-541 混合气体和气溶胶灭火系统。

### 3.3.3 七氟丙烷灭火系统

#### 3.3.3.1 七氟丙烷的特性

七氟丙烷（HFC-227ea）灭火剂是一种无色、几乎无味、不导电的气体。是以化学灭火方式为主的清洁气体灭火剂，是目前卤代烷灭火剂较为理想的替代物，其灭火机理主要以物理方式和部分化学方式灭火。

七氟丙烷具有以下优点：

（1）有良好的灭火效率，灭火速度快，效果好，灭火浓度低。

（2）对大气臭氧层无破坏作用，在大气中的存留时间比 1301 低得多。

（3）不导电，灭火后无残留物，可用于经常有人工作的场所。

（4）七氟丙烷灭火系统所使用的设备、管道及配置方式与 1301 几乎完全相同，替代更换 1301 系统极为方便。

### 3.3.3.2 七氟丙烷的应用范围

（1）适宜扑救的火灾类型

1）电气火灾，如变配电设备、发动机、发电机、电缆等；

2）固体表面火灾，如纸张、木材、织物、塑料、橡胶等；

3）液体火灾或可熔化固体火灾，如煤油、汽油、柴油以及醇、醚、酯、苯类；

4）可燃气体火灾，如甲烷、乙烷、燃气、天然气等。

（2）典型的应用场所

典型的应用场所包括：电气和电子设备室；通信设备室；发电机房、移动电站等应急电力设备；国家保护文物中的金属、纸绢质制品和音像档案库；易燃和可燃液体储存间及有可燃液体的设备用房；喷放灭火剂之前可切断可燃、助燃气体气源的可燃气体火灾危险场所；经常有人工作而需要设置气体保护的区域或场所。

（3）不适宜扑救的火灾

1）硝化纤维、硝酸钠等氧化剂或含氧化剂的化学制品火灾。

2）钾、钠、镁、钛等活泼金属火灾。

3）氢化钾、氢化钠等金属氢化物火灾。

4）过氧化氢、联胺等能自行分解的化学物质火灾。

5）可燃固体物质的深位火灾。

### 3.3.3.3 七氟丙烷灭火系统分类

习惯上可按灭火方式、系统结构特点、储存压力等级等对七氟丙烷灭火系统进行分类。

（1）按防护区的特征和灭火方式分类

可分为全淹没灭火系统和局部应用系统。

所谓防护区是满足全淹没灭火系统要求的有限封闭空间。全淹没灭火系统是指在规定的时间内，向防护区喷放设计规定用量的灭火剂，并使其均匀地充满整个防护区的灭火系统。该系统可对防护区提供整体保护。局部应用系统指保护房间内或室外的某一设备（局部区域），通过直接向着火表面喷射灭火剂实施灭火的系统形式，就整个房间而言，灭火剂气体浓度远远达不到灭火浓度。

七氟丙烷灭火系统适用的灭火方式为全淹没式。

（2）按系统结构特点分类

按系统结构特点可分为管网系统和无管网系统。管网系统又可分为组合分配系统和单元独立系统。

1）无管网系统又称预制灭火装置，是按一定的应用条件将储存容器、阀门和喷头等部件组合在一起的成套灭火装置，并具有联动控制功能的全淹没气体灭火系统。与有管网灭火系统相比，具有安装灵活、无管网阻力损失、灭火速度快、效率高等特点。无管网灭火装置不需要单独设置储瓶间，储气瓶及整个系统均设置在防护区内。火警发生时，装置直接向防护区内喷放灭火剂。柜式无管网灭火装置外形如图 3-114 所示，柜式（无管网）预制灭火系统安装示意图如图 3-115 所示。

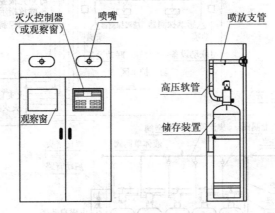

图 3-114　柜式预制灭火装置外形图

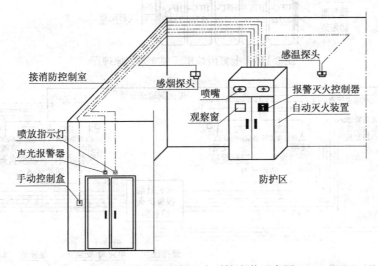

图 3-115　柜式预制灭火系统安装示意图

该系统适用于计算机房、档案库、贵重物品库、电信数据中心等面积较小的防护空间。对原有建筑进行功能改造需增设气体灭火系统时，使用柜式无管网灭火装置更经济、更合理、更快捷。

2）单元独立系统是用一套储存装置保护一个防护区的灭火系统。

3）组合分配系统是用一套气体灭火剂储存装置通过管网的选择分配，保护两个或两个以上防护区的灭火系统。

图 3-116 和图 3-117 分别是七氟丙烷单元独立系统、组合分配系统原理图。

气体灭火系统的储存装置由储气瓶、容器阀和集流管等组成，且储存装置宜设在专用储瓶间或装置设备间内。当防护区发生火灾时，感烟和感温探测器首先发出信号报警，消防控制中心接到火灾信号后，启动联动设备，并打开启动瓶的电磁启动器，启动瓶中的高压氮气注入灭火剂储气瓶，使灭火剂储瓶内压力迅速升高，推动灭火剂在管网中长距离输送，增强灭火剂的雾化效果，更有效地实施灭火。

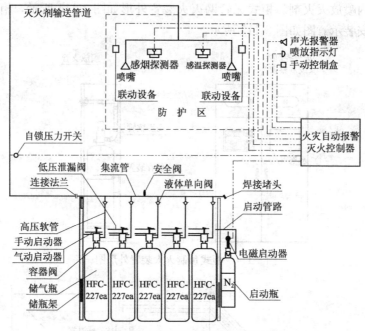

图 3-116　七氟丙烷单元独立系统原理图

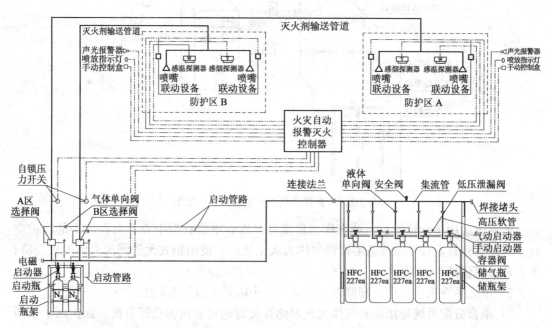

图 3-117　七氟丙烷组合分配系统原理图

（3）按储压等级分类

按灭火剂在储存容器中的储压分类，可分为高压储存系统和低压储存系统。七氟丙烷灭火剂为高压灭火系统，储存压力为 2.5MPa 及 4.27MPa。

3.3.3.4　七氟丙烷灭火系统控制方式

图 3-118 为七氟丙烷灭火系统控制程序图。防护区一旦发生火灾，火灾探测器首先报警，消防控制中心接到火灾信号后，启动联动装置（关闭电源、风机等），延时约 30s 后，

打开启动气瓶的选择阀，利用气瓶中的高压氮气将灭火剂储存容器阀打开，灭火剂经管道输送到喷头，喷出实施灭火。中间延时是为了考虑防护区内的人员的疏散。压力开关可监测系统是否工作正常。有管网灭火系统一般均设有自动控制、手动控制和机械应急操作三种启动方式。对于无管网（柜式）预制灭火系统，仅要求设置自动控制和手动控制两种启动方式。

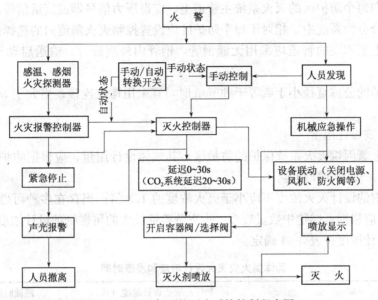

图 3-118　七氟丙烷灭火系统控制程序图

#### 3.3.3.5　七氟丙烷灭火系统的设计要求

（1）防护区的设计要求

为了确保气体灭火系统能够将火彻底扑灭，防护区应满足一定的要求：

1）防护区宜以单个封闭空间划分，防护区不宜太大，若房间太大，应分成几个小的防护区。

2）当采用管网系统时，一个防护区的面积不宜大于 800m²，且容积不宜大于 3600m³；当采用预制系统时，一个防护区的面积不宜大于 500m²，且容积不宜大于 1600m³。

3）两个或两个以上的防护区采用组合分配系统时，一个组合分配系统所保护的防护区不应超过 8 个。

4）一个防护区设置的预制灭火系统，其装置数量不宜超过 10 台。

5）防护区围护结构及门窗的耐火极限均不宜低于 0.5h，吊顶的耐火极限不宜低于 0.25h。

6）防护区应设置泄压口，泄压口宜设在外墙或屋顶，并应位于防护区净高的 2/3 以上。

7）防护区的最低环境温度不应低于 -10℃。

（2）喷头设置的要求

1）喷头宜贴近防护区顶面安装，距顶面的最大距离不宜大于 0.5m。

2）喷头的最大保护高度不宜大于 6.5m；最小保护高度不应小于 0.3m；喷头布置间距为 4～6m，喷头至墙面的距离不大于 3.5m。

3）喷头安装高度小于 1.5m 时，保护半径不宜大于 4.5m；喷头安装高度不小于 1.5m 时，保护半径不应大于 7.5m。

（3）管道设置要求

1）在通向每个防护区的灭火系统主管道上，应设压力信号器或流量信号器；

2）在组合分配系统中，相对于每个防护区应设置控制灭火剂流向的选择阀；

3）输送七氟丙烷的管道应采用无缝钢管，钢管内外应镀锌；输送启动气体的管道，宜采用铜管；

4）当管道的公称直径小于或等于 80mm 时，宜采用螺纹连接；当大于 80mm 时，宜采用法兰连接。

（4）灭火剂设计用量

1）采用七氟丙烷灭火系统保护的防护区，其气体设计用量，应根据防护区可燃物相应的灭火设计浓度经计算确定。

2）灭火剂的设计灭火浓度不应小于灭火浓度的 1.3 倍；当存在多种可燃物时，灭火剂的设计浓度应根据可燃物中数量较多、火灾危险性较大的可燃物的设计浓度确定。固体类火灾灭火设计浓度按表 3-44 确定。

固体类火灾灭火设计浓度和浸渍时间　　　　　　　　表 3-44

| 火　灾　类　型 | 灭火设计浓度（％） | 浸渍时间（min） |
|---|---|---|
| 图书、档案、票据和文物资料等 | 10 | 20 |
| 油浸变压器、带油开关的配电室和自备发电机房等 | 8.3 | 10 |
| 通讯机房、电子计算机房等 | 8 | 5 |
| 气体和液体类火灾 | | 1 |

3）七氟丙烷的喷放时间按下列要求确定：通信机房、电子计算机房等防护区，不应大于 8s；其他防护区不应大于 10s。

4）七氟丙烷灭火时的浸渍时间见表 3-44。

5）七氟丙烷灭火系统应采用氮气增压输送。

3.3.3.6　七氟丙烷灭火系统的设计用量

灭火系统的设计用量，应为防护区灭火设计用量、储存容器内剩余量和管网内的灭火剂剩余量之和。

（1）防护区灭火设计用量应按下式计算：

$$W = K \frac{1}{S} \left( \frac{C}{100 - C} \right) V \tag{3-44}$$

式中　$W$——防护区七氟丙烷灭火设计用量，kg；

$C$——七氟丙烷灭火设计浓度，％；

$V$——防护区的净容积，m³；

$K$——海拔高度修正系数，见表 3-45。

$S$——七氟丙烷过热蒸气在 101kPa 和防护区最低环境温度下的比容，m³/kg，按式（3-45）计算：

$$S=0.1269+0.0005t \tag{3-45}$$

式中　$t$——防护区最低环境温度，℃。

海拔高度修正系数　　　　　　　　　　　　　　　　表 3-45

| 海拔高度（m） | 修正系数 $K$ | 海拔高度（m） | 修正系数 $K$ |
|---|---|---|---|
| −1000 | 1.130 | 2500 | 0.735 |
| 0 | 1.000 | 3000 | 0.690 |
| 1000 | 0.885 | 3500 | 0.650 |
| 1500 | 0.830 | 4000 | 0.610 |
| 2000 | 0.785 | 4500 | 0.565 |

（2）灭火系统的灭火剂储存量应为防护区的灭火设计用量、储存容器内剩余量和管网内的灭火剂剩余量之和。

### 3.3.3.7 系统管网的设计

在管网计算时，各管道中的流量，宜采用平均设计流量。管网中主干管的设计流量按下式计算：

$$Q_w=W/t \tag{3-46}$$

式中　$Q_w$——主干管设计流量，kg/s；

　　　$t$——七氟丙烷的喷放时间，s。

管网中喷头的设计流量按下式计算：

$$Q_i=Q_jN \tag{3-47}$$

式中　$Q_j$——单个喷头的设计流量，kg/s；

　　　$N$——喷头总数。

支管平均设计流量按下式计算：

$$Q_g=\sum_1^{N_g} Q_j \tag{3-48}$$

式中　$Q_g$——支管平均设计流量，kg/s；

　　　$N_g$——安装在计算支管下游的喷头数量，个。

### 3.3.3.8 七氟丙烷灭火系统设计计算举例

【实例 5】某多层建筑物内有一计算机房长 30m、宽 12m、净高 3.2m，设计室内环境温度 25～27℃，工程所在地海拔高度 1504m，拟采用七氟丙烷灭火系统。

【设计过程】

（1）系统设计主要技术参数的确定

该建筑仅计算机房一个防护区，设计采用七氟丙烷单元独立全淹没灭火系统。

灭火设计浓度：8%；

防护区海拔高度修正系数：0.83；

防护区最低设计温度：$t=25$℃；

灭火剂设计喷放时间：8s；

灭火浸渍时间：5min。

（2）防护区面积（$F$）、容积（$V$）计算

$F=30\times12=360\text{m}^2$；$V=30\times12\times3.2=1152\text{m}^3$。

（3）七氟丙烷灭火设计用量计算

防护区最低环境温度 $t=25℃$ 时七氟丙烷的蒸汽比容：

$$S=0.1269+0.0005t=0.1269+0.0005\times25=0.1394\text{m}^3/\text{kg}$$

防护区灭火设计用量：

$$W=0.83\times\frac{1}{S}\left(\frac{C}{100-C}\right)V=0.83\times\frac{1}{0.1394}\left(\frac{8}{100-8}\right)\times1152=596.4\text{kg}$$

（4）七氟丙烷灭火剂储存量及储瓶数量计算

选用 70L 储气瓶，每瓶最大充装量为 66.5kg，喷放剩余量 3kg，不计管网内的剩余量，则系统灭火剂的储瓶数：$n=596.4/(66.5-3)=9.54$ 瓶。

设计采用 10 个储气瓶，双排钢瓶储存装置。灭火剂实际储存量为 665kg。

（5）防护区喷嘴布置及喷嘴平均设计流量计算

喷嘴布置间距采用 6m，喷嘴至墙面的距离采用 3m，防护区共需布置喷头 10 个，如图 3-119 所示。单个喷嘴的设计流量：$Q_c=596.4/10\times8=7.45\text{kg/s}$。

（6）储瓶间平面布置

单排瓶数为 5 瓶的双排储瓶储存装置外形尺寸为：$L=1940\sim2260\text{mm}$，$B=660\sim1000\text{mm}$，$H=1300\sim1720\text{mm}$。储瓶间的布置如图 3-120 所示，图中 $L_1B_1$ 为灭火剂储存装置长度和宽度。储瓶间净高要求：有梁时，梁底高度不宜低于 2.5m；无梁式，梁底高度不宜低于 2.8m。

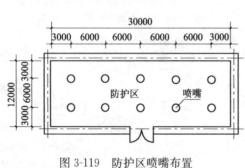

图 3-119　防护区喷嘴布置

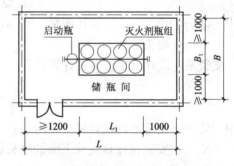

图 3-120　储瓶间布置图

### 3.3.4　烟烙尽（IG-541）灭火系统

#### 3.3.4.1　烟烙尽（IG-541）的特征

烟烙尽（IG-541）由 52% 的 $N_2$、40% 的 Ar 和 8% 的 $CO_2$ 混合气体组成，是一种无毒、无色、无味、惰性及不导电的压缩气体。它既不支持燃烧又不与大部分物质发生反应，且来源丰富无腐蚀性。

IG-541 混合气体是以物理方式灭火，主要依靠把氧气浓度降低到不能支持燃烧的浓度来扑灭火灾。作为一种洁净气体灭火剂，其具有如下优点：

1）对环境完全无害，可确保长期使用。

2）对人体无害，可用于有人活动的场所。

3) 不产生任何化学分解物,对精密的仪器设备和珍贵的数据资料无腐蚀作用。

4) 防护区内温度不会急剧下降,对精密的仪器设备和珍贵的数据资料无任何伤害。

IG-541 灭火剂虽具有上述多方面优点,但因 IG-541 属气体单相灭火剂,故存在以下缺点:

1) 不能作局部喷射使用,不能以灭火器方式使用;

2) 灭火剂用量过大,与其他气体灭火系统相比要有更多的储存钢瓶和更粗的喷放管道。

**3.3.4.2 IG-541 灭火系统应用范围**

IG-541 灭火系统特别适用于必须使用不导电的灭火剂实施消防保护的场所;使用其他灭火剂易产生腐蚀或损坏设备、污染环境、造成清洁困难等问题的消防保护场所;防护区内经常有人工作而要求灭火剂对人体无任何毒害的消防保护场所。

(1) 适宜扑救的火灾类型

1) 固体表面火灾,如木材、棉、毛、麻、纸张及其制品等燃烧的火灾;

2) 液体火灾,如汽油、煤油、柴油、原油、甲醇、乙醇等燃烧的火灾;

3) 电气火灾,如计算机房、控制室、变压器、油浸开关、泵、发动机、发电机等场所或设备的火灾。

(2) 主要应用场所

IG-541 灭火系统的主要应用场所为:

1) 计算机房、通信机房、配电室、变压器房、控制中心等;

2) 图书馆、珍宝库、贵重仪器、文物资料室、金属、纸绢制品和音像档案库等;

3) 燃油锅炉、发电机房、燃气机、液压站、电缆隧道等;

4) 易燃和可燃液体储存间;

5) 喷放灭火剂之前可切断可燃、助燃气体气源的可燃气体火灾危险场所;

6) 经常有人工作的防护区。

(3) 不适宜扑救的火灾类型

1) 可燃金属火灾,如钾、钠、镁、钛等活泼金属引起的火灾;

2) 含有氧化剂的化合物如硝酸纤维的火灾;

3) 金属氢化物火灾等。

**3.3.4.3 IG-541 灭火系统分类**

按应用方式和防护区的特点分,IG-541 灭火系统和类型为全淹没式的灭火系统。

按系统结构特点分类,IG-541 灭火系统为有管网系统方式。有管网系统又可以设计成组合分配系统和单元独立系统,组合分配系统和单元独立系统的工作原理和系统构成与七氟丙烷灭火系统相同(见图 3-116 和图 3-117)。

由于 IG-541 灭火系统在存储及释放过程中均为气态,因此无论气体向上或向下输送都可以到达较远的距离,这样在组合分配系统多层楼设置时,钢瓶间的设置位置相当灵活,同时可以保护更多的防护区。

**3.3.4.4 IG-541 灭火系统控制方式**

IG-541 灭火系统的控制,要求同时具有自动控制、手动控制和应急操作三种控制方式,其灭火控制程序与七氟丙烷灭火系统相同,如图 3-118 所示。

每个防护区内都设置有感烟探测器和感温探测器,火灾发生时,火灾探测器报警,延时约 30s 后,灭火控制器将启动 IG-541 气瓶的选择阀,利用气瓶中的高压氮气将灭火剂储存容器阀打开，IG-541 灭火剂经管道输送到喷头喷出，实施灭火。IG-541 气体一旦释放后，设在管道上的压力开关会将灭火剂已经释放的信号送回灭火控制器或消防控制中心的火灾报警系统。而防护区门外的放气显示灯在灭火期间将一直工作，警告所有人员不能进入防护区，直至确认火灾已经扑灭。

在防护区的每一个出入口内外侧，都要设置一个放气灯，在防护区的每一个出入口的外侧，都要设置一个紧急启停开关和手动启动器。应急操作实际上是机械方式的操作，只有当自动控制和手动控制均失灵时，才需要采用，应急操作启动装置设在钢瓶间内。

**3.3.4.5　IG-541 灭火系统的设计要求**

（1）IG-541 灭火系统对防护区的要求与七氟丙烷灭火系统相同。

（2）灭火剂设计用量：

1）IG-541 灭火系统的设计灭火浓度不应小于灭火浓度的 1.3 倍，惰化设计浓度不应小于灭火浓度的 1.1 倍。IG-541 灭火系统的灭火浓度按表 3-46 和表 3-47 确定。

2）IG-541 灭火系统的喷放时间按下列要求确定：当 IG-541 混合气体灭火剂喷放至设计用量的 95% 时，其喷放时间不应大于 60s，且不应小于 48s。

3）IG-541 灭火时的浸渍时间见表 3-46。

**IG-541 灭火系统的灭火浓度和浸渍时间**　　　　　　　　表 3-46

| 火　灾　类　型 | 灭火设计浓度（%） | 浸渍时间（min） |
|---|---|---|
| 木材、纸张、织物等固体表面火灾 | 28.1 | 20 |
| 通信机房、电子计算机房内的电气设备火灾 | | 10 |
| 其他固体表面火灾 | 28.1 | 10 |

**IG-541 灭火系统的灭火浓度**　　　　　　　　表 3-47

| 可　燃　物 | 灭火浓度（%） | 可　燃　物 | 灭火浓度（%） |
|---|---|---|---|
| 甲烷 | 15.4 | 丙酮 | 30.3 |
| 乙烷 | 29.5 | 丁酮 | 35.8 |
| 丙烷 | 32.3 | 甲醇 | 44.2 |
| 乙烯 | 42.1 | 乙醇 | 35.0 |
| 石油醚 | 35.0 | 普通汽油 | 35.8 |
| 甲苯 | 25.0 | 2 号柴油 | 35.8 |

**3.3.4.6　IG-541 灭火系统的设计用量**

根据防护区内可燃物质相应的灭火剂浓度与保护区净容积，经计算确定 IG—541 设计用量。防护区灭火设计用量按下式计算：

$$W = K \frac{V}{S} \ln\left(\frac{100}{100 - C_1}\right) \tag{3-49}$$

式中　$W$——灭火剂设计用量，kg；

　　　$C_1$——灭火剂设计浓度，%；

　　　$V$——防护区的净容积，$m^3$；

　　　$S$——IG-541 过热蒸气比容，可由式（3-50）近似求得：

$$S = 0.65799 + 0.00239T \tag{3-50}$$

式中　$T$——防护区内预期最低环境温度，℃；

　　　$K$——海拔高度修正系数，见表 3-45。

系统灭火剂储存量，应为防护区灭火设计用量及系统灭火剂剩余量之和，系统灭火剂剩余量应按下式计算：

$$W' \geqslant 2.7V_0 + 2.0V_P \tag{3-51}$$

式中　$W'$——系统灭火剂剩余量，kg；

　　　$V_0$——系统全部储存容器的总容积，m³；

　　　$V_P$——管网的管道内容积，m³。

#### 3.3.4.7　系统管网的设计

（1）主干管、支管的平均设计流量，应按下列公式计算：

$$Q_w = 0.95W/t \tag{3-52}$$

$$Q_g = \sum_1^{N_g} Q_i \tag{3-53}$$

式中　$Q_w$——主干管平均设计流量，kg/s；

　　　$t$——灭火剂设计喷放时间，s。

　　　$Q_g$——支管平均设计流量，kg/s；

　　　$N_g$——安装在计算支管下游的喷头数量，个；

　　　$Q_i$——单个喷头的设计流量，kg/s。

（2）管道内径宜按下式计算：

$$D = (24 \sim 36)\sqrt{Q} \tag{3-54}$$

式中　$D$——管道内径，mm；

　　　$Q$——管道设计流量，kg/s。

### 3.3.5　气溶胶灭火系统

#### 3.3.5.1　气溶胶灭火剂的分类

通常所说的气溶胶，是指以空气为分散介质，以固态或液态的微粒为分散质的胶体体系。自然界中固态或液态的微粒包括尘土、炭黑、水滴及其凝结核和冻结核等，还包括细菌、微生物、植物花粉、孢子等。人工制造的气溶胶（烟、雾）其微粒成分和结构较复杂，可以是无机物质，也可以是有机物质，还可以是固态或液态以及固、液态结合物。分散介质为空气，分散质为液态的气溶胶称为雾；分散介质为空气，分散质是固态的气溶胶称为烟。

当气溶胶中的固体或液体微粒分散质具有了灭火性质，那么这种气溶胶就可应用于扑救火灾，称这种气溶胶为气溶胶灭火剂。气溶胶灭火剂所产生的灭火介质——微粒的粒径一般在 5μm 以下，这样就使气溶胶灭火剂具有两个重要特点：一是灭火效率高，因为细小的微粒具有更大的表面积；二是可作全淹没方式灭火使用，因为细小的微粒可表现出类似气体一样的很强的扩散能力，能很快绕过障碍物扩散、渗透到火场内任何一处微小的空隙之内，起到全淹没、无死角的灭火效果。

目前，气溶胶灭火剂可以按其产生方式分为两类，即以固体混合物燃烧产生的热气溶胶（凝集型）灭火剂和以机械分散方法产生的冷气溶胶（分散型）灭火剂。

（1）热气溶胶灭火剂

由氧化剂、还原剂（也称可燃剂）、胶粘剂、燃速调节剂等物质构成的固体混合药剂，在启动电流或热引发下，经过药剂自身的氧化还原反应后而生成灭火气溶胶，这种灭火气溶胶就称为热气溶胶灭火剂。热气溶胶的固体混合药剂称为热气溶胶灭火发生剂。热气溶胶灭火剂通过无规则的布朗运动迅速弥漫整个火灾空间以全淹没的方式实施灭火。热气溶胶灭火发生剂化学配方中主要成分是氧化剂，由于氧化剂对热气溶胶灭火剂的性能有很大影响，所以我国根据热气溶胶灭火发生剂所采用氧化剂的不同将热气溶胶灭火剂分为 K 型和 S 型。K 型气溶胶是指由以硝酸钾为主氧化剂的固体气溶胶发生剂经化学反应所产生的灭火气溶胶。S 型气溶胶是指由含有硝酸锶和硝酸钾复合氧化剂的固体气溶胶发生剂经化学反应所产生的灭火气溶胶。

热气溶胶灭火剂及其灭火装置是国内外发展非常成熟的技术，也是目前商业化产品的主流。目前，国内外发展成熟和实际应用的气溶胶灭火剂为热气溶胶。下文中所指的气溶胶灭火，如无特殊说明，均指热气溶胶。

（2）冷气溶胶灭火剂

冷气溶胶灭火剂是利用机械或高压气流将固体或液体超细灭火微粒分散于气体中而形成的灭火溶胶。其主要成分是干粉灭火剂。冷气溶胶灭火剂与热气溶胶不同的是冷气溶胶灭火剂在释放以前，驱动源与分散质（超细粉体或液体）是稳定存在的，释放过程中驱动源分散粉体灭火剂或驱动液体通过特定装置雾化形成气溶胶。与热气溶胶一样，被释放的灭火微粒可以绕过障碍物，还可在空间有较长的驻留时间，达到快速高效的灭火效果，其保护方式可以是局部保护式，也可以是全淹没式。

目前冷气溶胶灭火剂要像热气溶胶灭火剂一样可以作为一种气体灭火剂应用还需要解决一些技术问题，如灭火微粒如何进一步细化，如何避免细小微粒在长期贮存过程中的相互吸附凝聚，粒径增大。所以冷气溶胶灭火剂要达到广泛的商业应用仍有一系列技术问题需要解决。

常见的气溶胶灭火剂产品的分类如图 3-121 所示。

图 3-121　气溶胶灭火剂的分类

### 3.3.5.2　气溶胶灭火技术的发展过程

气溶胶作为一种灭火技术始于 20 世纪 60 年代。气溶胶灭火技术的发展历程可以分为三个阶段，即烟雾灭火技术、K 型气溶胶灭火技术和 S 型气溶胶灭火技术。

（1）第一代气溶胶灭火技术——烟雾灭火技术

第一代气溶胶灭火技术始于 20 世纪 60 年代初，由我国科研人员研制完成，他们将"以火攻火"的理论应用到现代消防技术中的储罐类火灾的扑救领域，称为"烟雾灭火系统"。烟雾灭火系统的主要机理为：当灭火药剂被引燃后，产生高压气溶胶灭火介质，以很高的压力（约为 1.3MPa）从系统喷口喷出，首先对罐内火焰进行机械切割，压制火焰，最后以全淹没的方式对火焰进行覆盖，通过惰性气体窒息、固体微粒的吸热、链抑制，达到灭火的目的。

该技术的优点是喷发速度快，灭火时间短，无需水电。主要用于扑灭甲、乙、丙类液体储罐火灾。

（2）第二代气溶胶灭火技术——K型气溶胶灭火技术

K型气溶胶灭火技术始于20世纪60年代中期的苏联。K型气溶胶灭火技术是以钾盐为主氧化剂的气溶胶灭火技术，各国对该项技术进行了深入的研究和改进，出现了众多的、形式各异的灭火剂与产品。如我国在20世纪90年代初研制成功的EBM气溶胶灭火装置。

K型气溶胶灭火技术虽然在20世纪60年代初就已出现，但由于当时人们更习惯于使用哈龙灭火剂，使气溶胶灭火产品推广运用迟缓。进入20世纪80年代后，特别是从《蒙特利尔议定书》签署以后，人们逐渐认识到哈龙产品对大气臭氧层的破坏作用，气溶胶灭火技术才作为一种绿色环保的哈龙替代品逐渐得到人们的认可和重视。各国研究并开发出的多种类型气溶胶灭火设备，使气溶胶的应用技术得到了迅速发展。

该技术经过30多年的发展，目前已较为完善，通过物理冷却、化学外冷却、化学内冷却或三者协同作用，成功地解决了反应温度过高所带来的二次火灾隐患问题，为气溶胶灭火技术的安全应用打下了良好的基础。该技术具有不破坏大气层、灭火效能较高（是哈龙产品的4～6倍）、不产生温室效应、产物在大气中存留时间短、安装维护简单、无毒、综合成本低等优点。

但是K型气溶胶灭火技术是以硝酸钾等作为气溶胶发生剂的主要氧化剂，所以喷发后的产物极易与空气中的水结合形成一种黏稠状的导电物质。这种物质可破坏精密仪器电路板的绝缘性，对精密仪器造成腐蚀。所以K型气溶胶灭火系统不得用于计算机房、通信机房等场所。为了解决K型气溶胶灭火技术上的缺陷，使气溶胶灭火技术适用范围更广，有关专家研发了第三代气溶胶灭火技术——S型气溶胶灭火技术。

（3）第三代气溶胶灭火技术——S型气溶胶灭火技术

S型气溶胶灭火技术也称锶盐类气溶胶灭火技术。其核心是在固体灭火气溶胶发生剂配方中采用了以硝酸锶为主氧化剂，硝酸钾为辅氧化剂的新型复合氧化剂。S型气溶胶灭火技术与K型气溶胶灭火技术相比具有以下三方面优点：

1）采用硝酸钾作辅氧化剂，使灭火气溶胶既保证了高的灭火效率和合理的喷放速度，又使硝酸钾分解产物的浓度控制在对精密设备产生损害的浓度以下。

2）主氧化剂硝酸锶的分解产物不会吸收水分，避免了对设备的腐蚀。

3）S型气溶胶灭火剂的熔点高，灭火气体中固体微粒含量少，粒径小，不易沉降，更接近洁净气体灭火剂。

3.3.5.3 热气溶胶灭火剂的特征

（1）热气溶胶的灭火机理

1）吸热降温灭火作用。气溶胶中的固体微粒主要是金属氧化物。进入燃烧区内，它们在高温时会分解，其分解过程是强烈的吸热反应，因而能大量吸收燃烧产生的热量，使着火区温度迅速下降，燃烧反应的速度得到一定的抑制，这种作用在火灾初期尤为明显。

2）化学抑制灭火作用。在上述一系列吸热反应后，气溶胶固体微粒离解出的金属物质能以蒸气或阳离子的形式存在于燃烧区，它与燃烧产物中的活性基团H·、OH·和O·发生多次链式反应。消耗活性基团和抑制活性基团之间的放热反应，从而将燃烧的链式反应中断，使燃烧得到抑制。

3）固相化学抑制作用。在燃烧区内被分解和气化气溶胶的固体微粒只是一部分，未被分解和气化的固体微粒粒径很小，具有很大的比表面和表面积能，因而在与燃烧产物中的活性基团的碰撞过程中，被瞬时吸附并发生化学作用，由于反应的反复进行，能够起到消耗活性基团的目的。这将减少自由基的产生，从而抑制燃烧速度。

总的来说，热气溶胶的灭火作用是由上述几种机理协同作用的结果，其中以化学抑制作用为主。S 型热气溶胶的灭火机理与 K 型热气溶胶的灭火机理从原理上来说是一致的，只是起灭火作用的固体微粒成分性质不同，除了钾盐和氧化钾以外，主要还是锶盐和氧化锶在起作用。

（2）气溶胶灭火剂与其他灭火剂的比较

表 3-48 是几种灭火剂及灭火系统的综合指标，结合表 3-48 在以下几个方面对它们进行比较。

1）环保特性比较

评定一种灭火剂对大气破坏的环境指标主要在以下三个方面：

① 对臭氧层不破坏，即臭氧损耗潜能值（ODP）为零；

② 不产生温室效应或温室效应不明显，即温室效应值（GWP）为零或很小；

③ 合成物在大气中的存活寿命要短，即大气中的存留时间短。

从表 3-48 可知，1211、1301 破坏大气臭氧层，这正是其被淘汰的主要原因。

二氧化碳、七氟丙烷对大气臭氧层不破坏，但在大气中存活寿命较长，对全球温室效应会有较大影响。IG-541 不存在温室效应，对臭氧层不破坏，更不会产生在大气中留存时间较长的有机化学物质，这主要得益于 IG-541 是由三种自然界的气体：氮气、氩气和二氧化碳混合而成。气溶胶是液体或固体微粒悬浮于气体介质中形成的一种混合物，产物中的固体颗粒主要是金属氧化物、盐类、大部分微粒粒径皆小于 $1\mu m$，气体主要是氮气，少量的 $CO_2$ 气体和水蒸气，因此气溶胶灭火剂对臭氧层无破坏，不产生温室效应，对环境无污染。

因此单从环境影响因素来看，气溶胶和 IG-541 明显优于另外几种灭火剂。

2）毒性特性比较

二氧化碳的灭火机理是通过向封闭空间喷入大量的二氧化碳气体后，将空气中的氧气含量由正常的 21% 降低到 15% 以下，而达到窒息中止燃烧的目的。然而，二氧化碳的这种窒息作用对人体有致命危害，故在经常有人的场所不宜使用。七氟丙烷的毒性及致癌问题，目前学术界尚无争论，不过七氟丙烷在灭火过程中会释放出氢氟酸，若在此环境中超过 1min，人就有生命危险。IG-541 的灭火机理虽然与二氧化碳相同，但其药剂中的气体混合物的比例较合适，虽然对未及时撤离的人员来说是有一定影响，但没有危害。气溶胶灭火技术是靠自身的燃烧反应所产生的气溶胶来扑灭火灾的。在气溶胶发生剂的配方中含有氧化剂，反应时不消耗空气中的氧气，其生成物中没有有毒的物质，对人没有危害。因此，从毒性来说，仅气溶胶与 IG-541 对人体无害。

3）对防护物的影响比较

二氧化碳按储存压力的不同分为高压、低压二氧化碳灭火系统。但二氧化碳喷射时，会引起空气中的水分冷凝，会对电子设备造成严重的污损。同时，高压二氧化碳储压较高，灭火剂释放时容易造成围护结构和被保护物的损害。七氟丙烷在灭火过程中分解出的氢氟酸对设备具有腐蚀性，同二氧化碳一样，七氟丙烷在喷射时也可使水分冷凝，造成一定的危害。IG-541释放时，不会产生雾或结露，所以受保护的设备、人都不会产生伤害。但是IG-541属于高压储存，容器压力达15.0MPa，灭火剂释放时容易造成围护结构和被保护物的损害。

K型气溶胶在释放过程中产生的高温会造成一定的危害，另外残留的微粒中含有的金属氧化物、盐类，易吸收空气中的水分产生导电、腐蚀，对精密仪器易造成一定的损害。S型气溶胶克服了K型气溶胶绝缘性差的缺陷，降低了出口温度，无腐蚀、不吸湿、不导电，对防护区的各种精密设备不会产生任何影响。

因此从对防护物的损害来看，S型气溶胶是理想的哈龙替代产品。

4）灭火效率比较

灭火浓度高低，灭火剂用量多少，灭火时间长短是衡量灭火系统灭火效率高低的尺度。$CO_2$和IG-541是通过向被保护空间充满惰性气体降低氧气含量达到窒息灭火。七氟丙烷和气溶胶则是通过化学反应抑制（终止）燃烧反应达到灭火的目的。从表3-48可知，$CO_2$和IG-541的最小灭火浓度相对较大，使用量大，灭火速度相对较慢；七氟丙烷和哈龙的灭火速度相对较快，而气溶胶的灭火效率为哈龙1301的4~5倍，是七氟丙烷的6~9倍，其灭火效率高。

5）综合费用比较

从表3-48可知，气溶胶灭火系统相对于其他四种灭火系统的贮存压力为零、系统简单、造价低、不需要维护。因此，从综合费用方面比较，气溶胶灭火系统相对于其他四种灭火系统优势明显。

总之，无论从环境因素、毒性特征、灭火效率、贮存方式、综合费用还是对防护物的影响来看，气溶胶灭火系统的指标都具有较大的优势，因此气溶胶灭火系统必将在哈龙替代领域发挥巨大的作用。

几种灭火剂及灭火系统的综合指标比较　　　　　　　　　　　　　　　表3-48

| 灭火剂 | 哈龙<br>1211、1301 | $CO_2$ | 七氟丙烷 | IG-541 | K型<br>气溶胶 | S型<br>气溶胶 |
|---|---|---|---|---|---|---|
| 灭火方式 | 化学 | 物理 | 化学 | 物理 | 化学 | 化学 |
| ODP值 | 3/10 | 0 | 0 | 0 | 0 | 0 |
| GWP值 | 5800 | 1 | 2050 | 0 | 0 | 0 |
| 大气停留时间（年） | 15/100 | 120 | 31 | 0 | 0 | 0 |
| 最小灭火体积分数（%） | 5 | 34 | 7 | 36.5 | 3 | 3 |
| 毒性值 | 低毒 | 窒息 | 低毒 | 无 | 无 | 无 |
| 贮存压力（MPa） | 2.5/4.2 | 5.17/2.07 | 2.5/4.2 | 15/20 | 常压 | 常压 |
| 灭火效率 | 中 | 低 | 中 | 低 | 高 | 高 |
| 工程造价 | 中 | 高 | 中 | 高 | 低 | 低 |
| 发展前景 | 停止使用 | 逐渐减少 | 成型 | 成型 | 正在发展 | 正在发展 |

3.3.5.4　热气溶胶灭火系统的设置

（1）设置场所

1）适合气溶胶灭火系统扑救的初期火灾

① 变配电间、发电机房、电缆夹层、电缆井（沟）等场所的火灾；

② 生产、使用或贮存柴油（－35 号柴油除外）、重油、变压器油、动植物油等丙类可燃液体场所的火灾；

③ 可燃固体物质的表面火灾。

2）S 型气溶胶灭火系统适用而 K 型不适用的火灾

计算机房、通信机房、通信基站、数据传输及贮存设备等精密电子仪器场所的火灾。

3）不能用气溶胶灭火系统扑救的火灾

① 硝化纤维、硝酸钠等氧化剂或含氧化剂的化学制品火灾。

② 钾、钠、镁、钛等活泼金属火灾。

③ 氢化钾、氢化钠等金属氢化物火灾。

④ 过氧化氢、联胺等能自行分解的化学物质火灾。

⑤ 可燃固体物质的深位火灾。

（2）气溶胶灭火系统的工作原理

热气溶胶的工作原理如图 3-122 所示。由图 3-122 可知，热气溶胶的工作原理包括药剂点燃和冷却降温两个过程。

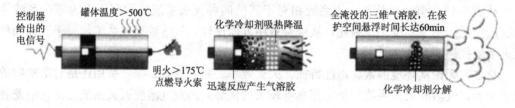

控制器给出的电信号　罐体温度＞500℃　明火＞175℃点燃导火索　化学冷却剂吸热降温　迅速反应产生气溶胶　全淹没的三维气溶胶，在保护空间悬浮时间长达60min　化学冷却剂分解

图 3-122　热气溶胶的工作原理

1）药剂点燃

当气溶胶灭火装置收到外部启动信号后，药筒内的固体药剂就会被激活，迅速产生灭火气体。药剂启动方式有以下三种：

① 电启动。由系统中的气体灭火控制器或手动紧急按钮提供，一般外部装置会向气溶胶灭火装置输入脉冲电流，电流经电点火头，点燃固体药粒，而达到释放气体的目的。目前我国采用的均是这种方式。

② 导火索点燃。当外部火源引燃连接在固体药剂上的导火索后，导火索点燃固体药剂而达到灭火的目的。

③ 热启动。当外部温度超过170℃时，利用热敏线自发启动灭火系统内部固体药剂点燃，释放出灭火气溶胶。

2）冷却降温

冷却降温目前有两种方式。

① 物理降温。通过在气溶胶发生器中加些金属散热片或物理流道而达到降温的目的，这种方式是较早期的降温方式，目前国内大多数厂家都采用这种方式。

② 化学降温。根据有些化学物品的吸热原理，如碱式碳酸镁，将其混入灭火剂或制成丸状放入气体发生器中而达到降温作用，国外的公司一般采用这种方式。

（3）气溶胶灭火系统构成和控制方式

1）灭火系统的构成

气溶胶灭火系统由气溶胶灭火装置、气体灭火控制装置及火灾报警装置三部分构成。

图 3-123 为典型的气溶胶灭火系统组成图；图 3-124 为灭火系统控制程序图。

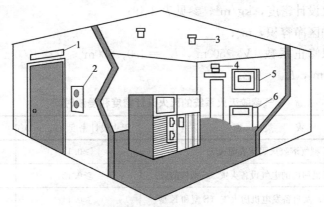

图 3-123　气溶胶灭火系统组成

1—放气指示灯；2—紧急启停按钮；3—探测器；4—声光报警器；5—气体灭火控制器；6—灭火装置

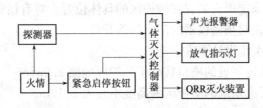

图 3-124　气溶胶灭火系统控制程序图

2）系统的控制方式

气溶胶灭火系统的控制方式有自动、手动两种。

① 自动控制。当感烟或感温两项探测器中任何一个探测到火灾信号时，控制器即首先发出声光预警信号；当两个探测器都探测到火灾信号后，控制器即发出火警声光报警，同时关闭门窗并指令风机停运，关闭空调系统。在预定的延迟时间（30s）内，火灾现场人员撤离。延迟时间结束，灭火系统自动启动，释放出气溶胶进行灭火，并向控制器返回信号。

② 手动控制。无论有无火警信号，只要确认防护区有火灾，通过按动控制器启动按钮或防护区的紧急启动按钮，即可执行灭火功能。在延迟时间内，只要确认防护区内无火情发生或火情已被扑灭，亦可通过按动启动控制器或防护区内的紧急停止按钮，即可令灭火系统停止启动。

3.3.5.5　热气溶胶灭火系统的设计

（1）防护区的要求

① 一个防护区的面积不宜大于 $500m^2$，容积不宜大于 $1600m^3$。

② 防护区的最低环境温度不应低于一10℃。

其他有关防护区的设计要求参见七氟丙烷和IG-541灭火系统的相关要求。

（2）灭火剂用量的计算

灭火设计用量应按下式计算：

$$W = C_2 \cdot K_V \cdot V \tag{3-55}$$

式中　$W$——灭火设计用量，kg；

　　　$C_2$——灭火设计密度，kg/m³，参见表3-49；

　　　$V$——防护区净容积，m³；

　　　$K_V$——容积修正系数。$V < 500m^3$，$K_V = 1.0$；$500m^3 \leqslant V < 1000m^3$，$K_V = 1.1$；$V \geqslant 1000m^3$，$K_V = 1.2$。

气溶胶灭火系统的灭火设计密度和浸渍时间　　　　　　　　　　表3-49

| 火　灾　类　型 | 灭火设计密度（kg/m³） | 浸渍时间（min） |
| --- | --- | --- |
| S型和K型气溶胶灭固体表面火灾 | ≥0.13 | 20 |
| 通信机房、电子计算机房内的电气设备火灾（S型气溶胶） | ≥0.13 | 10 |
| 电缆隧道（夹层、井）及自备发电机房火灾（S型和K型） | ≥0.14 | |

根据灭火设计用量，确定在同一防护区配置灭火装置的规格和数量。工程设计时，应根据灭火系统的特点，确定灭火装置在防护区的具体位置。对有精密仪器的场所，应考虑灭火装置喷口尽量不要正对精密仪器的门或其他开口。

（3）热气溶胶灭火系统设计要求

1）热气溶胶灭火系统装置的喷口宜高于防护区地面2.0m。

2）采用热气溶胶灭火系统的防护区的高度不宜大于10m。

3）单台热气溶胶灭火装置的保护容积不应大于160m³；设置多台装置时，其相互间的距离不得大于10m。

4）一个防护区设置的热气溶胶灭火装置的数量不宜超过10台。

3.3.5.6　热气溶胶灭火系统的设计实例

【实例6】某通信传输站为一单独防护区，其长、宽、高分别为5.6m、5m和3.5m，其中含建筑实体体积为23m³。采用S型气溶胶灭火系统进行保护，现进行灭火系统设计。

【设计过程】

（1）防护区净容积的计算

$$V = (5.6 \times 5 \times 3.5) - 23 = 75m^3$$

（2）灭火剂设计用量计算

$$W = C_2 \cdot K_V \cdot V$$

$C_2$ 取 0.13kg/m³；$K_V$ 取 1.0。则：

$$W = 0.13 \times 1.0 \times 75 = 9.75kg$$

依据《气体系统设计规范》及产品规格，选用S型气溶胶灭火装置10kg一台（QRR10/SL）。依据《气体系统设计规范》要求配置控制器、探测器等设备后的灭火系统设计图如图3-125所示。

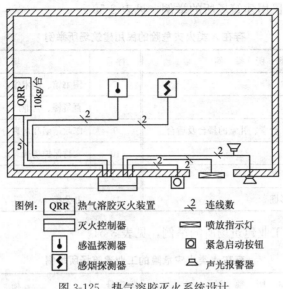

图例：
| QRR 热气溶胶灭火装置 | 连线数 |
| 灭火控制器 | 喷放指示灯 |
| 感温探测器 | 紧急启动按钮 |
| 感烟探测器 | 声光报警器 |

图 3-125　热气溶胶灭火系统设计

# 3.4　建筑灭火器的配置

灭火器是扑救初期火灾的重要消防器材，轻便灵活，使用方便，可手提或推拉至着火点附近，及时灭火，属消防实战灭火过程中较理想的第一线灭火装备。在建筑物内正确地选择灭火器的类型，确定灭火器的配置规格与数量，合理地定位及设置灭火器，保证足够的灭火能力，并注意定期检查和维护灭火器，在被保护场所一旦着火时，就能迅速地用灭火器扑灭初期小火，减少火灾损失，保障人身和财产安全。

### 3.4.1　适用范围

（1）建筑灭火器配置的适用范围

1）新建、改建、扩建的生产、使用和储存可燃物的各类工业与民用建筑场所；

2）已安装消火栓和灭火系统的各类建筑物，仍需配置灭火器作早期保护。

（2）建筑灭火器配置不适用范围

生产或储存炸药、弹药、火工品、花炮的厂房或库房。

### 3.4.2　灭火器配置场所的火灾种类和危险等级

#### 3.4.2.1　火灾种类

根据物质及其燃烧特性，灭火器配置场所的火灾可划分为五类：

1）A类火灾：固体物质火灾，如木材、棉、毛、麻、纸张及其制品等燃烧的火灾；

2）B类火灾：液体火灾或可熔化固体物质火灾，如汽油、煤油、柴油、原油、甲醇、乙醇、沥青、石蜡等燃烧的火灾；

3）C类火灾：气体火灾，如煤气、天然气、甲烷、乙烷、丙烷、氢气等燃烧的火灾；

4）D类火灾：金属火灾，如钾、钠、镁、钛、锆、锂、铝镁合金等燃烧的火灾；

5）E类（带电）火灾：物体带电燃烧的火灾。如发电机房、变压器室、配电间、仪器仪表间和电子计算机房等在燃烧时不能及时或不宜断电的电气设备带电燃烧的火灾。

163

存在 A 类火灾的民用建筑场所的举例，见表 3-50。

**存在 A 类火灾危险的民用建筑场所举例**　　　　表 3-50

| 序号 | 场 所 举 例 | 序号 | 场 所 举 例 |
|---|---|---|---|
| 1 | 资料室、档案室 | 7 | 图书馆、美术馆 |
| 2 | 旅馆客房 | 8 | 百货楼、营业厅、商场 |
| 3 | 电影院、剧院、会堂、礼堂的舞台及后台 | 9 | 邮政信函和包裹分检房、邮袋库 |
| 4 | 医院的病例室 | 10 | 文物保护场所 |
| 5 | 博物馆 | 11 | 教学楼 |
| 6 | 电影、电视摄影棚 | 12 | 办公楼 |

存在 A 类火灾的工业建筑场所的举例，见表 3-51。

**存在 A 类火灾危险的工业建筑场所举例**　　　　表 3-51

| 序号 | 场 所 举 例 | 序号 | 场 所 举 例 |
|---|---|---|---|
| 1 | 木工厂房和竹、藤加工厂房 | 7 | 印刷厂印刷厂房 |
| 2 | 针织、纺织、化纤生产厂房 | 8 | 纸张、竹、木及其制品的库房 |
| 3 | 服装加工厂房和印染厂房 | 9 | 人造纤维及其织物的库房 |
| 4 | 麻纺厂粗加工厂房和毛涤厂选毛厂房 | 10 | 火柴、香烟、糖、茶叶库房 |
| 5 | 谷物加工厂房 | 11 | 中药材库房 |
| 6 | 卷烟厂的切丝、卷制、包装厂房 | 12 | 橡胶、塑料及其制品的库房 |

存在 B 类火灾的民用建筑场所的举例，见表 3-52。

**存在 B 类火灾危险的民用建筑场所举例**　　　　表 3-52

| 序号 | 场 所 举 例 | 序号 | 场 所 举 例 |
|---|---|---|---|
| 1 | 民用燃油锅炉房 | 4 | 厨房的烹调油锅灶 |
| 2 | 使用甲、乙、丙类液体和有机溶剂的理化试验室及库房 | 5 | 民用的油浸变压器室、充油电容器室、注油开关室 |
| 3 | 房修公司的油漆间及其库房 | 6 | 汽车加油站 |

存在 B 类火灾的工业建筑场所的举例，见表 3-53。

**存在 B 类火灾危险的工业建筑场所举例**　　　　表 3-53

| 序号 | 场 所 举 例 | 序号 | 场 所 举 例 |
|---|---|---|---|
| 1 | 甲、乙、丙类油品和有机溶剂的提炼、回收、洗涤部位及其泵房、罐桶间 | 5 | 工业用燃油锅炉房 |
| 2 | 甲醇、乙醇、丙醇等合成或精制厂房 | 6 | 柴油、机器油或变压器油罐桶间 |
| 3 | 植物油加工厂的浸出厂房和精炼厂房 | 7 | 油淬火处理车间 |
| 4 | 白酒库房 | 8 | 汽车加油库、修车间 |

存在 C 类火灾的民用建筑场所的举例，见表 3-54。

**存在 C 类火灾危险的民用建筑场所举例**　　　　　　　　　　表 3-54

| 序号 | 场 所 举 例 | 序号 | 场 所 举 例 |
|---|---|---|---|
| 1 | 厨房的液化气瓶灶、煤气灶和昭气灶 | 2 | 民用液化气站、罐瓶间 |

存在 C 类火灾的工业建筑场所的举例，见表 3-55。

**存在 C 类火灾危险的工业建筑场所举例**　　　　　　　　　　表 3-55

| 序号 | 场 所 举 例 | 序号 | 场 所 举 例 |
|---|---|---|---|
| 1 | 天然气、石油伴生气、水煤气等的厂房、压缩机室和鼓风机室 | 3 | 液化石油气罐桶间 |
| 2 | 乙炔站、氢气站、燃气站、氧气站 | 4 | 工业用燃气锅炉房 |

### 3.4.2.2 危险等级

建筑灭火器配置场所的危险等级，应根据其使用性质、火灾危险性、可燃物数量、火灾蔓延速度以及扑救难易程度等因素，划分为 3 级，划分情况见表 3-56 和表 3-57。

**民用建筑灭火器配置场所的火灾危险等级划分及举例**　　　　　表 3-56

| 火灾危险等级 | 设置场所举例 | 设置场所的特点 |
|---|---|---|
| 严重危险级 | 重要的资料室、档案室；设备贵重或可燃物多的实验室；广播电视播音室、道具间；电子计算机房及数据库；重要的电信机房；高级旅馆的公共活动用房及大厨房；电影院、剧院、会堂、礼堂的舞台及后台部位；医院的手术室、药房和病例室；博物馆、图书馆和珍藏室、复印室；电影、电视摄影棚 | 火灾危险性大、可燃物多、起火后蔓延迅速或容易造成重大火灾损失的场所 |
| 中危险级 | 设有空调设备、电子计算机、复印机等的办公室；学校或科研单位的理化实验室；广播、电视的录音室、播音室；高级旅馆的其他部位；电影院、剧院、会堂、礼堂、体育馆的放映室；百货楼、营业厅、综合商场；图书馆、书库；多功能厅、餐厅及厨房；展览厅；医院的理疗室、透视室、心电图室；重点文物保护场所；邮政信函和包裹分拣房、邮袋库；高级住宅；燃油、燃气锅炉房；民用的油浸变压器和高、低压配电室 | 火灾危险性较大、可燃物较多、起火后蔓延较迅速的场所 |
| 轻危险级 | 电影院；医院门诊部、住院部；学校教学楼；幼儿园与托儿所的活动室；办公室；车站、码头、机场的候车、候船、候机厅；普通旅馆、商店；10 层及 10 层以上的普通住宅 | 火灾危险性较小、可燃物较少、起火后蔓延较缓慢的场所 |

**工业建筑灭火器配置场所的火灾危险等级划分及举例**　　　　　表 3-57

| 火灾危险等级 | 设置场所举例 | 设置场所的特点 |
|---|---|---|
| 严重危险级 | 甲、乙类物品厂房和库房 | 火灾危险性大、可燃物多、起火后蔓延迅速或容易造成重大火灾损失的场所 |
| 中危险级 | 丙类物品厂房和库房 | 火灾危险性较大、可燃物较多、起火后蔓延较快的场所 |
| 轻危险级 | 丁、戊类物品厂房和库房 | 火灾危险性较小、可燃物较少、起火后蔓延较缓慢的场所 |

### 3.4.3 建筑灭火器种类

（1）按结构形式分类：手提式灭火器、推车式灭火器。

（2）按充装的灭火剂分类：水基型灭火器（包括水型灭火器和泡沫型灭火器）、干粉型灭火器（包括磷酸铵盐（ABC）干粉灭火器和碳酸氢钠（BC）干粉灭火器）、二氧化碳灭火器、六氟丙烷灭火器。

### 3.4.4 建筑灭火器选型

水型灭火器是利用两种药液混合后喷射出来的水溶液扑灭火焰，适用于扑救竹、棉、毛、草、纸等一般可燃物质的初期火灾。但不适用于油、忌水、忌酸物质及电气设备的火灾。

泡沫灭火器将酸液和碱液分别充装在两个不同的筒内，混合后发生反应，适用于扑救油脂类、石油产品及一般固体物质。

干粉灭火器以高压二氧化碳或氮气气体作为驱动动力，其中储气式以二氧化碳作为驱动气体；储压式以 $N_2$ 作为驱动气体，来喷射干粉灭火剂。适用于各类火灾的扑救。

二氧化碳灭火器主要用于扑救贵重设备、档案资料、仪器仪表、600V 以下的电器和油脂等火灾。

应根据配置场所的火灾种类正确选用建筑灭火器。灭火器的类型选择见表 3-58。

灭火器类型的选择　　　　　　　　　　　　　表 3-58

| 火灾种类 | 可选择的灭火器类型 |
| --- | --- |
| A 类火灾 | 水型灭火器、磷酸铵盐（ABC）干粉灭火器、泡沫灭火器 |
| B 类火灾 | 泡沫灭火器、碳酸氢钠（BC）干粉灭火器、磷酸铵盐干粉灭火器、二氧化碳灭火器、B 类火灾的水型灭火器 |
| C 类火灾 | 磷酸铵盐（ABC）干粉灭火器、碳酸氢钠（BC）干粉灭火器、二氧化碳灭火器 |
| D 类火灾 | 扑灭金属火灾的专用灭火器 |
| E 类火灾 | 磷酸铵盐（ABC）干粉灭火器、碳酸氢钠（BC）干粉灭火器、二氧化碳灭火器，但不得选用装有金属喇叭喷筒的二氧化碳灭火器 |

注：在同一灭火器配置场所，宜选用相同类型和操作方法的灭火器。当同一灭火器配置场所存在不同火灾种类时，应选用 ABC 干粉灭火器等通用型灭火器。

### 3.4.5 灭火器的设置

3.4.5.1 灭火器的设置要求

（1）灭火器应设置在位置明显和便于取用的地点，且不得影响安全疏散。比如房内墙边、走廊、楼梯间、电梯前室、门厅等处，不宜放在房间中央或墙角处，并避开门窗、风管和工艺设备等。

（2）灭火器的摆放应稳固，其铭牌应朝外。手提式灭火器宜设置在灭火器箱内或挂钩、托架上，其顶部离地面高度不应大于 1.50m；底部离地面高度不宜小于 0.08m。灭火器箱不得上锁。

（3）灭火器不宜设置在潮湿或强腐蚀性的地点。当必须设置时，应有相应的保护措施。当设置在室外时，应有相应的保护措施。

3.4.5.2 灭火器的最大保护距离

保护距离是指灭火器配置单元（或场所）内，任一着火点到最近灭火器设置点的行走距离。它与发生火灾的种类、建筑物的危险等级以及灭火器的形式（是手提式还是推车式）有关，与设置的灭火器的规格和数量无关。

设置在 A 类火灾场所的灭火器，其最大保护距离应符合表 3-59 的规定。

**A 类火灾场所的灭火器最大保护距离（m）**　　　　　　　表 3-59

| 灭 火 器 类 型 | | 手提式灭火器 | 推车式灭火器 |
|---|---|---|---|
| 危险等级 | 严重危险级 | 15 | 30 |
| | 中危险级 | 20 | 40 |
| | 轻危险级 | 25 | 50 |

设置在 B、C 类火灾场所的灭火器，其最大保护距离应符合表 3-60 的规定。

**B、C 类火灾场所的灭火器最大保护距离（m）**　　　　　表 3-60

| 灭 火 器 类 型 | | 手提式灭火器 | 推车式灭火器 |
|---|---|---|---|
| 危险等级 | 严重危险级 | 9 | 18 |
| | 中危险级 | 12 | 24 |
| | 轻危险级 | 15 | 30 |

D 类火灾场所的灭火器，其最大保护距离应根据具体情况研究确定。

E 类火灾场所的灭火器，其最大保护距离不应低于该场所内 A 类或 B 类火灾的规定。

### 3.4.5.3　灭火器设置点的确定方法

根据保护距离确定灭火器设置点的方法有三种：

（1）保护圆设计法：保护圆设计法一般用在火灾种类和危险等级相同，且面积较大的车间、库房，以及同一楼层中性质特殊的独立单元，如计算机房、理化实验室等。方法是将所选择的灭火器设置点为圆心，以灭火器的最大保护距离为半径画圆，如能将灭火器配置单元完全包括进去，则所选的设置点符合要求。图 3-126 为一个工业建筑 A 类火灾轻危险级厂房，采用保护圆法确定灭火器设置点的示意图。在运用保护圆法确定灭火器的设置点时，要尽量采用设置点少的方案。对于有柱子的独立单元常以柱子为圆心作为设置点，并注意保护圆不得穿过墙和门。

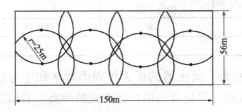

图 3-126　保护圆设计法确定灭火器设置点示意图

（2）实际测量设计法：实际测量设计法一般用在有隔墙或隔墙较多的组合单元内。如有成排办公室或客房的办公楼或旅馆等。方法是在建筑物平面图上实际测量建筑物内任何一点与最近灭火器设置点的距离是否在最大保护距离之内。若有多种灭火器设置点的方案，应采用设置点较少的方案。图 3-127 为某组合单元采用实际测量设计法确定的灭火器

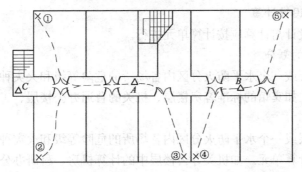

图 3-127　实际测量法确定灭火器设置点示意图

△—灭火器设置点；×—距设置点的最远点

设置点示意图。

（3）保护圆结合实际测量设计法：该方法是将上述两种方法结合在一起使用。原则上采用保护圆设计法，仅当碰到门、墙等阻隔使保护圆设计法不适用时，再局部采用实际测量设计法。

### 3.4.6　灭火器的配置

#### 3.4.6.1　灭火器的配置的基本原则

（1）一个计算单元内配置的灭火器数量不得少于2具。

（2）每个设置点的灭火器数量不宜多于5具。

（3）当住宅楼每层的公共部位建筑面积超过100m²时，应配置1具1A的手提式灭火器；每增加100m²时，增配1具1A的手提式灭火器。

#### 3.4.6.2　灭火器的最低配置基准

A类火灾场所灭火器的最低配置基准应符合表3-61的规定。

**A类火灾场所灭火器的最低配置基准**　　　　　　　　表3-61

| 危　险　等　级 | 严重危险级 | 中危险级 | 轻危险级 |
|---|---|---|---|
| 每具灭火器最小配置灭火级别 | 3A | 2A | 1A |
| 最大保护面积（m²/A） | 50 | 75 | 100 |

B、C类火灾场所灭火器的最低配置基准应符合表3-62的规定。

**B、C类火灾场所灭火器的最低配置基准**　　　　　　表3-62

| 危　险　等　级 | 严重危险级 | 中危险级 | 轻危险级 |
|---|---|---|---|
| 每具灭火器最小配置灭火级别 | 89B | 55B | 21B |
| 最大保护面积（m²/B） | 0.5 | 1.0 | 1.5 |

灭火级别可定量和定性表示灭火器的灭火能力。灭火器的灭火级别由数字和字母组成，数字表示灭火级别的大小，字母表示灭火级别的单位及适用扑救火灾的种类。目前世界各国现行标准仅有A和B两类灭火级别。1A和1B是灭火器扑救A类火灾、B类火灾的最低灭火等级。我国现行标准系列规格灭火器的灭火级别有3A、5A、8A等和1B、2B、5B等两个系列。

D类火灾场所的灭火器最低配置基准应根据金属的种类、物态及其特性等研究确定。

E类火灾场所的灭火器最低配置基准不应低于该场所内A类（或B类）火灾的规定。

### 3.4.7　灭火器配置设计计算

灭火器配置的设计与计算应按计算单元进行。

#### 3.4.7.1　计算单元的划分

（1）当一个楼层或一个水平防火分区内各场所的危险等级和火灾种类相同时，可将其作为一个计算单元。如宾馆的标准客房楼层、机关的普通办公楼层、工厂同类产品的装配间楼层等。

（2）当一个楼层或一个水平防火分区内各场所的危险等级和火灾种类不相同时，应将其分别作为不同的计算单元。如机关办公楼层中的计算机房、科研办公楼层中的理化实验室、生产车间的总控制室等。

（3）同一计算单元不得跨越防火分区和楼层。

3.4.7.2 计算单元保护面积的确定

（1）建筑物应按其建筑面积确定。

（2）可燃物露天堆场，甲、乙、丙类液体储罐区，可燃气体储罐区应按堆垛、储罐的占地面积确定。

3.4.7.3 配置级别的计算

（1）计算单元的最小需配灭火级别应按下式计算：

$$Q=K\frac{S}{U} \tag{3-56}$$

式中 $Q$——计算单元的最小需配灭火级别，A 或 B；

$S$——计算单元的保护面积，$m^2$；

$U$——A 类或 B 类火灾场所单位灭火级别最大保护面积，$m^2/A$ 或 $m^2/B$；

$K$——修正系数，应按表 3-63 的规定取值。

修正系数 K 的取值　　　　　　　　　　　　　　表 3-63

| 计 算 单 元 | 修 正 系 数 |
| --- | --- |
| 未设室内消火栓系统和灭火系统 | 1.0 |
| 设有室内消火栓系统 | 0.9 |
| 设有灭火系统 | 0.7 |
| 设有室内消火栓系统和灭火系统 | 0.5 |
| 可燃物露天堆场、甲乙丙类液体储罐区、可燃气体储罐区 | 0.3 |

（2）歌舞娱乐放映游艺场所、网吧、商场、寺庙以及地下场所等的计算单元的最小需配灭火级别应按下式计算：

$$Q=1.3K\frac{S}{U} \tag{3-57}$$

（3）计算单元中每个灭火器设置点的最小需配灭火级别应按下式计算：

$$Q_e=\frac{Q}{N} \tag{3-58}$$

式中 $Q_e$——计算单元中每个灭火器设置点的最小需配灭火级别，A 或 B；

$N$——计算单元中的灭火器设置点数，个。

3.4.7.4 灭火器的型号、规格

我国灭火器的型号用类、组、特征代号和主要参数代号表示。类、组、特征代号代表灭火器的类型，由移动方式、开关方式两大部分组成。其中第一个字母 M 代表灭火器；第二个字母代表灭火剂类型，如 F—干粉、T—$CO_2$、P—泡沫；第三个字母代表移动方式，如 T—推车式。主要参数代号反映了充装灭火器的容量和质量。如 MF4：表示 4kg 干粉灭火器，数字 4 代表内装质量为 4kg 的灭火剂；MFT35 则表示 35kg 推车式干粉灭火器；MT 表示手提式 $CO_2$ 灭火器、MTT 表示推车式 $CO_2$ 灭火器；MP 表示手提式泡沫灭火器、MPT 表示推车式泡沫灭火器；MS 表示酸碱灭火器（S 代表酸碱）。

手提式灭火器的型号规格和灭火级别和推车式灭火器的型号规格和灭火级别分别如表 3-64 和表 3-65 所示。

手提式灭火器的型号规格和灭火级别　　表 3-64

| 灭火器类型 | 灭火剂充装量 | | 灭火器型号 | 灭火器级别 | | 灭火器类型 | 灭火剂充装量 | | 灭火器型号 | 灭火器级别 | |
|---|---|---|---|---|---|---|---|---|---|---|---|
| | L | kg | | A类 | B类 | | L | kg | | A类 | B类 |
| 水型 | 3 | — | MS/Q3 | 1A | — | ABC干粉（磷酸铵盐） | — | 1 | MF/ABC1 | 1A | 21B |
| | | | MS/T3 | | 55B | | — | 2 | MF/ABC2 | 1A | 21B |
| | 6 | — | MS/Q6 | 1A | — | | — | 3 | MF/ABC3 | 2A | 34B |
| | | | MS/T6 | | 55B | | — | 4 | MF/ABC4 | 2A | 55B |
| | 9 | — | MS/Q9 | 2A | — | | — | 5 | MF/ABC5 | 3A | 89B |
| | | | MS/T9 | | 89B | | — | 6 | MF/ABC6 | 3A | 89B |
| 泡沫 | 3 | — | MP3、MP/AR3 | 1A | 55B | | — | 8 | MF/ABC8 | 4A | 144B |
| | 6 | — | MP4、MP/AR4 | 1A | 55B | | — | 10 | MF/ABC10 | 6A | 144B |
| | 9 | — | MP9、MP/AR9 | 2A | 89B | CO₂ | — | 2 | MT2 | — | 21B |
| BC干粉（碳酸氢钠） | — | 1 | MF1 | — | 21B | | — | 3 | MT3 | — | 21B |
| | — | 2 | MF2 | — | 21B | | — | 5 | MT5 | — | 34B |
| | — | 3 | MF3 | — | 34B | | — | 7 | MT7 | — | 55B |
| | — | 4 | MF4 | — | 55B | | | | | | |
| | — | 5 | MF5 | — | 89B | | | | | | |
| | — | 6 | MF6 | — | 89B | | | | | | |
| | — | 8 | MF8 | — | 144B | | | | | | |
| | — | 9 | MF9 | — | 144B | | | | | | |

推车式灭火器的型号规格和灭火级别　　表 3-65

| 灭火器类型 | 灭火剂充装量 | | 灭火器型号 | 灭火器级别 | | 灭火器类型 | 灭火剂充装量 | | 灭火器型号 | 灭火器级别 | |
|---|---|---|---|---|---|---|---|---|---|---|---|
| | L | kg | | A类 | B类 | | L | kg | | A类 | B类 |
| 水型 | 20 | — | MST20 | 4A | — | ABC干粉 | — | 20 | MFT/ABC20 | 6A | 183B |
| | 45 | — | MST45 | 4A | — | | — | 50 | MFT/ABC50 | 8A | 297B |
| | 60 | — | MST60 | 4A | — | | — | 100 | MFT/ABC100 | 10A | 297B |
| | 125 | — | MST125 | 6A | — | | — | 125 | MFT/ABC125 | 10A | 297B |
| 泡沫 | 20 | — | MPT20、MPT/AR20 | 4A | — | | — | 10 | MTT10 | — | 55B |
| | 45 | — | MT45、MPT/AR45 | 4A | 144B | | | | | | |
| | 60 | — | MPT60、MPT/AR60 | 4A | 233B | CO₂ | — | 20 | MTT20 | — | 70B |
| | 125 | — | MPT125、MPT/AR125 | 6A | 297B | | — | 30 | MTT30 | — | 113B |
| BC干粉 | — | 20 | MFT20 | — | 183B | | | | | | |
| | — | 50 | MFT50 | — | 279B | | — | 50 | MTT50 | — | 183B |
| | — | 100 | MFT100 | — | 279B | | | | | | |
| | — | 125 | MFT125 | — | 279B | | | | | | |

### 3.4.8 灭火器配置的设计计算步骤

灭火器配置的设计计算可按下述步骤进行：

（1）确定各灭火器配置场所的火灾种类和危险等级；

（2）划分计算单元，计算各计算单元的保护面积；

（3）计算各计算单元的最小需配灭火级别；

（4）确定各计算单元中的灭火器设置点的位置和数量；

（5）计算每个灭火器设置点的最小需配灭火级别；

（6）确定每个设置点灭火器的类型、规格与数量；

（7）确定每具灭火器的设置方式和要求；

（8）在工程设计图上用灭火器图例和文字标明灭火器的型号、数量与设置位置。

### 3.4.9 灭火器配置的设计实例

**【实例 7】** 某中学教学大楼，建筑高度为 14.6m，层数为 4 层，其中三层为教室和教师办公室，该教学楼三层平面如图 3-128 所示。为了加强该楼层扑救初起火灾的灭火效能，要求对该楼层进行灭火器配置的设计。

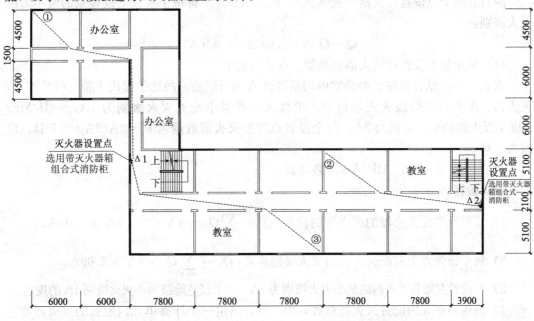

图 3-128 某中学教学大 楼灭火器的平面布置图

**【设计过程】**

设计计算步骤如下：

（1）确定该楼层的危险等级和火灾种类

查表 3-56，学校教学楼为轻危险级民用建筑。教室和办公室多为固体可燃物，故火灾为 A 类火灾。

（2）划分计算单元，计算各计算单元的保护面积

教室、办公室和走廊等的危险等级和火灾种类均相同，该楼层可作为一个组合单元来进行灭火器配置的设计计算。

171

该组合单元的保护面积应按其建筑面积确定。根据三层平面的建筑面积，扣除外墙和内墙面积，可求得该组合单元的保护面积：$S=664\text{m}^2$。

（3）计算组合单元的最小需配灭火级别

该教学楼需配置灭火级别按式（3-56）计算，即：$Q=K\dfrac{S}{U}$

由于楼层两侧设有消火栓，$K=0.9$。

A 类火灾、轻危险级时，查表 3-61，灭火器的配置基准 $U=100\text{m}^2/\text{A}$，代入式（3-56）得：

$$Q=0.9\times664/100=5.98(\text{A})$$

（4）确定组合单元中的灭火器设置点的位置和数量

查表 3-59，该单元为 A 类火灾，轻危险级，手提式灭火器的最大保护距离为 25m，采用实际测量设计法，若在 Δ1、Δ2 两处设灭火器，最远处①、②、③处都在最大保护距离之内（见图 3-128 中的虚线路程），故 Δ1、Δ2 两处作为灭火器设置点较为合理。

（5）计算每个灭火器设置点的最小需配灭火级别

因只有两个点设置灭火器，故 $N=2$，由式（3-58）得每个灭火器设置点的最小需配灭火级别：

$$Q_e=Q/N=5.98/2=2.99(\text{A})$$

（6）确定每个设置点灭火器的类型、规格与数量

查表 3-64，结合教室、办公室内均系普通 A 类可燃物，故选手提式干粉（磷酸铵盐）灭火器。A 类轻危险级火灾场所中，单具灭火器最小配置灭火级别为 1A，一具 MF/ABC4 灭火器的灭火级别为 2A，每个设置点需配灭火器数量为 $n'=3\text{A}/2\text{A}=1.5$ 具，取整为 2 具。

故 Δ1、Δ2 处均配置 MF/ABC4 各 2 具。

（7）验算

1）该单元实配灭火器的灭火级别验算：$Q_t=\sum\limits_{i=1}^{n}Q_t=4\text{A}\times2=8\text{A}>5.98\text{A}$。

2）每个设置点上实配灭火器的灭火级别验算：$Q_s=\sum\limits_{i=1}^{n}Q_i'=4\text{A}>2.99\text{A}$。

3）在设置点每具灭火器的最小灭火级别为 2A，大于轻危险级最小灭火级别 1A 的规定。

4）该组合单元内配置灭火器总数 $n$ 为 4 具，满足一个计算单元内配置的灭火器数量不得少于 2 具的要求；在每个设置点上配置的灭火器数 $n'$ 为 2 具，满足每个设置点的灭火器数量不宜多于 5 具的要求。

（8）确定每具灭火器的设置方式和要求

在设计的平面图上标明灭火器的类型、规格和数量：在 Δ1、Δ2 两处设落地灭火器箱各 1 个，每个灭火器箱内各放置 MF/ABC4 干粉灭火器各 2 具。

在设计平面图上标上 Δ1、Δ2 的位置，灭火器的类型、规格和数量。

# 3.5　其他新型消防系统

体育场馆、会展中心、大剧院等公共建筑，往往存在建筑物内净空高度较高，已超过

《自动喷水灭火系统设计规范》规定的自动喷水灭火系统能扑救地面火灾的高度，根据高度的不同，采用固定消防炮灭火系统、大空间智能型主动灭火系统替代自动喷水系统，可满足大空间建筑的消防要求。采用这些新型的灭火和防火措施能有效地贯彻执行"预防为主，防消结合"的方针，保护人身和财产安全。

### 3.5.1 大空间智能型主动灭火系统

#### 3.5.1.1 概述

所谓大空间建筑是指民用和工业建筑物内净空高度大于 8m，仓库建筑物内净空高度大于 12m 的场所。大空间建筑由其特殊的使用功能，不宜进行防火、防烟分隔，会造成火灾和烟气的大范围扩散；房间高度高，热气流在上升的过程中会受到周围空气的稀释和冷却，造成普通火灾探测技术无法及时发现火灾；普通闭式喷头喷出的水滴从高空落下到达燃烧物表面时已失去了灭火效果。所以大空间建筑较普通建筑火灾危险性大，消防给水设施更应具有反应迅速、能自动发现和扑灭初期火灾、空间适用高度范围广、灭火效果好等特点。

大空间智能型主动灭火系统是近年来我国科技人员独自研制开发的一种全新的喷水灭火系统。"智能型"是指产品将红外传感技术、计算机技术、信息处理及判别技术和通信技术有机地结合起来，具有完成全方位监控、探测火灾、定位判定火源、启动系统、定位射水灭火、持续喷水、停水或重复启闭喷水等全过程的控制能力。而"主动喷水灭火系统"既区别于传统的"手动或人工喷水灭火系统"，也区别于传统的"自动喷水灭火系统"，其灭火过程不需依赖手工操作，喷头开启也不需依赖周围环境温度的升高，具有主动判定火灾、定位及开启的能力，整个系统从发现火灾、火灾确认、启动系统、射水灭火至灭火后停止射水的全过程都是主动完成的。

大空间智能型主动灭火系统由智能型灭火装置（大空间智能灭火装置、自动扫描射水灭火装置、自动扫描射水高空水炮灭火装置）、信号阀组、水流指示器等组件以及管道、供水设施等组成，能在发生火灾时自动探测着火部位并主动喷水灭火。它与传统的采用由感温元件控制的被动灭火方式的闭式自动喷水灭火系统以及手动或人工喷水灭火系统相比，具有以下特点：

(1) 具有人工智能，可主动探测寻找并早期发现火源；

(2) 可对火源的位置进行定点、定位并报警；

(3) 可主动开启系统定点、定位喷水灭火；

(4) 可迅速扑灭早期火灾；

(5) 可持续喷水、主动停止喷水并可多次重复启闭；

(6) 适用空间高度范围广（喷射装置安装高度最高可达 25m）；

(7) 安装方式灵活，不需贴顶安装，不需集热装置；

(8) 射水型灭火装置的射水水量集中，扑灭早期火灾效果好；洒水型灭火装置的喷头洒水水滴颗粒大，对火场穿透能力强，不易雾化；

(9) 可对保护区域实施全方位连续监视。

该系统适用于空间高度高、容积大、火场温度升温较慢，难以设置传统闭式自动喷水灭火系统的场所，如：大剧院、音乐厅、会展中心、候机楼、体育馆、宾馆、写字楼的中庭、大卖场、图书馆、科技馆等。

该系统与利用各种探测装置自动启动的开式雨淋灭火系统相比,有以下优点:

(1) 探测定位范围更小、更准确。可以根据火场火源的蔓延情况分别或成组地开启灭火装置,既可达到雨淋系统的灭火效果,又不必像雨淋系统一样一开一大片。在有效扑灭火灾的同时,可减少由水灾造成的损失。

(2) 在多个喷头的临界保护区域发生火灾时,只会引起周边几个喷头同时开启,喷水量不会超过设计流量,不会出现雨淋系统两个或多个区域同时开启导致喷水量成倍增加而超过设计流量的情况。

3.5.1.2 设置场所

(1) 设置场所

1) 凡按照国家有关消防设计规范的要求应设置自动喷水灭火系统,火灾类别为 A 类(A 类火灾是指含碳固体可燃物质的火灾,如木材、棉、毛、麻、纸张等),但由于空间高度较高,采用其他自动喷水灭火系统难以有效探测、扑灭及控制火灾的大空间场所,应设置大空间智能型主动喷水灭火系统。

2) 场所的环境温度应不低于 4℃,且不高于 55℃。

3) A 类火灾的大空间场所举例如表 3-66 所示。

A 类火灾的大空间场所举例 表 3-66

| 序 号 | 建 筑 类 型 | 设 置 场 所 |
|---|---|---|
| 1 | 会展中心、展览馆、交易会等展览建筑 | 大空间门厅、展厅、中庭等场所 |
| 2 | 大型超市、购物中心、百货大楼、室内商业街等商业建筑 | 大空间门厅、中庭、室内步行街等场所 |
| 3 | 办公楼、写字楼、商务大厦等行政办公建筑 | 大空间门厅、中庭、会议厅等场所 |
| 4 | 医院、疗养院、康复中心等医院康复建筑 | 大空间门厅、中庭等场所 |
| 5 | 机场、火车站、汽车站、码头等客运站场的旅客候机(车、船)楼 | 大空间门厅、中庭、旅客候机(车、船)大厅、售票大厅等场所 |
| 6 | 图书馆、购书中心、文化中心、博物馆、美术馆、艺术馆等文化建筑 | 大空间门厅、中庭、会议厅、演讲厅、展示厅、阅览室等场所 |
| 7 | 歌剧院、舞剧院、音乐厅、电影院、礼堂、纪念堂等演艺排演建筑 | 大空间门厅、中庭、舞台、观众厅等场所 |
| 8 | 体育比赛场馆、训练场馆等体育建筑 | 大空间门厅、中庭、看台、比赛训练场地、器材库等场所 |
| 9 | 生产贮存 A 类物品的建筑 | 大空间厂房、仓库等场所 |

(2) 不适用的场所

大空间智能型主动喷水灭火系统不适用于以下场所:

1) 在正常情况下采用明火生产的场所;

2) 火灾类别为 B、C、D 类火灾的场所;

3）存在较多遇水加速燃烧的物品的场所；

4）遇水发生爆炸的场所；

5）存在较多遇水发生剧烈化学反应或产生有毒有害物质的场所；

6）存在因洒水而导致液体喷溅或沸溢的场所；

7）存在遇水将受到严重损坏的贵重物品的场所，如档案库、贵重资料库、博物馆珍藏室等；

8）严禁管道漏水的场所；

9）因高空水炮的高压水柱冲击造成重大财产损失的场所；

10）其他不宜采用大空间智能型主动喷水灭火系统的场所。

### 3.5.1.3 大空间灭火装置分类及适用条件

（1）大空间灭火装置的分类

大空间灭火装置的分类和组成如表 3-67 所示，三种大空间灭火装置外形示意图如图 3-129 所示。

大空间灭火装置的分类和组成　　　　　　　　表 3-67

| 装置类型 | 特　点 | 系统组成 | 备　注 |
|---|---|---|---|
| 大空间智能灭火装置 | 灭火喷水面为一个圆形面，能主动着火部位并开启喷头 | 智能型红外探测组件、大空间大流量喷头、电磁阀组 | 各组件独立设置 |
| 自动扫描射水灭火装置 | 灭火射水面为一个扇形面 | 智能型红外探测组件、扫描射水喷头、机械传动装置、电磁阀组 | 智能型红外探测组件、扫描射水喷头、机械传动装置为一体化设置 |
| 自动扫描射水高空水炮灭火装置 | 灭火射水面为一个矩形面 | 智能型红外探测组件、自动扫描射水高空水炮、机械传动装置、电磁阀组 | 智能型红外探测组件、扫描射水喷头、机械传动装置为一体化设置 |

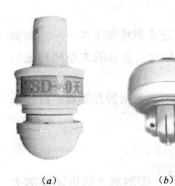

进水管　　　　　　　　　　　　　　　　进水管

（a）　　　　　（b）　　　　　　（c）　　　　　　　（d）

图 3-129　三种大空间灭火装置外形示意图

（a）ZSD-40A 大空间智能灭火装置；（b）吸顶式大空间智能灭火装置；

（c）ZSS-20 自动扫描灭火装置；（d）ZSS-25 自动扫描射水高空水炮灭火装置

（2）适用条件

不同类型标准型大空间灭火装置的适用条件如表 3-68 所示。

不同类型标准型大空间灭火装置的适用条件　　　　　　　表 3-68

| 灭火装置类型 | 型号规格 | 喷水流量（L/s） | 保护半径（m） | 工作压力（MPa） | 安装高度（m） | 喷水方式 |
|---|---|---|---|---|---|---|
| 大空间智能灭火装置 | 标准型 | ≥5 | ≤6 | 0.25 | 6～25 | 着火点及周边圆形区域均匀洒水 |
| 自动扫描射水灭火装置 | 标准型 | ≥2 | ≤6 | 0.15 | 2.5～6 | 着火点及周边扇形区域扫描射水 |
| 自动扫描射水高空水炮灭火装置 | 标准型 | ≥5 | ≤20 | 0.6 | 6～20 | 着火点及周边矩形区域扫描射水 |

#### 3.5.1.4　系统选择和配置

（1）系统选择

大空间智能型主动灭火系统的选择可依表 3-69 进行。

大空间智能型主动灭火系统的选择　　　　　　　表 3-69

| 序　号 | 设　置　场　所 | 系　统　类　型 |
|---|---|---|
| 1 | 中危险级或轻危险级的场所 | 各种类型均可 |
| 2 | 严重危险级的场所 | 应采用配置大空间智能灭火装置的灭火系统 |
| 3 | 舞台的葡萄架下部、演播室、电影摄影棚的上方 | 应采用配置大空间智能灭火装置的灭火系统 |
| 4 | 边墙式安装时 | 宜采用配置自动扫描射水灭火装置或自动扫描射水高空水炮灭火装置的灭火系统 |
| 5 | 灭火后需及时停止喷水的场所 | 应采用重复启闭的大空间智能型主动喷水灭火系统 |

（2）系统配置

配置大空间智能灭火装置的大空间智能型主动喷水灭火系统水系统基本组成示意图如图 3-130 所示。配置自动扫描射水装置或自动扫描射水高空水炮灭火装置的大空间智能型主动喷水灭火系统基本组成示意图如图 3-131 所示。

除了水系统外，在大空间智能型主动灭火系统中，还配置有火灾报警控制器、声光报警器、监视模块等自动控制设备。

#### 3.5.1.5　系统的工作原理

（1）配置智能型灭火装置的灭火系统

探测器全天候检测保护范围内的一切火情，一旦发生火灾，探测器立即启动探测火源，在确定火源后，探测器打开电磁阀并输出信号给联动柜，同时启动水泵使喷头喷水进行灭火，扑灭火源后，探测器再发出信号关闭电磁阀，喷头停止喷水，若有新火源，系统重复上述动作。

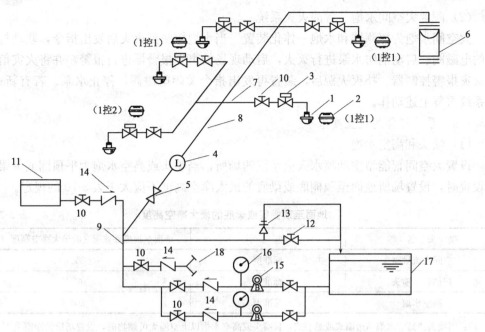

图 3-130 配置大空间智能灭火装置的大空间智能型主动喷水灭火系统组成示意图
1—大空间大流量喷头；2—智能型红外线探测组件；3—电磁阀；4—水流指示器；5—信号阀；6—模拟末端试水装置；7—配水支管；8—配水管；9—配水干管；10—手动闸阀；11—高位水箱；12—试水放水阀；13—安全泄压阀；14—止回阀；15—加压水泵；16—压力表；17—消防水池；18—水泵接合器

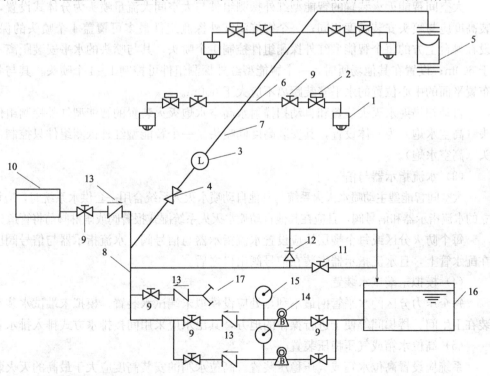

图 3-131 配置自动扫描（自动扫描射水）高空水炮灭火装置的
大空间智能型主动喷水灭火系统组成示意图
1—自动扫描射水灭火装置；2—电磁阀；3—水流指示器；4—信号阀；5—模拟末端试水装置；6—配水支管；7—配水管；8—配水干管；9—手动闸阀；10—高位水箱；11—试水放水阀；12—安全泄压阀；13—止回阀；14—加压水泵；15—压力表；16—消防水池；17—水泵接合器

（2）配置大空间水炮装置的灭火系统

大空间水炮为探测器和水炮一体化装置。当水炮探测到火灾后发出指令，联动打开相应的电磁阀、启动消防水泵进行灭火，启动现场的声光报警器进行报警，并将火灾信号送到火灾报警控制器。扑灭火源后，装置再发出指令关闭电磁阀，停止水泵。若有新火源，则系统重复上述动作。

### 3.5.1.6　系统组件的设置要求

（1）喷头和高空水炮

设置大空间智能型主动喷水灭火系统的场所，当喷头或高空水炮为平顶棚或平梁底顶棚设置时，设置场所地面至顶棚底或梁底的最大净空高度不应大于表 3-70 的规定。

地面至顶棚底或梁底的最大净空高度　　　　　　　　　表 3-70

| 喷 头 名 称 | 型 号 | 地面至顶棚底或梁底的最大净空高度（m） |
| --- | --- | --- |
| 大空间大流量喷头 | 标准型 | 25 |
| 扫描射水喷头 | 标准型 | 6 |
| 高空水炮 | 标准型 | 20 |

注：当喷头或高空水炮为边墙式或悬空式，且喷头或高空水炮以上空间无可燃物时，设置场所的净空高度可不受限制。

（2）智能型红外探测组件

大空间智能灭火装置的智能型红外探测组件与大空间大流量喷头为分体式设置，其安装高度应与喷头安装高度相同；一个智能型红外探测组件最多可覆盖 4 个喷头的保护区；设在舞台上方的每个智能型红外探测组件控制 1 个喷头，其与喷头的水平安装距离不应大于 600m；设置在其他场所时，一个智能型红外探测组件可控制 1～4 个喷头，其与各喷头布置平面的中心位置的水平安装距离不应大于 600m。

自动扫描射水灭火装置和自动扫描射水高空水炮灭火装置的智能型红外探测组件与喷头（高空水炮）为一体设置，其安装高度同喷头。一个智能型红外探测组件只控制 1 个喷头（高空水炮）。

（3）水流指示器与信号阀

大空间智能型主动喷水灭火系统与其他自动喷水灭火系统合用一套供水系统时，应设置独立的水流指示器和信号阀，且应在其他自动喷水灭火系统湿式报警阀或雨淋阀前将管道分开。

每个防火分区或每个楼层均应设置水流指示器与信号阀。水流指示器与信号阀应安装在配水管上，且水流指示器安装在信号阀出口之后。

（4）模拟末端试水装置

每个压力分区的水平管网最不利点处应设模拟末端试水装置。模拟末端试水装置宜安装在卫生间、楼梯间等便于进行操作的地方，其出水应采用间接排水方式排入排水管道。

（5）高位水箱或气压稳压装置

系统应设置高位水箱或气压稳压装置。高位水箱的安装高度应大于最高的灭火装置安装高度 1m，高位水箱的容积应不小于 $1m^3$。高位水箱可以利用消火栓和自喷系统的高位水箱，但出水管应单独接出，并设置逆止阀及检修阀。水箱应与生活水箱分开设置，水箱出水管的管径不应小于 50mm。

无条件设置高位水箱时，应设置隔膜式气压稳压装置。稳压泵流量宜为1个喷头（水炮）标准喷水流量，压力应保证最不利灭火装置处的最低工作压力要求。气压罐的有效调节容积不应小于150L。

（6）水泵

当给水水源的水压水量不能同时保证系统的水压及水量要求时，应设置独立的供水水泵。供水水泵可与其他自动喷水灭火系统合用，此时供水泵组的供水能力应按两个系统中最大者选用。

3.5.1.7 大空间智能型主动喷水灭火系统的应用前景

大空间智能型主动喷水灭火系统是我国自主研制的消防灭火系统，目前在体育馆、会展中心、图书馆等大空间场所有一定的应用。与传统自动喷水灭火系统相比其能主动探测寻找火源，对火灾快速反应、快速扑灭，灭火效率高，适用空间高度范围广。与雨淋系统相比，不必打开所有喷头就可达到相同的灭火效果，消耗水量少。但由于该系统未出台全国性的规范，且缺少一定的工程实践和喷水效果试验。因此，大空间智能型主动喷水灭火系统的推广应用还有待进一步提高。

### 3.5.2 固定消防炮灭火系统

#### 3.5.2.1 概述

消防炮是指以水、泡沫混合液流量大于16L/s，或干粉喷射率大于7kg/s，以射流形式喷射灭火剂的装置。固定式消防炮是指安装在固定支座上的消防炮。

固定消防炮灭火系统，早期是一种常用于扑救石油化工企业、炼油厂、贮油灌区、飞机库、油轮、油码头、海上钻井平台和贮油平台等可燃易燃液体集中、火灾危险性大、消防人员不易接近的场所的火灾。近年来被越来越多地应用于体育馆、展览厅等室内高大空间场所。

固定消防炮灭火系统能进行空间定位、定点灭火，且仅对火灾区域喷洒灭火，减少了对无火灾区域的影响，能够有效减少系统用水量。另外，该系统的保护半径大，射程远，可达50m以上，管线布置简单，安装维护容易。因此，固定消防炮灭火系统是比较理想的大空间建筑消防给水设施。

消防炮按喷射介质可分为消防水炮、消防泡沫炮和消防干粉炮。按控制方式可分为自动消防炮、手动消防炮、远控消防炮等。远控消防炮是指可远距离控制消防炮的固定消防炮灭火系统。

民用建筑室内代替自动喷水灭火系统的消防炮应选用自动（自动寻的）消防炮，其他场所可采用远控消防炮和手动消防炮。

#### 3.5.2.2 设置场所

（1）建筑面积大于3000m²且无法采用自动喷水灭火系统的展览厅、体育馆观众厅等人员密集的场所，建筑面积大于5000m²且无法采用自动喷水灭火系统的丙类厂房，宜设置固定消防炮等灭火系统。

（2）不同形式的消防炮的设置应符合下列规定：

1）泡沫炮系统适用于甲、乙、丙类液体、固体可燃物火灾场所；

2）干粉炮系统适用于液化石油气、天然气等可燃气体火灾场所；

3）水炮系统适用于一般固体可燃物火灾场所；

4）水炮系统和泡沫炮系统不得用于扑救遇水发生化学反应而引起燃烧、爆炸等物质的火灾。

（3）远控炮系统的设置场所

1）有爆炸危险性的场所；

2）有大量有毒气体产生的场所；

3）燃烧猛烈，产生强烈辐射热的场所；

4）火灾蔓延面积较大，且损失严重的场所；

5）高度超过8m，且火灾危险性较大的室内场所；

6）发生火灾时，灭火人员难以及时接近或撤离固定消防炮位的场所。

3.5.2.3 消防水炮的性能参数

消防水炮各流量段的额定工作压力宜符合表3-71的规定范围。

消防水炮各流量段的额定工作压力    表3-71

| 流 量（L/s） | 额定工作压力上限（MPa） | 射 程（m） | 流 量 允 差 |
|---|---|---|---|
| 20 | | ≥48 | |
| 25 | | ≥50 | |
| 30 | 1.0 | ≥55 | ±8% |
| 40 | | ≥60 | |
| 50 | | ≥65 | |
| 60 | | ≥70 | |
| 70 | | ≥75 | |
| 80 | 1.2 | ≥80 | ±6% |
| 100 | | ≥85 | |
| 120 | | ≥90 | |
| 150 | | ≥95 | ±5% |
| 180 | 1.4 | ≥100 | |
| 200 | | ≥105 | ±4% |

注：具有直流—喷雾功能的消防水炮，最大喷射角应不小于90°。允许水炮各流量段的额定工作压力超过本表的
上限值，但不得超过1.6MPa。每超过压力上限值0.1MPa，相应的射程应增加5m，其余参数不变。

3.5.2.4 消防炮的组成和原理

（1）消防水炮的组成和原理

1）系统组成

消防水炮灭火系统由消防水炮、管路及支架、消防泵组、消防炮控制系统等组成。其中消防水炮有手控式、电控式、电—液控式等多种形式，其外形如图3-132所示。手动消防炮是一种由操作人员直接手动控制消防炮射流姿态（包括水平回转角度、俯仰回转角度、直流/喷雾转换）的消防水炮，具有结构简单、操作简单、投资省等优点。电控消防水炮是一种由操作人员通过电气设备间接控制消防炮射流姿态的消防水炮，其回转角度调整及直流/喷雾转换由交流或直流电机带动。该类消防炮能够实现远距离有线或无线控制，具有安全性高、故障低等优点。电—液控消防水炮是一种由操作人员通过电气设备间接控制消防炮射流姿态的消防水炮，其回转角度调整及直流/喷雾转换由气动马达或气缸带动。

该类消防炮能够实现远距离有线或无线控制，具有安全性高、故障低等优点。

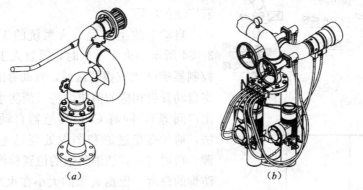

图 3-132 消防水炮外形

(a) 手控式消防水炮；(b) 液控式消防直流／喷雾水炮

2）工作原理

消防水炮灭火系统原理如图 3-133 所示。火灾发生时，开启消防泵组及管路阀门，高速水流通过喷嘴射向火源，隔绝空气并冷却燃烧物，起到迅速扑灭或抑制火灾的作用。消防炮能够做水平或俯仰回转以调节喷射角度，从而提高灭火效果。带有直流/喷雾转换功能的消防水炮能喷射雾化型射流，该射流的液滴细小、面积大，对近距离的火灾有更好的扑救效果。

（2）自动寻的消防炮的组成和原理

1）系统组成

自动寻的消防炮灭火装置由智能消防炮、管路及其电动阀、消防泵组、CCD 传感器、噪光过滤和图像处理鉴别系统、智能定位联动控制系统等组成。

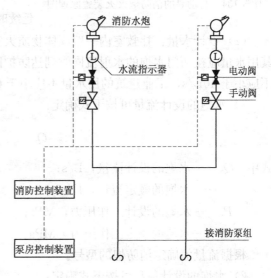

图 3-133 消防水炮灭火装置原理图

智能消防炮是一种根据火情能自动控制消防炮射流姿态（包括水平回转角度、俯仰回转角度、直流/喷雾转换）的消防水炮，其具有实时位置检测功能，在消防控制中心能显示消防水炮的角度姿态，通过智能控制运算进行自动调整，实现最佳灭火效果。

噪光过滤和图像处理鉴别系统能不断跟踪火焰位置并具有处理红外图像信息和一般图像信息的功能，实现准确火焰定位。

智能定位联动控制系统具有与消防火灾报警控制器联动功能，并采用自动启动消防设备投入运行的控制方法。

2）工作原理

自动寻的消防炮灭火系统是以水和泡沫混合液作为灭火介质，以自动寻的消防炮作为喷射设备的灭火系统。工作介质包括清水、海水、江河水或蛋白泡沫液、水成膜泡沫液等。适用于固体可燃物火灾或甲、乙、丙类液体的扑救。在大空间的物资库房、博物馆、

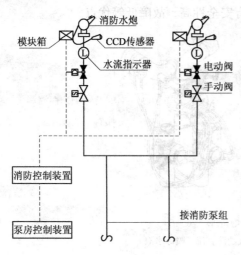

图 3-134  自动寻的消防炮灭火装置原理图

展览馆、飞机维修库、候机楼、体育馆等场所有着广泛的应用。

自动寻的消防炮灭火系统的工作原理如图 3-134 所示。火灾发生时，通过人工或火灾报警控制器确认火灾报警区域，自动寻的消防炮系统将自动开启相应的消防设备（消防水泵及其管路出口阀等），同时 CCD 传感器自动扫描现场火情，通过噪光过滤和图像处理迅速判别找出火源，再通过对智能消防炮的位置检测及时调整消防炮的角度，根据火源的大小在火源周围 1m 内进行循环喷射，从而提高灭火效果。

##### 3.5.2.5  固定消防炮的设计

（1）火灾延续时间：扑救室内火灾时，火灾延续时间不应小于 1.0h。

（2）设计水量：扑救室内一般固体物质火灾的供给强度应符合国家有关标准的规定，其用水量应按两门水炮的水射流同时到达防护区任一部位的要求计算。民用建筑的用水量不应小于 40L/s，工业建筑的用水量不应小于 60L/s。

1）水炮的设计流量可按下式确定：

$$Q_S = q_{S0}\sqrt{\frac{P_e}{P_0}} \tag{3-59}$$

式中   $Q_S$——水炮的设计流量，L/s；

$q_{S0}$——水炮的额定流量，L/s；

$P_e$——水炮的设计工作压力，MPa；

$P_0$——水炮的额定工作压力，MPa。

根据流量值确定消防炮的型号。

2）水炮的设计射程可按下式确定：

$$D_S = D_{S0}\sqrt{\frac{P_e}{P_0}} \tag{3-60}$$

式中   $D_S$——水炮的设计射程，m；

$D_{S0}$——水炮在额定工作压力时的射程，m；

根据已算出的流量和消防炮入口的工作压力，查样本确定所选消防炮的最大水平射程。

（3）室内消防炮的布置：

1）根据所选消防炮的射程（保护半径）及射高来确定被保护区所需消防炮的数量。

2）室内大空间建筑物内消防炮的布置高度应保证消防炮的射流不受上部建筑构件的影响，布置数量不应少于两门，并应能使两门水炮的水射流同时到达被保护区域的任一部位。

（4）管网和水力计算：

1）消防炮给水系统的管网应为环状管网。

2）管网计算时宜简化为枝状管网。

3）系统的水力计算：

① 系统供水设计总流量应按下式计算：

$$Q=\sum N_PQ_P+\sum N_SQ_S+\sum N_mQ_m \tag{3-61}$$

式中 $Q$——系统供水设计总流量，L/s；

$N_p$——系统中需要同时开启的泡沫炮的数量，门；

$N_S$——系统中需要同时开启的水炮的数量，门；

$N_m$——系统中需要同时开启的保护水幕喷头的数量，只；

$Q_P$——泡沫炮的设计流量，L/s；

$Q_S$——水炮的设计流量，L/s；

$Q_m$——保护水幕喷头的设计流量，L/s。

② 供水或供泡沫混合液管道总水头损失应按下式计算：

$$\sum h=h_1+h_2 \tag{3-62}$$

式中 $\sum h$——水泵出口至最不利点消防炮进口供水或供泡沫混合液管道水头总损失，MPa；

$h_1$——沿程水头损失，MPa；

$h_2$——局部水头损失，MPa。

③ 系统中的消防水泵供水压力应按下式计算：

$$P=0.01\times Z+\sum h+P_e \tag{3-63}$$

式中 $P$——消防水泵供水压力，MPa；

$Z$——最低引水位至最高位消防炮进口的垂直高度，m；

$\sum h$——水泵出口至最不利点消防炮进口供水或供泡沫混合液管道水头总损失，MPa；

$P_e$——泡沫（水）炮的设计工作压力，MPa。

#### 3.5.2.6 固定消防炮灭火系统的应用

目前在国内许多室内大空间建筑中均有消防炮系统的应用。如中国国家大剧院、首都博物馆等在消防设计中为了解决室内大空间消防安全问题，都应用了消防水炮灭火系统。

中国国家大剧院位于人民大会堂西侧，总建筑面积约 20 万 m²。工程共有 3 个分区，其中中区为剧场区，外观是一个"超椭圆形壳体"，东西向长 212.24m，南北向长 143.64m，内部设有歌剧院、音乐厅和戏剧场。当壳体内发生火灾时，消防车无法进入灭火。作为室外消火栓的补充，在剧场区设置了 4 门移动式水炮。在歌剧院、戏剧场、音乐厅屋顶共设置了 14 门固定水炮及移动水炮，使火灾时各剧场之间能相互喷水灭火并对壳体上部进行喷水保护水炮可遥控、自控和手动控制。水炮水平扫射（旋转）180°，上下喷射角度共 145°，向上 100°，向下-45°。按火灾时两门水炮同时作用，消防水炮用水量为 40L/s 进行设计。

首都博物馆新馆位于北京市复兴门外大街与白云路交叉口西南角，东临白云路，北临复兴门外大街，总建筑面积 63390m²，建筑高度 36.4m，地上 5 层，地下 2 层。为大型综合博物馆建筑。馆内的礼仪大厅高 34m，是举行重大集会及礼仪活动的场所，人流密集，火灾危险性大。对这样重要的场所，自动喷水灭火系统已无法满足消防要求。结合建筑实际情况，在礼仪大厅的适当部位增设了消防水炮。经计算，水炮的最远射程为 55m，水炮参数为：射程 55m，额定压力 0.8MPa，流量 20L/s。按火灾时两门水炮同时作用，消防水炮用水量为 40L/s 进行设计。

# 3.6　消　防　排　水

随着水消防系统的不断完善，消防排水问题逐步显现出来。水消防系统包括了消防给水系统和消防排水系统，故在设有消防给水系统的同时，应考虑消防排水。深入考虑消防排水问题，有利于加强水灭火系统设计的完善和可靠，确保系统的运行安全，并对于保护建筑、财产、防止水渍破坏有一定的意义。

在水消防系统中，系统的许多部位和场所均会产生消防排水，如系统在扑灭火灾时会产生多余溢流（简称灭火排水）；系统本身在检查试验时的排水（简称系统排水）；在火灾时由于紧急疏散造成的给水设备无法关闭的出流漫溢；设备和管道因火灾发生的破坏而造成的出流排水等。所以在水消防系统中的消防电梯井底、报警阀处、末端试水装置或末端试水阀处、消防泵房、设有水喷雾灭火系统的场所以及设有消防给水的人防工程等都应考虑消防排水问题。

消防排水首先要充分利用生活排水设施，如消防泵房的排水、地下人防工程及地下车库等场所的排水，其次再考虑设置专用的消防排水系统。

## 3.6.1　消防电梯排水

消防电梯井基坑的排水是不容忽视的问题。为保证排水的可靠，消防电梯井底基坑下应设独立的消防排水设施。可采用集水井，通过排水泵将水排入室外雨水管道，其中集水井的有效容量不应小于 $2m^3$，排水泵的排水量不应小于 $10L/s$。消防电梯间前室门口宜设置挡水设施。

由于受高层建筑基础深度的限制，不宜在消防电梯井筒底部设集水坑，可在消防电梯旁或利用相邻的仅达一层的普通电梯基坑以下的空间做集水坑，再适当下卧，并在消防电梯基底地板上设过水孔或直接埋设排水管，将消防电梯基底下的废水引入集水坑。为满足"排水井有效容量不应小于 $2m^3$ 的要求"，集水坑底与消防电梯基板的距离应保持在 $0.8m$ 以上。消防电梯集水坑排水做法参见图 3-135，图中 $h$ 为集水坑的有效水深。

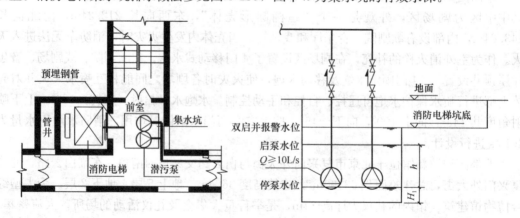

图 3-135　消防电梯集水坑排水做法

## 3.6.2　自动喷水系统的排水

在自动喷水灭火系统中，其末端试水装置一般设在水流指示器后的管网末端，每个报警阀组控制的最不利点喷头处，在其他防火分区，楼层的最不利点处均应设直径为25mm的试水阀。末端试水装置或末端试水阀的出水，应采用间接（孔口出流）的方式排入排水管道。排水立管宜设伸顶通气管。排水立管管径不应小于$DN75$。报警阀处的排水立管宜为$DN100$，减压阀处的压力试验排水管道直径应根据减压阀流量确定，但不应小于$DN100$，自喷系统排水设施的设置如图3-136所示。

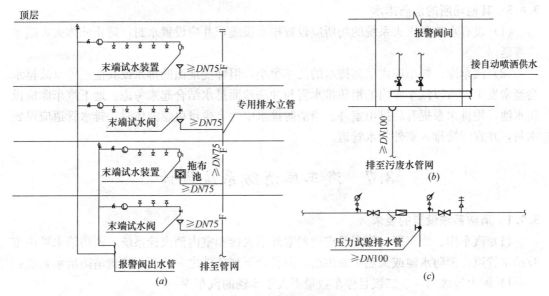

图 3-136　自动喷水灭火系统给水管网的主要排水设施
(a) 末端试水装置和末端试水阀的排水设施；(b) 报警阀组处的排水；(c) 减压阀处的排水

### 3.6.3　消防泵房的排水

（1）消防泵房排水设计

消防泵房内应有消防排水措施，地上式消防泵房排水管道的排水能力应不小于最大一台消防给水泵的最大供水流量；地下式消防泵房应设消防排水泵，应能力确保消防给水泵检测试验时排水的需要，但排水泵流量不应小于10L/s，集水坑容积不应小于2m³。

（2）消防排水泵的要求

消防排水泵的流量宜按排水量的1.2倍选型。扬程按提升高度、管路系统的水头损失经计算确定，并应附加2～3m的流出水头。

消防排水泵应安装在便于维修、管理和能就近排入雨水管道的部位。消防排水泵宜单独设置排水管排至室外，排出管的横管段应有坡度坡向排出口。当2台或2台以上排水泵共用一条出水管时，应在每台水泵出水管上装设阀门和止回阀，单台水泵排水有可能产生倒灌时，也设置阀门和止回阀。

消防排水泵的启、停应由消防排水集水坑内的水位自动控制。

（3）消防水泵试验装置的排水

消防水泵出水管上应装设试验和检查用的放水阀门。

（4）消防水池的排水

设于地下室的消防水池，其溢水和泄空排水利用消防泵房排水设施进行排水；设于室外或地面的消防水池，则将溢水和泄空水排入雨水管道。

### 3.6.4　人防地下室的消防排水

设有消防给水的人防工程必须设消防排水设施。消防排水设施宜与生活排水设施合并设置，兼作消防排水的生活污水泵，总排水量应满足消防排水量的要求。人防工程消防废水的排除，一般可通过消防排水管道排入生活污水集水池，再由生活污水泵排至市政下水道。

### 3.6.5　其他场所的消防排水

（1）设有水喷雾灭火系统的场所应设置排水设施，并应设置水封，防止液体火灾随水流蔓延。

（2）汽车库、修车库内消防排水的几率很小，但冲洗地面的排水或其他意外事故排水会经常发生，所以汽车库内的消防排水需与冲洗地面排水结合起来考虑。地下汽车库应设集水池，用排水泵提升后排出室外。当消防排水中含有少量可燃液体时，排水管道应设置水封，并宜间接排入室外污水管道。

# 3.7　汽车库消防系统设计

### 3.7.1　消防系统设置的要求

（1）汽车库、修车库、停车场应设置室外消火栓和室内消火栓系统。消防给水可由市政给水管道、消防水池或天然水源供给。但符合下列条件之一的可不设置消防给水系统：

1）耐火等级为一、二级且停车数量不大于 5 辆的汽车库；

2）耐火等级为一、二级的Ⅳ类修车库；

3）停车数量不大于 5 辆的停车场。

（2）除敞开式汽车库、屋面停车场外，下列汽车库、修车库应设置自动喷水灭火系统：

1）Ⅰ、Ⅱ、Ⅲ类地上汽车库；

2）停车数大于 10 辆的地下、半地下汽车库；

3）机械式汽车库；

4）采用汽车专用升降机作汽车疏散出口的汽车库；

5）Ⅰ类修车库。

（3）下列汽车库、修车库宜采用泡沫—水喷淋系统：

1）Ⅰ类地下、半地下汽车库；

2）Ⅰ类修车库；

3）停车数大于 100 辆的室内无车道且无人员停留的机械式汽车库。

（4）地下、半地下汽车库可采用高倍数泡沫灭火系统。停车数量不大于 50 辆的室内无车道且无人员停留的机械式汽车库，可采用二氧化碳等气体灭火系统。

（5）除室内无车道且无人员停留的机械式汽车库外，汽车库、修车库、停车场均应配置灭火器。

### 3.7.2　消防用水量的确定

汽车库、修车库的消防用水量应按室内、外消防用水量之和计算。其中，汽车库、修车库内设置消火栓、自动喷水、泡沫等灭火系统时，其室内消防用水量应按需要同时开启的灭火系统用水量之和计算。即自动喷水、泡沫等需要同时开启的设备按水量最大一处叠加计算。

不同种类和防火类别的车库的消防用水量可按下列规定确定：

(1) 室外消防用水量：室外消防用水量应按消防用水量最大的一座计算，并应符合下列规定：

1) Ⅰ、Ⅱ类汽车库、修车库、停车场，不应小于 20L/s；

2) Ⅲ类汽车库、修车库、停车场，不应小于 15L/s；

3) Ⅳ类汽车库、修车库、停车场，不应小于 10L/s。

(2) 室内消火栓用水量

1) Ⅰ、Ⅱ、Ⅲ类汽车库及 Ⅰ、Ⅱ类修车库的用水量不应小于 10L/s，且应保证相邻两个消火栓的水枪充实水柱同时达到室内任何部位。

2) Ⅳ类汽车库及 Ⅲ、Ⅳ类修车库的用水量不应小于 5L/s，且应保证一个消火栓的水枪充实水柱到达室内任何部位。

(3) 自动喷水灭火系统：消防用水量按中危险级 Ⅱ级确定。

(4) 消防水池有效容积的确定：采用消防水池作为消防水源时，其有效容量应满足 2.00h 火灾延续时间内室内、外消防用水量之和的要求，但自动喷水灭火系统可按 1.00h 计算，泡沫灭火系统可按 0.50h 计算。当室外给水管网能确保连续补水时，消防水池的有效容量可减去火灾延续时间内连续补充的水量。

### 3.7.3 消防系统的设计要求

#### 3.7.3.1 消防给水系统设计要求

(1) 室外消防给水系统设计

1) 当室外消防给水采用高压或临时高压给水系统时，汽车库、修车库、停车场消防给水管道内的压力应保证在消防用水量达到最大时，最不利点水枪的充实水柱不小于 10m；当室外消防给水采用低压给水系统时，消防给水管道内的压力应保证灭火时最不利点消火栓的水压不小于 0.1MPa（从室外地面算起）。

2) 室外消火栓的保护半径不应超过 150m。在市政消火栓保护半径 150m 范围内的汽车库、修车库、停车场，市政消火栓可计入建筑室外消火栓的数量。

3) 停车场的室外消火栓宜沿停车场周边设置，且距离最近一排汽车不宜小于 7m，距加油站或油库不宜小于 15m（见图 3-137 和图 3-138）。

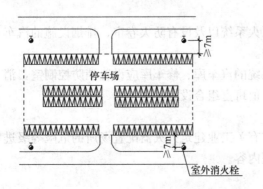

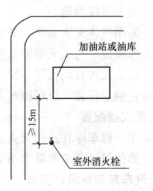

图 3-137　停车场室外消火栓的布置示意图（一）　　图 3-138　停车场室外消火栓布置示意图（二）

（2）室内消防给水系统设计

1）室内消火栓水枪的充实水柱不应小于 10m。同层相邻室内消火栓的间距不应大于 50m，高层汽车库和地下汽车库、半地下汽车库室内消火栓的间距不应大于 30m。

2）室内消火栓应设置在易于取用的明显地点，栓口距离地面宜为 1.1m，其出水方向宜向下或与设置消火栓的墙面垂直。

3）汽车库、修车库室内消火栓超过 10 个时，室内消防管道应布置成环状，并应有两条进水管与室外管道相连接。

4）室内消防管道应采用阀门分成若干独立段，每段内消火栓不应超过 5 个。高层汽车库内管道阀门的布置，应保证检修管道时关闭的竖管不超过 1 根，当竖管超过 4 根时，可关闭不相邻的 2 根。

5）4 层以上的多层汽车库、高层汽车库和地下、半地下汽车库，其室内消防给水管网应设置水泵接合器。水泵接合器的数量应按室内消防用水量计算确定，每个水泵接合器的流量应按 10～15L/s 计算。水泵接合器应设置明显的标志，并应设置在便于消防车停靠和安全使用的地点，其周围 15～40m 范围内应设室外消火栓或消防水池。

6）设置高压给水系统的汽车库、修车库，当能保证最不利点消火栓和自动喷水灭火系统等的水量和水压时，可不设置高位消防水箱。

7）设置临时高压消防给水系统的汽车库、修车库，应设置屋顶消防水箱，其容量不应小于 12m³。

其他设计要求同消火栓给水系统。

#### 3.7.3.2　自动喷水灭火系统设计要求

自动喷水灭火系统的设计除应按《自动喷水灭火系统设计规范》的规定执行外，其喷头布置还应符合下列要求：

（1）应布置在汽车库停车位的上方或侧上方；

（2）机械式立体汽车库、应按停车的载车板分层布置，且应在喷头的上方设置集热板；

（3）错层式、斜楼板式的汽车库的车道、坡道上方均应设置喷头。

### 3.7.4　火灾自动报警设备的设置

（1）Ⅰ类汽车库、修车库；Ⅱ类汽车库、修车库；Ⅱ类地下、半地下汽车库、修车库；机械式汽车库；以及采用升降梯作疏散出口的汽车库，应设置火灾自动报警系统，探测器宜选用感温探测器。

（2）采用气体灭火系统、开式泡沫喷淋灭火系统以及设有防火卷帘、排烟设施的汽车库、修车库应设置与火灾报警系统联动的设施。

（3）设有火灾自动报警系统和自动灭火系统的汽车库、修车库应设置消防控制室，消防控制室宜独立设置，也可以与其他控制室、值班室组合设置。

### 3.7.5　灭火器配置

汽车库、修车库在进行灭火器配置时应按有关工业建筑灭火器配置场所的危险等级进行设计。其他设计要求参见本书第 3.4 节有关内容。

### 3.7.6　汽车库消防设计实例

【实例 8】某地下汽车库，长 55.4m，宽 37.5m，设计停车位 55 个。室外市政给水管网供水压力为 0.2MPa，能满足室内消防设施的水量及水压要求。试进行地下汽车库消防系统设计。

【设计过程】

（1）确定汽车库防火分类：停车位 55 个，该地下汽车库属Ⅲ类车库。

（2）消火栓系统设计：

消火栓系统消防用水量：室外为 15L/s，室内为 10L/s，且应保证相邻两个消火栓的水枪充实水柱同时达到室内任何部位。地下汽车库室内消火栓的布置间距不应大于 30m。据此，在汽车库内布置 8 个消火栓（包括消防电梯前室布置的一个消火栓），并在汽车库外不小于 5m 处设置地下式水泵接合器 1 个，与室内消火栓环状管网连接。消火栓系统平面布置如图 3-139 所示。

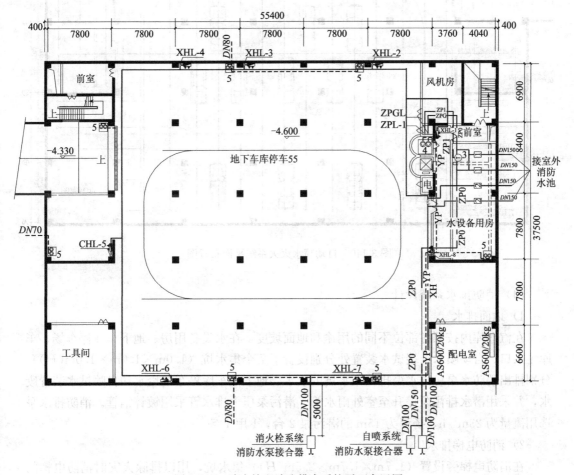

图 3-139　消火栓和消防排水系统平面布置图

（3）自动喷水灭火系统设计

该地下车库属"停车数超过 10 辆的地下车库"，故应设自动喷水灭火系统。系统按中危险级Ⅱ级设计。考虑喷头应布置在汽车库停车位的上方的要求，结合柱网尺寸，喷头的布置间距为 3.4m×2.5m，共设 232 个闭式喷头，其中地下室不吊顶处采用直立型喷头。喷头的布置位置及管道走向，如图 3-140 所示。自动喷水灭火系统的消防用水量为 30L/s，

进水干管采用 *DN*150 镀锌钢管。在汽车库外 5m 外处设置水泵接合器 2 个，与室内的自动喷水灭火系统干管连接。

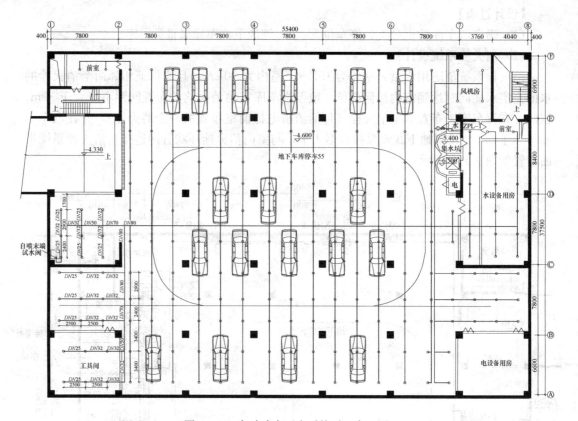

图 3-140　自动喷水灭火系统平面布置图

（4）消防排水系统设计

1）地面排水

在汽车库内按照各部位不同的用途和地面坡度，在水设备用房、地下车库停车场、车库主入口、自动喷水末端试水装置处分别设置了 7 个集水坑（1.0m×1.0m×1.0m(*H*)），分别排出消防水泵房排水渠排入集水坑的废水、地下汽车库停车场废水和自喷试水装置废水，并采用潜水排污泵提升至室外雨水管。潜污泵压力排水管采用镀锌钢管。消防排水泵选用流量为 23m³/h，扬程为 15m 的潜污泵 2 台，1 用 1 备。

2）消防电梯排水

在消防电梯旁设置（1.7m×1.7m×2.5m(*H*)）集水坑，用以排除火灾时消防电梯的积水。消防排水应满足"消防排水井的容量不应小于 2m³，排水泵的排水量不应小于 10L/s"的规定。消防排水泵选用流量为 40m³/h，扬程为 17m 的潜污泵 2 台，1 用 1 备。

地下汽车库消防排水系统的布置如图 3-139 所示。

（5）灭火器的配置

地下汽车库属于中危险级，发生的火灾为 A 类火灾。

以该地下汽车库停车场部分作为一个计算单元，停车场的净面积约为 $1645m^2$，

停车场的最小需配灭火级别：$Q = 1.3K\dfrac{S}{U} = 1.3 \times 0.5\dfrac{1645}{100} = 10.69$（A）

该停车场灭火单元为 A 类火灾，中危险级，选用手提式灭火器的最大保护距离为 24m，可与室内消火栓同箱设置，共有 7 个点设置灭火器。

每个灭火器设置点的最小需配灭火级别为：$Q_e = Q/N = 10.69/7 = 1.53$（A）

选手提式干粉（磷酸铵盐）灭火器。在消火栓处均配置 MF/ABC4 各 1 具。

验算：

1）该单元实配灭火器的灭火级别验算：$Q_t = \sum\limits_{i=1}^{n} Q_i = 4A \times 7 = 28A > 10.69A$。

2）每个设置点上实配灭火器的灭火级别验算：$Q_s = \sum\limits_{i=1}^{n'} Q_i' = 4A > 1.53A$。

3）该单元内配置灭火器总数 $n$ 为 7 具，满足一个计算单元内配置的灭火器数量不得少于 2 具的要求；在每个设置点上配置的灭火器数 $n'$ 为 1 具，满足每个设置点的灭火器数量不宜多于 5 具的要求。

（6）气体灭火系统设计

地下汽车库的配电室采用 S 型气溶胶灭火装置。配电室长、宽和高分别为 7.8m、6.6m 和 4.6m。防护区净容积为 $V = 7.8 \times 6.6 \times 4.6 = 237m^3$。灭火剂设计用量 $W = 0.14 \times 1 \times 237 = 33.18kg$，选用 AS600/20kg 的 S 型气溶胶灭火装置 2 台，具体位置如图 3-140 所示。

# 3.8 人民防空地下室消防设计

人民防空地下室（以下简称人防地下室）是为保障人民防空指挥、通信、掩蔽等需要，具有预定防护功能的地下室。按照《人民防空法》和国家的有关规定："城市新建民用建筑应修建战时可用于防空的地下室"，即要求人防工程建设与城市建设相结合。人防地下室既可附建于地面建筑以下，也可全部埋在室外自然地面以下，在设计上要求具有在战时符合防护功能要求，在平时应充分满足使用功能的"平战结合"的功能。

人防地下室与地面建筑处在不同的环境，人员疏散、火灾扑救比地面建筑困难，因此比地面建筑的防火要求更高。为了防止和减少火灾对人防工程的危害，人防工程必须遵照《人民防空工程设计防火规范》进行设计。

## 3.8.1 人防工程级别分类

（1）防常规武器抗力级别可分为两级：常 5 级、常 6 级。

（2）防核武器抗力级别可分为 5 级：核 4 级、核 4B 级、核 5 级、核 6 级、核 6B 级。

## 3.8.2 人防工程的术语

（1）人员掩蔽工程：主要用于保障人员掩蔽的人防工程。按照战时掩蔽人员的作用，人员掩蔽工程可分为两等：一等人员掩蔽所，指供战时坚持工作的政府机关、城市生活重要保障部门（电信、供电、供气、供水、食品等）、重要厂矿企业和其他战时有人员进出

要求的人员掩蔽工程；二等人员掩蔽所，指战时留城的普通居民掩蔽所。

（2）防护单元：人防工程中防护设施和内部设备均能自成体系的使用空间。

（3）人防围护结构：能承受空气冲击波或土中压缩波直接作用的顶板、墙体和底板的总称。包括顶板、外墙、临空墙、防护密封门门框墙、防护单元隔墙和底板等。

（4）临空墙：一侧直接受空气冲击波作用，另一侧为防空地下室内部的墙体。

人防工程中防护单元、人防围护结构、临空墙等示意图如图 3-141 所示。

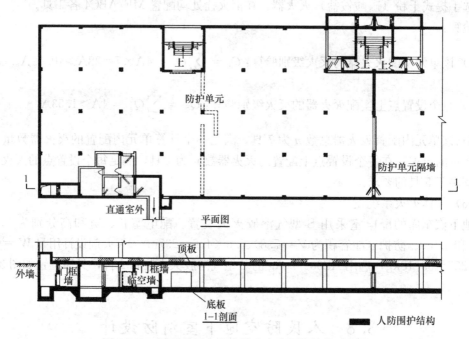

图 3-141　防护单元、临空墙和人防围护结构示意图

（5）主体：能满足战时防护及其主要功能要求的部分，即最里面一道密封门以内的部分。

（6）口部：防空地下室的主体与地表面或其他地下建筑的连接部分，包括出入口、通风口、水电口等（见图 3-142）。

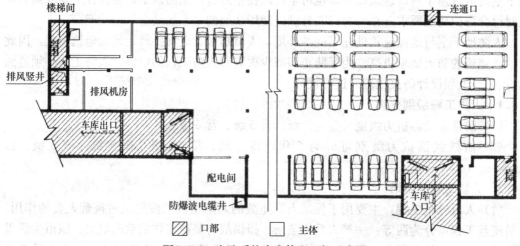

图 3-142　人防系统中主体和口部示意图

（7）滤毒室：装有通风滤毒设备的专用房间（见图3-143）。过滤吸收器是设置在进风系统上的一种滤毒装置。通过过滤和吸收作用可将室外的染毒空气的浓度降到非致伤的程度。

（8）密闭通道：由防护密封门与密封门之间或两道密封门之间所构成的，阻挡毒剂侵入室内的密闭空间（见图3-143）。

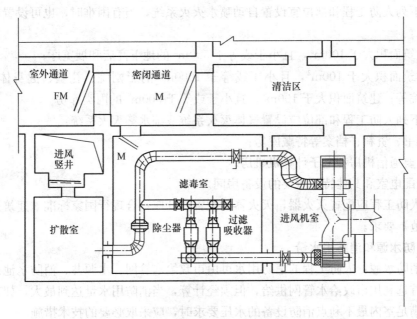

图3-143 人防系统中滤毒室、密闭通道示意图

（9）防爆地漏：战时能防止冲击波和毒剂等进入防空地下室室内的地漏（见图3-144）。

### 3.8.3 灭火设备的设置范围

（1）下列人防工程和部位应设置室内消火栓：

1）建筑面积大于300m²的人防工程；

2）电影院、礼堂、消防电梯前室和避难走道。

（2）下列人防工程和部位应设置自动喷水灭火系统：

1）除丁、戊类物品库房和自行车库外，建筑面积大于500m²的丙类库房和其他建筑面积大于1000m²的人防工程。

2）大于800个座位的电影院和礼堂的观众厅，且吊顶下表面至观众席地坪高度不大于8m时，舞台使用面积大于200m²时，观众厅与舞台之间的台口宜设置防火幕或水幕分隔。

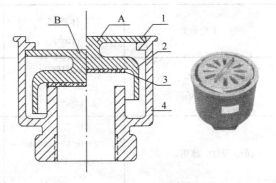

图3-144 人防系统中防爆地漏的示意图
A位：地漏处于开启状态，正常排水；B位：处于防护密封状态，能防止冲击破、毒剂进入防空地下室内部
1—外围；2—漏芯；3—密封垫；4—阀腔外壁

　　3）采用防火卷帘代替防火墙或防火门，且耐火极限不符合背火面温升的要求时应设置自动喷水灭火系统。

　　4）歌舞娱乐放映游艺场所。

　　5）建筑面积大于 500m² 的地下商店。

　　6）燃油或燃气锅炉房和装机总容量大于 300kW 的柴油发电机房。

　　（3）下列人防工程和部位宜设置自动喷水灭火系统，当有困难时，也可设置局部应用系统：

　　1）建筑面积大于 100m²，且小于或等于 500m² 的地下商店和展览厅；

　　2）建筑面积大于 100m²，且小于或等于 1000m² 的影剧院、礼堂、健身体育场所、旅馆、医院等；建筑面积大于 100m²，且小于或等于 500m² 的丙类库房。

　　（4）下列人防工程和部位应设置气体灭火系统或细水雾灭火系统：

　　1）图书、资料、档案等特藏库房；

　　2）重要通信机房和电子计算机机房；

　　3）变配电室和其他特殊重要的设备房间。

　　（5）人防工程应配置灭火器，灭火器的配置设计应符合现行国家标准《建筑灭火器配置设计规范》要求。

### 3.8.4　消防水源和消防用水量

　　（1）消防水源：人防工程的消防用水可由市政给水管网、水源井、消防水池或天然水源供给。首选利用市政给水管网供给，但须经计算，当消防用水量达到最大，如市政给水管网不能满足室内最不利点消防设备的水压要求时，应采取必要的技术措施。

　　（2）消防用水量

　　1）室内消火栓用水量，见表 3-72。

室内消火栓最小用水量

表 3-72

| 工程类别 | 体积 V (m³) | 同时使用水枪数量 （支） | 每支水枪最小流量 （L/s） | 消火栓用水量 （L/s） |
|---|---|---|---|---|
| 展览厅、影剧院、礼堂、健身体育场所等 | V≤1000 | 1 | 5 | 5 |
| | 1000<V≤2500 | 2 | 5 | 10 |
| | V>2500 | 3 | 5 | 15 |
| 商场、餐厅、旅馆、医院等 | V≤5000 | 1 | 5 | 5 |
| | 5000<V≤10000 | 2 | 5 | 10 |
| | 10000<V≤25000 | 3 | 5 | 15 |
| | V>25000 | 4 | 5 | 20 |
| 丙、丁、戊类生产车间、自行车库 | V≤2500m³ | 1 | 5 | 5 |
| | V>2500m³ | 2 | 5 | 10 |
| 丙、丁、戊类物品库房、图书资料档案库 | V≤3000m³ | 1 | 5 | 5 |
| | V>3000m³ | 2 | 5 | 10 |
| 餐厅 | 不限 | 1 | 5 | 5 |
| 电影院、礼堂 | ≥800 座 | 2 | 5 | 10 |

2) 人防工程内设有室内消火栓、自动喷水等灭火系统时，其消防用水量应按需要同时开启的上述设备用水量之和计算。一般室外消防用水量不计算在消防用水总量中，因为发生火灾时用室外消火栓扑救室内火灾十分困难，人防工程灭火主要立足于室内灭火设备进行自救。

3) 人防工程内自动喷水灭火系统的用水量，可根据建筑物的功能确定的危险等级确定。人防工程的危险等级为中危险级，其设计喷水强度为 6.0 L/(min·m²)，作用面积为 200 m²，喷头工作压力为 $9.8 \times 10^4$ Pa，最不利点处喷头最低工作压力不应小于 $4.9 \times 10^4$ Pa（0.5kg/m²），设计流量为 23.0～26.0L/s，相当于喷头开放数为 17～20 个。

### 3.8.5 消防水池和消防水泵

（1）消防水池的设置条件

满足下列情况之一者，应设置消防水池：

1) 当市政给水管网、水源井或天然水源不能确保消防用水时，应设消防水池。

2) 当市政给水为枝状管道或人防工程只有一条进水管时，应设消防水池。

（2）消防水池的容积计算

1) 当人防工程为单建式工程时，消防水池的有效容积应按室内消防流量与火灾延续时间的乘积计算；当人防工程为附建式工程（防空地下室）时，消防水池存储容积应包括室外消火栓用水量不足部分。

2) 火灾延续时间的确定：

消防水池的有效容积应满足在火灾延续时间内室内消防用水总量的要求：

① 建筑面积小于 3000m² 的单建掘开式、坑道、地道人防工程消火栓灭火系统火灾延续时间应按 1h 计算。

② 建筑面积大于或等于 3000m² 的单建掘开式、坑道、地道人防工程消火栓灭火系统火灾延续时间应按 2h 计算；改建人防工程有困难时，可按 1h 计算。

③ 防空地下室消火栓灭火系统的火灾延续时间应与地面工程一致。

④ 自动喷水灭火系统火灾延续时间应按 1.00h 计算。

3) 消防水池的补水量的确定：

① 消防水池的补水量应经计算确定，补水管的设计流速不宜大于 2.5m/s。

② 在火灾情况下能保证连续向消防水池补水时，消防水池的容积可减去火灾延续时间内补充的水量。

③ 消防水池的补水时间不应大于 48h。

4) 消防水池的设置要求：

① 消防水池可设置在人防工程内，也可设置在人防工程外，严寒和寒冷地区的室外消防水池应有防冻措施；

② 容积大于 500m³ 的消防水池，应分成两个能独立使用的消防水池。

（3）消防水泵的设置条件

1) 在设有消防水池的临时高压消防给水系统中需设消防水泵，室内消火栓给水系统和自动喷水灭火系统，应分别独立设置供水泵；供水泵应设置备用泵，备用泵的工作能力不应小于最大一台供水泵。

2) 每台消防水泵应设置独立的吸水管，并宜采用自灌式吸水，吸水管上应设置阀门，出水管上应设置试验和检查用的压力表和放水阀门。

### 3.8.6 室内消防管道、消火栓和水泵接合器

#### 3.8.6.1 室内消防管道的设置

(1) 根据《人民防空地下室设计规范》GB 50038—2005 第3.1.6条"与防空地下室无关的管道不宜穿过人防围护结构","穿过防空地下室顶板、临空墙和门框墙的管道,其公称直径不宜大于150mm,凡进入防空地下室的管道及其穿过的人防围护结构,均应采取防护密闭措施"。因平时使用的消防管道在战时也是需要的,是与人防"有关的管道",故消防管道可以穿过人防围护结构,但应采取防护密闭措施。

人防工程的消防给水引入管宜从人防工程的出入口引入,并在防护密闭门内侧设置防爆波闸阀;当进水管由人防地下室的外墙或顶板引入时,应在外墙或顶板的内侧设防爆波闸阀;防爆波闸阀应设在便于操作处,并应有明显标志。消防管道穿过外墙、临空墙、顶板、相邻防护单元的做法见图3-145所示。

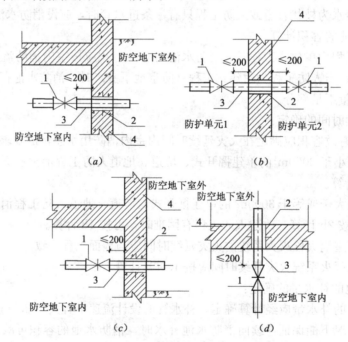

图 3-145 消防管道穿越人防结构的做法

(a) 管道从外墙出入;(b) 管道从相邻单元引入;(c) 管道从临空墙引入;(d) 管道从顶板引入

1—防护阀门;2—刚性防水套管;3—管道;4—围护结构墙体

(2) 室内消防给水管道宜与其他用水管道分开设置;当有困难时,消火栓给水管道可与其他给水管道合用,但当其他用水达到最大小时流量时,应仍能供应全部消火栓的消防用水量。

(3) 当室内消火栓总数大于10个时,其给水管道应布置成环状,环状管网的进水管宜设置两条,当其中一条进水管发生故障时,另一条应仍能供应全部消火栓的消防用水量。

(4) 在同层的室内消防给水管道,应采用阀门分成若干独立段,当某段损坏时,停止使用的消火栓数不应大于5个;阀门应有明显的启闭标志。

(5) 室内消火栓给水管道应与自动喷水灭火系统的给水管道分开独立设置。

3.8.6.2 室内消火栓的设置

（1）室内消火栓的水枪充实水柱应通过水力计算确定，且不应小于10m。

（2）消火栓栓口的出水压力大于0.50MPa时，应设置减压装置。

（3）室内消火栓的间距应由计算确定；当保证同层相邻有两支水枪的充实水柱同时到达被保护范围内的任何部位时，消火栓的间距不应大于30m；当保证有一支水枪的充实水柱到达室内任何部位时，消火栓的间距不应大于50m。

（4）室内消火栓应设置在明显易于取用的地点；消火栓的出水方向宜向下或与设置消火栓的墙面相垂直；栓口离室内地面高度宜为1.1m；同一工程内应采用统一规格的消火栓、水枪和水带，每根水带长度不应大于25m。

（5）设置有消防水泵给水系统的每个消火栓处，应设置直接启动消防水泵的按钮，并应有保护措施。

（6）室内消火栓处应同时设置消防软管卷盘，其安装高度应便于使用，栓口直径宜为25mm，喷嘴口径不宜小于6mm，配备的胶带内径不宜小于19mm。

3.8.6.3 消防水箱的设置

单建掘开式、坑道式、地道式人防工程当不能设置高位消防水箱时，宜设置气压给水装置。气压罐的调节容积：消火栓系统不应小于300L，喷淋系统不应小于150L。

3.8.6.4 室外消火栓和水泵接合器的设置

当消防用水量大于10L/s时，应在人防工程外设置水泵接合器，并应设置室外消火栓。

（1）水泵接合器和室外消火栓的数量，应按人防工程内消防用水总量确定，每个水泵接合器和室外消火栓的流量应按10～15L/s计算。

（2）水泵接合器和室外消火栓应设置在便于消防车使用的地点，距人防工程出入口不宜小于5m；室外消火栓距路边不宜大于2m，水泵接合器与室外消火栓的距离不应大于40m。水泵接合器和室外消火栓应有明显的标志。

### 3.8.7 灭火器配置

人防工程应根据不同物质火灾、不同场所工作人员的特点，配置不同类型的灭火器，详见本书第3.4节相关内容。

# 第4章 建 筑 防 排 烟

## 4.1 概　　述

### 4.1.1 设置防排烟的目的

现代化的高层民用建筑，可燃物较多，还有相当多的高层建筑使用了大量的塑料装修、化纤地毯和用泡沫塑料填充的家具，这些可燃物在燃烧过程中会产生大量的有毒烟气和热，同时消耗大量的氧气。

火灾产生的烟气是一种混合物，其中含有 $CO$、$CO_2$ 和多种有毒、腐蚀性气体以及火灾空气中的固体碳颗粒。其主要危害有：

（1）烟气的毒性

烟气中含有大量有毒气体，据统计，火灾丧生人员约 85% 受烟气的窒息，大部分人是吸入烟尘和 $CO$ 等有毒气体引起昏迷而罹难。

（2）烟气的高温危害

火灾烟气的高温对人、对物都可产生不良影响。研究表明，人暴露在高温烟气中，65℃时可短时忍受，在 100℃时，一般人只能忍受几分钟，就会使口腔及喉头肿胀而发生窒息。

（3）低浓度氧的危害

当空气中的含氧量降到 10% 以下时也会威胁人员的生命。

（4）烟气的遮光性

光学测量发现烟气具有很强的减光作用。在有烟场合下，能见度大大降低，会给火灾现场带来恐慌和混乱，严重妨碍人员安全疏散和消防人员扑救。

建筑（特别是高层建筑）发生火灾后，烟气在室内外温差引起的烟囱效应、燃烧气体的浮力和膨胀力、风力、通风空调系统、电梯的活塞效应等驱动力的作用下，会迅速从着火区域蔓延，传播到建筑物内其他非着火区域，甚至传到疏散通道，严重影响人员逃生及灭火。因此，在火灾发生时，为了将建筑物内产生的大量有害烟气及时排除，防止烟气侵入走廊、楼梯间及其前室等部位，确保建筑内人员的安全疏散，为消防人员扑救火灾创造有利条件，在建筑防火设计中合理设置防烟和排烟措施是十分必要的。

### 4.1.2 防、排烟的作用

防、排烟的作用主要有以下三个方面：

（1）为安全疏散创造有利条件

防、排烟设计与安全疏散和消防扑救关系密切，是防火设计的一个重要组成部分，在进行建筑平面布置和防排烟方式的选择时，应综合加以考虑。火灾统计和试验表明：凡设有完善的防排烟设施和自动喷水灭火系统的建筑，一般都能为安全疏散创造有利的条件。

（2）为消防扑救创造有利条件

火灾实际情况表明，若消防人员在建筑物处于熏烧阶段，房间充满烟雾的情况下进入火灾区，由于浓烟和热气的作用，往往使消防人员睁不开眼，呛得透不过气，看不清着火区情况，从而不能迅速准确地找到起火点，大大影响灭火进程。如果采取有效的防排烟措施，情况就有很大不同，消防人员进入火场时，火场区的情况看得比较清楚，可以迅速而准确地确定起火点，判断出火势蔓延的方向，及时扑救，最大限度地减少火灾损失。

（3）控制火势蔓延

试验表明，有效的防烟分隔及完善的排烟设施不但能排除火灾时产生的大量烟气，还能排除一场火灾中 $70\%\sim80\%$ 的热量，起到控制火势蔓延的作用。

### 4.1.3　防烟和排烟方式选择

防烟和排烟系统的主要技术措施为：对火灾区域实行排烟控制，使火灾产生的烟气和热量能迅速排除，以利于人员的疏散和扑救；对非火灾区域及疏散通道等采取机械加压送风的防烟措施，使该区域的空气压力高于火灾区域的空气压力，阻止烟气的侵入，控制火势的蔓延。所以建筑的防烟方式可分为机械加压送风的防烟方式和可开启外窗的自然排烟方式（见图 4-1）；建筑的排烟方式可分为机械排烟方式和可开启外窗的自然排烟方式（见图 4-2）。

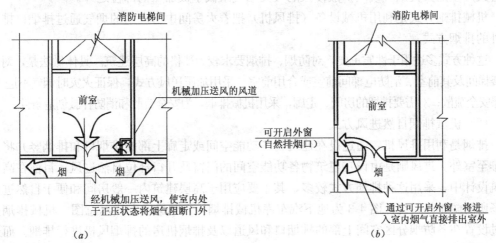

图 4-1　建筑中的防烟方式
(a) 机械加压送风方式；(b) 自然排烟方式

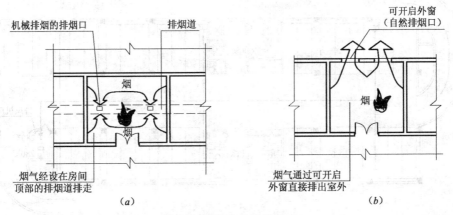

图 4-2　建筑中的排烟方式
(a) 机械排烟方式；(b) 自然排烟方式

#### 4.1.3.1 自然排烟方式

自然排烟是利用室内外空气对流作用进行的排烟。建筑内或房间内发生火灾时，可燃物燃烧产生的热量，使室内空气温度升高，由于室内外空气密度不同，产生热压，室外空气流动（风力作用）产生风压，形成热烟气和室外冷空气的对流运动。具体做法是在建筑物上设置一些对外开口，如设置敞开阳台与凹廊、靠外墙上可开启的外窗或高侧窗、天窗或专用排烟口、竖井等，使着火房间的烟气自然排至室外。

自然排烟方式的优点是不需要专门的排烟设备，不使用动力，设备简单。但存在的问题是由于受室外气温、风向、风速和建筑本身密封性和热作用的影响，排烟效果会不稳定。这种排烟方式一般适用于适合采用自然排烟的房间、走道、前室和楼梯间。

#### 4.1.3.2 机械防烟、排烟相结合的方式

（1）机械加压送风防烟和机械排烟相结合的方式

机械加压送风是利用送风机供给疏散通道中的防烟楼梯间及其前室、消防电梯间前室或合用前室等以室外新鲜空气，使其维持高于建筑物其他部位的压力，从而把其他部位中因着火产生的火灾烟气或因扩散侵入的火灾烟气阻截于被加压的部位之外。

机械排烟方式是利用机械设备（排风机）把着火房间中所产生的烟气通过排烟口排至室外的排烟方式。

这种方式多适用于性质重要，对防烟、排烟要求较为严格的高层建筑。具体做法是，对防烟楼梯间及其前室、消防电梯间前室或合用前室，采用加压送风方式，保证火灾时烟气不进入，确保安全疏散；对需要排烟的房间、走廊，采用机械排烟，为安全疏散和消防扑救创造条件。

（2）机械排烟自然进风方式

排烟是利用排风机，通过设在建筑物各功能空间或走廊上部的排烟口和排烟竖井将烟气排至室外。进风则是由设在建筑物各功能空间的门窗及开口部位自然进风。目前在高层建筑设计中，采用这种排烟方式较多，其主要应用于高层建筑内一般房间和便于自然进风的场所的防排烟系统。图 4-3 为地下汽车库机械排烟、自然进风方式示意图。机械排烟是通过设置在各防烟分区空间上部的排烟口和风道以及排烟机房的排烟风机进行排烟。而进风则是通过直接通向室外的车道进行补风。

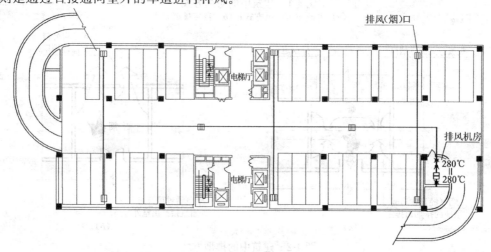

图 4-3 地下车库机械排烟和自然进风方式示意图

（3）机械排烟机械进风方式

排烟利用排风机，通过设在建筑物各功能空间上部的排烟口、排烟竖井将烟气排至室外。进风则是利用送风机通过进风口、风道、竖井将室外空气送入。这种排烟方式的送风量应略小于排风量。其主要应用于高层建筑地下室、地下汽车库及其他大空间建筑内部的防排烟系统。图4-4为多层地下车库机械排烟机械进风方式示意图。机械排烟是通过设置在各防烟分区空间上部的排烟口和风道以及排烟机房的排烟风机进行排烟。而进风则是通过所设置的送风口，风道以及进风机房内的送风机将室外空气送入室内。

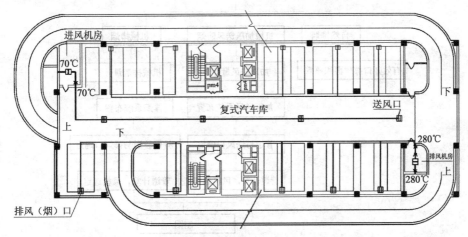

图4-4 地下车库机械排烟和机械进风方式示意图

机械加压送风防烟的优点是能确保疏散通道的绝对安全，但也存在一些问题，如当机械加压送风楼梯间的正压值过高时，会使楼梯间通往前室或走道的门打不开。

机械排烟方式的优点是排烟效果稳定，特别是火灾初期能有效地保证非着火层或区域的人员安全疏散。据有关资料介绍，一个设计优良的机械排烟系统在火灾时能排出80％的热量，使火灾温度大大降低，从而对人员安全疏散和扑救起重要作用。但这种方式存在的缺点是为了使建筑物任何部位发生火灾时都能有效地进行排烟，排风机的容量必然选得较高，耐高温性能要求高，初期投资大，维护费用高。

#### 4.1.3.3 防排烟方式选择原则

当自然排烟和机械排烟二者都具备设置的条件且条件允许时，应优先采用自然防排烟方式，即凡能利用外窗或排烟口实现自然排烟的部位，应尽可能采用自然排烟方式。例如，靠外墙的防烟楼梯间前室，消防电梯前室和合用前室，可在外墙上每层开设外窗排烟；当防烟楼梯间前室，消防电梯前室和合用前室靠阳台或凹廊时，则可利用阳台或凹廊进行自然排烟。

对于特定的建筑物，防排烟方式并不是单一的，应根据具体情况，因地制宜地采用多种方式相结合。

# 4.2 防 排 烟 设 计

## 4.2.1 防排烟设计程序

进行防排烟设计时，应先了解清楚建筑物的防火分区和防烟分区，然后才能确定合理的防排烟方式和送（进）风道和排烟道的位置，进一步选择合适的排烟口和送（进）风口等。防排烟设计程序如图 4-5 所示。

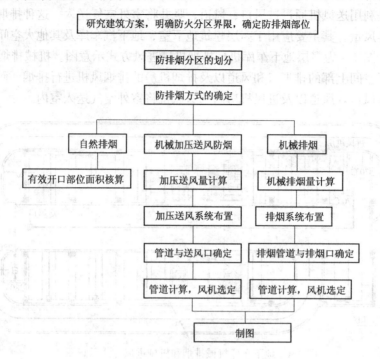

图 4-5　防排烟系统设计程序

### 4.2.2　防排烟设施的设置部位

#### 4.2.2.1　设置防烟设施的部位

建筑的下列场所或部位应设置防烟设施：

（1）防烟楼梯间及其前室。

（2）消防电梯前室或合用前室。

（3）避难走道的前室、避难层（间）。

建筑高度不大于 50m 的公共建筑、工业建筑和建筑高度不大于 100m 的住宅建筑，当其防烟楼梯间的前室或合用前室符合下列条件之一时，楼梯间可不设置防烟系统：

（1）前室或合用前室采用敞开的阳台、凹廊；

（2）前室或合用前室具有不同朝向的可开启外窗，且可开启外窗的面积满足自然排烟口的面积要求。

#### 4.2.2.2　排烟设施的设置

（1）厂房或仓库排烟设施的设置

1）人员或可燃物较多的丙类生产场所，丙类厂房内建筑面积大于 300m² 且经常有人停留或可燃物较多的地上房间；

2）建筑面积大于 5000m² 的丁类生产车间；

3）占地面积大于 1000m² 的丙类仓库；

4）高度大于 32m 的高层厂（库）房内长度大于 20m 的疏散走道，其他厂（库）房内长度大于 40m 的疏散走道。

（2）民用建筑排烟设施的设置

1）设置在一、二、三层且房间建筑面积大于100m²的歌舞娱乐放映游艺场所和设置在四层及以上楼层、地下或半地下的歌舞娱乐放映游艺场所；

2）公共建筑内建筑面积大于100m²且经常有人停留的地上房间；

3）公共建筑内建筑面积大于300m²且可燃物较多的地上房间；

4）建筑内长度大于20m的疏散走道；

5）中庭；

6）地下或半地下建筑（室）、地上建筑内的无窗房间，当总建筑面积大于200m²或一个房间建筑面积大于50m²，且经常有人停留或可燃物较多的房间。

### 4.2.3 防烟分区的划分

划分防烟分区的目的是在建筑内部采用挡烟设置，在火灾初期阶段将烟气控制在一定范围内，并通过排烟设施将烟气迅速排出室外，防止火灾烟气向同一防火分区的其余部分蔓延的局部空间。防烟分区可采用隔墙、挡烟垂壁或从顶棚下突出不小于0.5m的梁等设施进行划分。

火灾中产生的烟气在遇到顶棚后将形成顶棚射流向周围扩散，没有防烟分区将导致烟气横向迅速扩散，甚至引燃其他部位；如果烟气温度不是很高，则其在横向扩散过程中将使冷空气混合而变得较冷、较薄并下降，从而降低排烟效果。设置防烟分区可使烟气比较集中、温度较高，烟层增厚，并形成一定压力差，有利于提高排烟效果。

#### 4.2.3.1 防烟分区的划分原则

（1）防烟分区不应跨越防火分区。

（2）净空高度超过6m的房间不划分防烟分区，防烟分区的面积等于防火分区的面积。

（3）每个防烟分区的建筑面积不宜超过500m²。

#### 4.2.3.2 防烟分区划分时应注意的问题

（1）疏散楼梯间及其前室和消防楼梯间及其前室作为疏散和救援的主要通道，应单独划分防烟分区并设独立的防烟设施，这对保证安全疏散，防止烟气扩散和火灾垂直蔓延非常重要。

（2）需设置避难层和避难间的超高层建筑，均应单独划分防烟分区，并设独立的防排烟设施。

（3）净高大于6m的大空间的房间，一般不会在短期内达到危及人员生命危险的烟层高度和烟气浓度，故可以不划分防烟分区。

（4）防烟分区是房间或走道排烟系统设计的组合单元，一个排烟系统可担负一个或多个防烟分区的排烟；对于地下车库，防烟分区则是一个独立的排烟单元，每个排烟系统宜担负一个防烟分区的排烟。

#### 4.2.3.3 防烟设施

（1）挡烟垂壁

用不燃烧材料制成，从顶棚下垂不小于500mm的固定或活动的挡烟设施。活动挡烟垂壁指火灾时因温感、烟感或其他控制设施的作用，自动下垂的挡烟垂壁。挡烟垂壁起阻挡烟气的作用，同时可提高防烟分区排烟口的吸烟效果。

（2）挡烟隔墙

从挡烟效果看，挡烟隔墙比挡烟垂壁的效果好，因此要求成为安全区域的场所，宜采用挡烟隔墙。

（3）挡烟梁

有条件的建筑物可利用从顶棚下凸出不小于 0.5m 的钢筋混凝土梁或钢梁进行挡烟。各种防烟设施如图 4-6 所示。

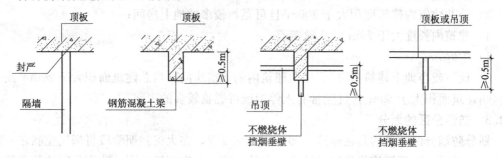

图 4-6　隔墙、挡烟梁和挡烟垂壁等防烟设施的布置

### 4.2.4　自然防、排烟设计

#### 4.2.4.1　自然排烟的设置条件

（1）按 4.2.2 节应设置防、排烟设施的建筑部位，若自然排烟条件允许时，宜优先采用自然排烟设施进行排烟。

（2）除建筑高度超过 50m 的一类公共建筑和建筑高度超过 100m 的居住建筑外，靠外墙的防烟楼梯间及其前室、消防电梯间前室和合用前室，宜采用在外墙上开外窗的自然排烟方式。

#### 4.2.4.2　自然排烟口的设置要求

设置自然排烟设施的场所，其自然排烟口的净面积应符合下列规定：

（1）防烟楼梯间前室、消防电梯间前室，不应小于 2.0m²；合用前室，不应小于 3.0m²（见图 4-7）。

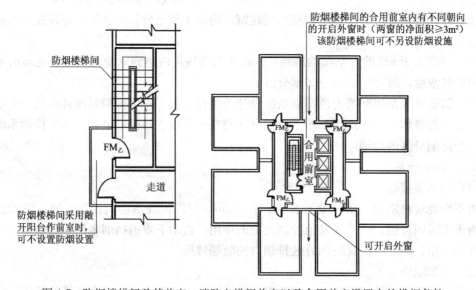

图 4-7　防烟楼梯间及其前室、消防电梯间前室以及合用前室设置自然排烟条件

（2）靠外墙的防烟楼梯间，每5层内可开启排烟窗的总面积不应小于2.0m²（见图4-7）。

（3）中庭、剧场舞台，不应小于该中庭、剧场舞台楼地面面积的5%。

（4）其他场所，宜取该场所建筑面积的2%～5%。

（5）防烟楼梯间前室、合用前室采用敞开阳台、凹廊进行防烟，或前室、合用前室内有不同朝向且开口面积符合上述（1）、（2）、（3）、（4）条规定的可开启外窗时，该防烟楼梯间可不设置防烟设施（见图4-8）。

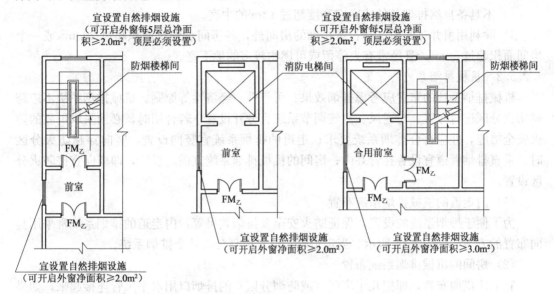

图4-8　防烟楼梯间及其前室可不设置防烟设施的条件

（6）作为自然排烟的窗口宜设置在房间的外墙上方或屋顶上，并应有方便开启的装置。自然排烟口距该防烟分区最远点的水平距离不应超过30m（见图4-9）。

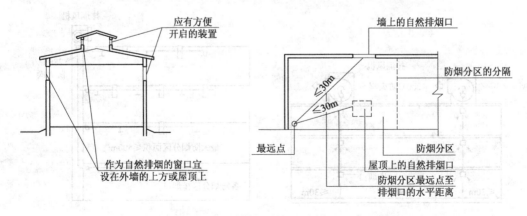

图4-9　自然排烟口的设置部位和要求

### 4.2.5　机械排烟设计

#### 4.2.5.1　机械排烟的设置场所

（1）当4.2.2.2节中非高层建筑设置排烟设施的场所自然排烟条件不满足时，应设置机械排烟设施。

（2）一类高层建筑和建筑高度超过 32m 的二类高层建筑的下列部位，应设置机械排烟设施：

1）无直接自然通风，且长度超过 20m 的内走道或虽有直接自然通风，但长度超过 60m 的内走道。

2）面积超过 100m² 且经常有人停留或可燃物较多的地上无窗房间或设固定窗的房间。

3）不具备自然排烟条件或净空高度超过 12m 的中庭。

4）除利用窗井等开窗进行自然排烟的房间外，各房间总建筑面积超过 200m² 或一个房间面积超过 50m²，且经常有人停留或可燃物较多的地下室。

#### 4.2.5.2 机械排烟系统的布置

机械排烟系统的布置应考虑排烟效果、可靠性、经济性等原则。机械排烟系统不应跨越防火分区进行布置；与通风、空气调节系统宜分开设置，若合用时，必须采取可靠的防火安全措施，并应符合排烟系统要求；走道的排烟系统宜竖向设置，竖向穿越防火分区时，垂直排烟管道宜设置在管井内；房间的机械排烟系统宜横向设置，即横向宜按防火分区设置。

（1）内走道的机械排烟系统布置

为了便于排烟系统的设置，保证防火安全及排烟效果等，内走道的排烟系统常采用竖向布置的方案，如图 4-10 所示。当走道较长时，可划分成几个排烟系统。

（2）房间的机械排烟系统布置

宜采用横向布置，即把几个房间（或防烟分区）的排烟口用水平风管连接起来，如果有几层多个房间（或防烟分区）需要排烟，则每层按横向布置，然后用竖向风道连成一个系统，如图 4-11 所示。当每层需要排烟的房间（或防烟分区）较多且水平风道布置有困难时，也可划分成几个排烟系统。

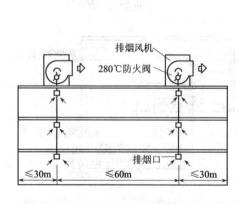

图 4-10 竖向布置的走道排烟系统

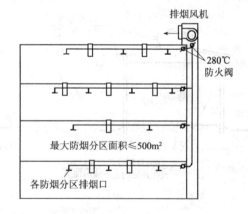

图 4-11 横向布置的房间排烟系统

#### 4.2.5.3 机械排烟系统排烟量的确定

设置机械排烟设施的部位，其排烟风机的排烟量应符合下列规定：

（1）当排烟风机只担负一个防烟分区的排烟或净空高度大于 6.0m 的不划分防烟分区的房间时，应按每平方米面积不小于 60m³/h 计算系统排风量，此时单台风机最小排烟量不应小于7200m³/h。

（2）当排烟风机担负两个或两个以上防烟分区的排烟时，应按最大防烟分区面积每平方米不小于120m³/h计算系统排风量，系统排烟量的最大值为60000m³/h。

（3）中庭体积小于或等于17000m³时，其排烟量按其体积的6h⁻¹换气计算；中庭体积大于17000m³时，其排烟量按其体积的4h⁻¹换气计算，但最小排烟量不应小于102000m³/h。

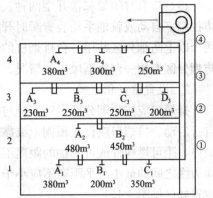

由于在设计排烟系统时，仅考虑着火区域和相邻区域同时排烟，故排烟系统中各管段的风量计算只按两个防烟分区中排烟量的最大值选取，即当排烟风机不论是横向还是竖向担负两个或两个以上防烟分区排烟时，只按两个防烟分区同时排烟确定排烟风机的风量，如图4-12所示。

图4-12　排烟系统布置及各管段的风

**【例4-1】** 某四层建筑，需设置机械排烟系统，各楼层防烟分区面积和排烟系统布置如图4-12所示。试对每个排烟口排烟量进行计算，并确定排烟机的风量。

**【解】** 根据排烟系统布置图，可确定出每个排烟口排烟量、排烟风管各管段的风量分配情况，见表4-1。由计算结果可见，排烟机的风量为57600m³/h<60000m³/h的最大值，满足设计要求。

排烟风管风量的计算　　　　　　　　　　　　　　　表4-1

| 管段间 | 负担防烟区 | 通过风量（m³/h） | 备　注 |
|---|---|---|---|
| $A_1 \sim B_1$ | $A_1$ | $Q_{A_1} \times 60 = 22800$ | |
| $B_1 \sim C_1$ | $A_1$，$B_1$ | $Q_{A_1} \times 120 = 45600$ | |
| $C_1 \sim ①$ | $1 \sim C_1$ | $Q_{A_1} \times 120 = 45600$ | 1层最大 $Q_{A_1} \times 120$ |
| $A_2 \sim B_2$ | $A_2$ | $Q_{A_2} \times 60 = 28800$ | |
| $B_2 \sim ①$ | $A_2$，$B_2$ | $Q_{A_2} \times 120 = 57600$ | 2层最大 $Q_{A_2} \times 120$ |
| $① \sim ②$ | $A_1 \sim C_1$，$A_2$，$B_2$ | $Q_{A_2} \times 120 = 57600$ | 1，2层最大 $Q_{A_2} \times 120$ |
| $A_3 \sim B_3$ | $A_3$ | $Q_{A_3} \times 60 = 13800$ | |
| $B_3 \sim C_3$ | $A_3$，$B_3$ | $Q_{A_3} \times 120 = 30000$ | |
| $C_3 \sim D_3$ | $A_3 \sim C_3$ | $Q_{A_3} \times 120 = 30000$ | |
| $D_3 \sim ②$ | $A_3 \sim D3$ | $Q_{A_3} \times 120 = 30000$ | 3层最大 $Q_{B_1} \times 120$ |
| $② \sim ③$ | $A_1 \sim C_1$，$A_2$，$B_2$，$A_3 \sim D_3$ | $Q_{A_2} \times 120 = 57600$ | 1，2，3层最大 $Q_{A_1} \times 120$ |
| $A_4 \sim B_4$ | $A_4$ | $Q_{A_4} \times 60 = 22800$ | |
| $B_4 \sim C_4$ | $A_4$，$B_4$ | $Q_{A_4} \times 120 = 45600$ | |
| $C_4 \sim ③$ | $A_4 \sim C_4$ | $Q_{A_4} \times 120 = 45600$ | 4层最大 $Q_{A_4} \times 120$ |
| $③ \sim ④$ | $A_1 \sim C_1$，$B_2$，$A_3 \sim D_3$，$A_4 \sim C_4$ | $Q_{A_2} \times 120 = 57600$ | 全体最大 $Q_{A_1} \times 120$ |

4.2.5.4　机械排烟系统设计要点

（1）排烟口

1）排烟口形式

排烟口有常闭型和常开型两种。常闭型排烟口平时处于关闭状态，发生火灾时，由消防控制室自动或就地手动装置瞬时开启排烟风机和着火房间的排烟口，进行排烟，适用于两个以上防烟分区共用一台排烟机的情况。常开型排烟口平时处于开启状态，适用于一个防烟分区专用一台排烟风机的情况。

2）设置位置和方式

排烟口应按防烟分区设置，应与排烟风机联锁，当任一排烟口开启时，排烟风机应能自行启动。排烟口应设在顶棚上或靠近顶棚的墙面上，以利于烟气排出。设在顶棚上的排烟口，距可燃构件或可燃物的距离不应小于 1.0m；排烟口与附近安全出口沿走道方向相邻边缘之间的最小水平距离不应小于 1.50m。排烟口应尽量布置在与人流疏散方向相反的位置处（见图 4-13）。

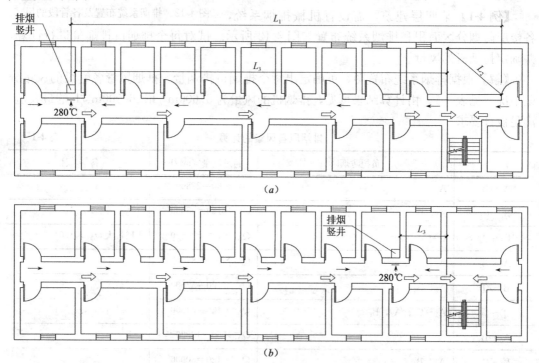

图 4-13　走道排烟口与疏散口的位置示意图

→烟气流方向；⇒人流方向；$L_3 \geqslant 1.5$m，$L_1 + L_2 \leqslant 30$m

（$a$）较好，人流疏散方向与烟气流扩散方向相反；（$b$）不好，人流疏散方向与烟气流扩散方向一致

防烟分区内的排烟口距最远点的水平距离不应超过 30m。在排烟支管上应设有当烟气温度超过 280℃时能自行关闭的排烟防火阀（见图 4-14）。

在图 4-14 中，排烟风机设置在风机间内。每个无窗的房间和开有固定窗的房间各为一个防烟分区，防烟分区内设置排烟口。图中的内走道已符合自然排烟要求，可开启外窗的面积满足该房间自然排烟的要求。排烟口到本防烟分区内最远点的水平距离均不大于30m，即图中 $L_1$、$L_2 \leqslant 30$。

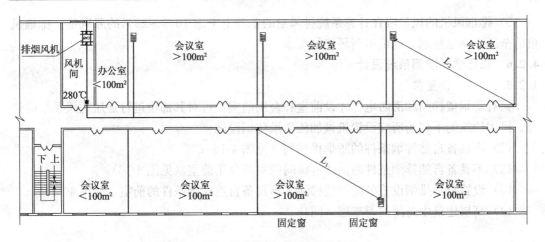

图 4-14　排烟口的设置示意

排烟口平时关闭，并应设置有手动和自动开启装置。

设置机械排烟系统的地下、半地下场所，除歌舞娱乐放映游戏场所和建筑面积大于 $50m^2$ 的房间外，排烟口可设置在疏散走道。

排烟口的尺寸可根据通过排烟口的风速不宜大于 10m/s 计算。

（2）排烟管道

1）竖向穿越防火分区时，垂直排烟管道宜设置在管井内；穿越防火分区的排烟管道应在穿越处设置排烟防火阀（见图 4-15）。

2）排烟管道的材料必须采用不燃烧材料，宜采用镀锌钢板或冷轧钢板。安装在吊顶内的排烟管道，其隔热层应采用不燃烧材料制作，并应与可燃物保持不小于 150mm 的距离。

（3）排烟风机

1）排烟风机可采用离心风机或排烟专用的轴流风机。

2）排烟风机应保证在 280℃ 时能连续工作 30min。

3）在排烟风机入口处的总管上应设置当烟气温度超过 280℃ 时能自行关闭的排烟防火阀，该阀应与排烟风机联锁，当该阀关闭时，排烟风机应能停止运转。

4）排烟风机和用于排烟补风的送风风机宜设置在通风机房内。

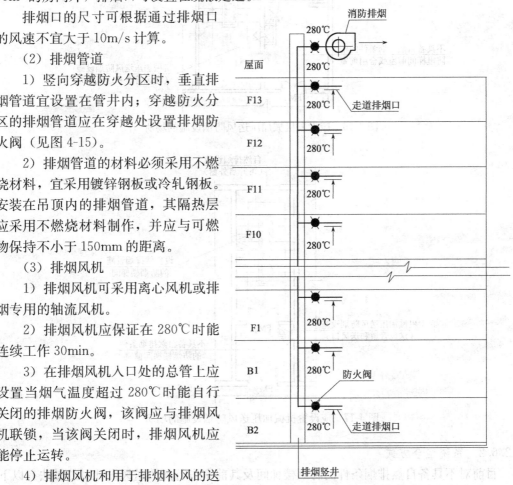

图 4-15　排烟管道竖向穿越防火分区的示意

5）排烟风机的风量应在计算系统排风量的基础上考虑10％～20％的漏风量。排烟风机的全压应满足排烟系统最不利环路的要求。

### 4.2.6　加压送风防烟系统设计

#### 4.2.6.1　系统设置部位

只有防烟楼梯间和消防电梯才设前室和合用前室，可对其部位进行加压送风系统的设计。民用建筑的下列场所应设置机械加压送风防烟设施：

（1）不具备自然排烟条件的防烟楼梯间（见图4-16）；

（2）不具备自然排烟条件的消防电梯间前室或合用前室（见图4-16）；

（3）设置自然排烟设施的防烟楼梯间，不具备自然排烟条件的前室（见图4-17）；

（4）高层建筑中封闭的避难层（间）。

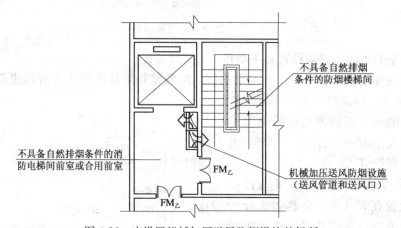

图4-16　应设置机械加压送风防烟设施的场所

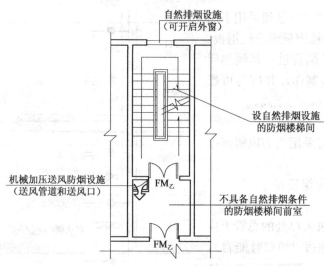

图4-17　应设置机械加压送风防烟设施的场所

#### 4.2.6.2　系统组合方式

目前对不具备自然排烟条件的防烟楼梯间及其前室进行加压送风设计时的做法有以下5种组合方式：

（1）仅对防烟楼梯间进行加压送风，其前室不送风。这种加压送风方式防烟效果差。

（2）防烟楼梯间及其前室分别设置两个独立的加压送风系统，进行加压送风。这种加压送风方式防烟效果好。

（3）对防烟楼梯间及有消防电梯的合用前室分别加压送风。这种加压送风方式防烟效果好。

（4）仅对消防电梯前室加压送风，防烟效果一般。

（5）当防烟楼梯间具有自然排烟条件，仅对前室及合用前室加压送风，防烟效果一般。

#### 4.2.6.3 系统组成

机械加压送风系统由送风、漏风和排风系统组成。

（1）对加压空间的送风

依靠通风机将室外未受烟气污染的空气通过管道送入需要加压防烟的空间，以形成正压，这是正压送风系统的主体部分。

（2）加压空间的漏风

建筑结构缝隙、开口、门缝及窗缝等都是空气泄漏的途径。加压空间与周围空间压力差的存在，会使空气由高压侧向低压侧泄漏，泄漏量的大小取决于加压空间的密封程度。

（3）非正压部分的排风

空气由正压区进入相邻的非正压区后，与烟气掺混，随烟气由窗外或机械排烟系统排出室外。如果烟气没有足够的排放途径，则非正压区内的压力会逐渐上升，使正压区与非正压区之间的压差逐渐减少，从而削弱正压送风系统的防烟效果。所以必须将空气与烟气及时排至室外，以维持正常的压力差。

#### 4.2.6.4 加压送风量的确定

加压送风量的确定应满足加压部分防烟的目的。为保证疏散通道不受烟气侵害使人员安全疏散，发生火灾时，从安全性的角度出发，高层和非高层建筑内可分为四个安全区：第一类安全区：防烟楼梯间、避难层；第二安全区：防烟楼梯间前室、消防电梯前室或合用前室；第三安全区：走道；第四安全区：房间。依据上述原则，加压送风时应使防烟楼梯间压力＞前室压力＞走道压力＞房间压力，同时还要保证各部分之间的压差不要过大，以免造成开门困难，影响疏散。所以机械加压送风系统在设计时应满足下列 3 个条件：

（1）防烟楼梯间内机械加压送风防烟系统与非加压区的压差应为 40～50Pa，合用前室应为 25～30Pa；

（2）开门时前室或合用前室与走道之间的门洞处保持≥0.7m/s 的风速，形成一种与烟气扩散方向相反的气流，阻止烟气向正压空间扩散入侵，以确保疏散通道的安全；

（3）疏散时推门力不大于 10kg。

机械加压送风防烟系统的加压送风量应经计算确定，非高层建筑的加压送风量如表 4-2 所示，高层建筑的加压送风量如表 4-3 所示。当计算结果与表 4-2 和表 4-3 的规定不一致时，应采用较大值。

层数超过 32 层的高层建筑，其送风系统及送风量应分段设计。封闭避难层（间）的机械加压送风量应按避难层净面积每平方米不小于 30m³/h 计算。

多层建筑机械加压送风量　　　　　　　　　表 4-2

| 序号 | 组　合　方　式 | 加压送风部位 | 加压送风量（m³/h） |
|---|---|---|---|
| 1 | 前室不送风的防烟楼梯间 | 防烟楼梯间 | 25000 |
| 2 | 防烟楼梯间及其合用前室分别加压送风 | 防烟楼梯间 | 16000 |
| | | 合用前室 | 13000 |
| 3 | 消防电梯间前室 | 消防电梯前室 | 15000 |
| 4 | 防烟楼梯间采用自然排烟，前室或合用前室加压送风 | 前室或合用前室 | 22000 |

注：表内风量数值按开启宽×高＝1.5m×2.1m 的双扇门为基础的计算值。当采用单扇门时，其风量宜按表列数值乘以 0.75 确定；当前室有 2 个或 2 个以上门时，其风量应按表列数值乘以 1.50～1.75 确定。开启门时，通过门的风速不应小于 0.70m/s。

高层建筑机械加压送风量　　　　　　　　　表 4-3

| 序号 | 组合方式 | 负担层数 | 加压送风部位 | 加压送风量（m³/h） |
|---|---|---|---|---|
| 1 | 前室不送风的防烟楼梯间 | <20 层 | 防烟楼梯间 | 25000～30000 |
| | | 20～32 层 | | 35000～40000 |
| 2 | 防烟楼梯间及其合用前室分别加压送风 | <20 层 | 防烟楼梯间 | 16000～20000 |
| | | | 合用前室 | 12000～16000 |
| | | 20～32 层 | 防烟楼梯间 | 20000～25000 |
| | | | 合用前室 | 18000～22000 |
| 3 | 消防电梯间前室加压送风 | <20 层 | 消防电梯前室 | 15000～20000 |
| | | 20～32 层 | | 22000～27000 |
| 4 | 防烟楼梯间采用自然排烟，前室或合用前室不具备自然排烟条件 | <20 层 | 前室或合用前室 | 22000～27000 |
| | | 20～32 层 | | 28000～32000 |

注：表中的风量按开启 2.00m×1.60m 的双扇门确定。当采用单扇门时，其风量宜按表列数值乘以 0.75 确定；当前室有 2 个或 2 个以上门时，其风量应按表列数值乘以 1.50～1.75 确定。开启门时，通过门的风速不应小于 0.70m/s。

**4.2.6.5　加压送风系统设计要点**

（1）防烟楼梯间和合用前室的机械加压送风系统宜分别独立设置。

（2）防烟楼梯间的前室或合用前室的加压送风口应每层设置 1 个。防烟楼梯间的加压送风口宜每隔 2～3 层设置 1 个。

（3）机械加压送风防烟系统和排烟补风系统的室外进风口宜布置在室外排烟口的下方，且高差不宜小于 3.0m；当水平布置时，水平距离不宜小于 10m。

（4）机械加压防烟系统中送风口的风速不宜大于 7m/s；排风口风速不宜大于 10m/s。金属风道风速不宜大于 20m/s，非金属风道风速不宜大于 15m/s。

# 4.3　中庭防、排烟系统设计

## 4.3.1　中庭式建筑的特点

中庭式建筑是指通过两层或更多层楼，顶部封闭的无间隔筒体空间，筒体周围的大部分或全部被建筑物所包围，又称共享空间。由于中庭具有引入自然光、加强通风效果和改善室内环境等多方面的作用，越来越多的建筑尤其是商业建筑采用这种建筑形式。但是由于中庭建筑自身的特点和不同的类型，直接导致防、排烟设计的复杂性，如果设计不合理，将留下十分严重的隐患。

中庭式建筑的设计主要有以下 3 种类型：

（1）中庭与周围建筑之间无任何间隔，中庭与周围房间之间的空气可自由流通。

（2）中庭与周围建筑之间采用玻璃间隔，中庭与周围房间之间无空气流通。

（3）中庭与周围建筑的走廊相通，走廊与周围房间采用玻璃或墙相隔，中庭与周围房间之间无空气流通。

### 4.3.2 中庭式建筑的排烟方式

中庭式建筑烟气控制的目的是限制烟气从中庭空间蔓延到周围房间或其他安全地点的疏散通路中，控制有害气体的浓度，在规定的时间内保持一定高度的清晰空间，便于人员疏散及灭火。由于中庭式建筑设计类型的不同，其排烟方式也不尽相同，可采用集中式、分散式和集中与分散相结合的排烟方式。

#### 4.3.2.1 集中式排烟

在中庭顶部设置排烟设施进行自然排烟或机械排烟。上述中庭式建筑的类型中第（2）和第（3）种类型可采用集中式排烟方式。

（1）自然排烟：净空高度不大于 12m 的中庭，当有可开启的天窗或高侧窗的面积不小于中庭面积的 5％时，宜采用自然排烟，如图 4-18（a）所示。

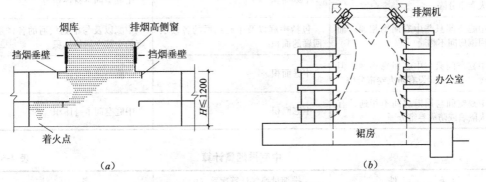

图 4-18　中庭式建筑集中式排烟
(a) 自然排烟；(b) 机械排烟

（2）机械排烟：无自然排烟条件或净空高度大于 12m 的中庭，应采用机械排烟，如图 4-18（b）所示。

#### 4.3.2.2 分散式排烟

利用设在建筑物内各个部位的排烟风管将烟气直接排至室外，如图 4-19 所示。发生火灾时，着火部位感烟探测器发出报警信号，消防控制中心将着火处的排烟阀或排烟口打开，排烟风机联动开启排烟。上述中庭式建筑的类型中第（1）种类型可采用分散式排烟方式。

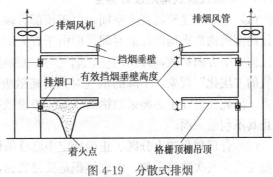

图 4-19　分散式排烟

4.3.2.3 集中与分散相结合的排烟

当中庭与周围部分房间之间没有空气流动或空气流动不畅时，应根据工作情况采用集中与分散相结合的排烟方式。

### 4.3.3 中庭式建筑防火、防烟分区的划分及排烟量的确定

中庭式建筑的防火分区面积和排烟体积可按表4-4确定。当超过一个防火分区面积时，应符合下列规定：

(1) 房间与中庭回廊相通的门、窗，应设自行关闭的乙级防火门、窗。

(2) 与中庭相通的过厅、通道等，应设乙级防火门或耐火极限大于3.0h的防火卷帘分隔。

(3) 中庭每层回廊应设有自动喷水灭火系统。

(4) 中庭每层回廊应设火灾自动报警系统。

中庭的排烟量的确定如表4-5所示。

中庭式建筑防火分区面积及排烟体积的确定 表4-4

| 中庭与周围房间的分隔情况 | 中庭防火分区面积 | 中庭的排烟体积 |
| --- | --- | --- |
| 中庭空间与周围房间相通，无防火卷帘分隔 | 按上、下层联通的面积叠加计算（即包括中庭在内以及与中庭相通的内部各楼层的全部空间面积） | 中庭以及与中庭相通的内部各楼层的全部空间体积 |
| 中庭空间与周围房间相通，但有防火卷帘分隔 | 中庭面积 | 中庭空间本身体积 |
| 中庭空间只与中庭回廊相通，而与周围房间不相通 | 包括中庭以及中庭相通的各楼层回廊的面积 | 中庭以及与中庭相通的各楼层回廊的全部空间的体积 |
| 中庭空间只与中庭回廊相通，但回廊与中庭之间设有防火卷帘分隔 | 中庭面积 | 中庭空间本身体积 |
| 中庭空间与周围房间不相通，有防火隔墙或防火卷帘分隔 | 中庭面积 | 中庭空间本身体积 |

中庭排烟量计算 表4-5

| 条 件 | 排烟量换气计算次数（$h^{-1}$） | 备 注 |
| --- | --- | --- |
| 中庭体积≤17000m³ | 6 | |
| 中庭体积＞17000m³ | 4 | 最小排烟量不小于102000m³/h |

### 4.3.4 中庭式建筑排烟设计要点

(1) 中庭式建筑属高大空间，由于顶部有较大的储烟空间，人员有在烟气下降到人体特征高度前逃离火场的疏散时间。但由于着火地点产生的烟气首先达到屋顶，与卷入的热气流向水平方向扩散，冲向四壁，烟气与壁面换热后开始下降，有可能淹没人流区，这叫烟气的"层化"现象，下降的烟气对人员疏散极为不利，特别是净高大于12m的中庭更严重。因此在设计中必须采取措施（如分段设置排烟的方式等）充分利用其有利的一面，遏止其不利的一面。

(2) 合理划分防火分区、正确确定中庭排烟体积；中庭空间大，气流通道复杂，其排烟量是按换气次数确定的，中庭体积是关键数据，必须准确。

（3）剧场大厅和舞台、多功能体育馆比赛大厅、展览厅等都属于高大空间，与中庭有很多共同之处，可以借鉴。

（4）凡烟气不能经中庭储烟仓集中排出的排烟系统不属于中庭排烟范畴，不能按中庭$6h^{-1}$换气计算其排烟量，应按房间排烟的面积指标计算。

# 4.4 通风空调系统的防火设计

通风空调系统管道的流通面积较大，在火灾时极易传播烟气，使烟气从着火区蔓延到非着火区，甚至会扩散到安全疏散通道，因此在工程设计时必须采取可靠的防火措施。通风空调系统的阻火隔烟主要从两个方面着手，实现材料的非燃化；在一定的区位，在管路上设置切断装置，把管路隔断，阻止火势、烟气的流动。

## 4.4.1 管道系统及材料

通风空调系统的管道材料都应该采用非燃材料，包括管道本身及与管相连的保温材料、消声材料、粘结剂、阀门等。如在选用保温材料时，首先考虑使用不燃保温材料。例如风管穿越变形缝和防火墙时，在变形缝前后2m范围内和防火墙后2m范围内的保温材料均应采用不燃材料。

通风空调系统穿越楼板的垂直风道是火势竖向蔓延传播的主要途径之一，为防止火灾竖向蔓延，风管穿越楼层的层数应有所限制。通风空调系统的管道布置，竖向不宜超过5层，横向应按防火分区设置，尽量使风道不穿越防火分区。当排风管道设有防止回流设施或防火阀（对于高层建筑各层还应设有自动喷水灭火系统）时，其进风和排风管道可不受此限制。另外通风空调系统垂直风道还应设置在管井内，如图4-20所示。

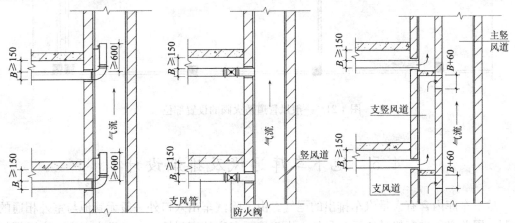

图4-20 垂直排风管道防回流措施

在图4-20中的垂直排风管道均采用了在支管上安装防火阀或防止回流措施，这样可有效防止火灾蔓延到垂直风道所经过的其他楼层。

## 4.4.2 防火阀的设置

防火阀是在一定时间内能满足耐火稳定性和耐火完整性要求，用于管道内阻火的活动式封闭装置。其作用是在火灾发生时，切断管道内的气流通路，使火势及烟气不能沿风道传播。

正常工作时，防火阀的叶片常开，气流能顺利流过；当发生火灾时，风管内气体的温度上升达到 70℃ 时，熔断器熔化，防火阀关闭，输出火灾信号。

通风与空气调节系统风管上的下述部位应设防火阀：

（1）通风、空气调节系统的风管在穿越防火分区处；

（2）穿越通风、空气调节机房的房间隔墙和楼板处；

（3）穿越重要的或火灾危险性大的房间隔墙和楼板处；

（4）穿越变形缝处的两侧；

（5）垂直风管与每层水平风管交接处的水平管段上。但当建筑内每个防火分区的通风和空气调节系统均独立设置时，该防火分区内的水平风管与垂直总管的交接处可不设置防火阀。

通风空调系统的防火阀的设置部位如图 4-21 所示。

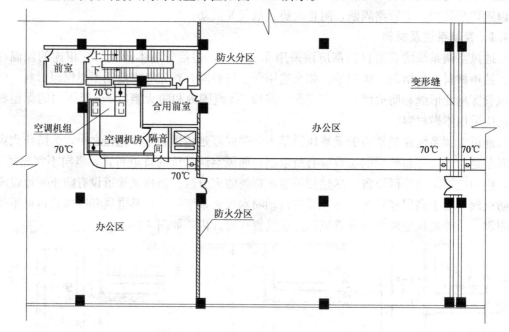

图 4-21　一般风管道防火阀的设置部位

## 4.5　地下车库通风及排烟设计

地下车库内含有大量汽车排出的尾气。由于除汽车出入口外一般无其他与室外相通的孔洞，因此必须进行机械通风。另外，由于地下车库的密封性，一旦发生火灾，高温烟气会因无法排放而在地下车库内蔓延，因此还必须设置机械排烟系统。地下车库排烟系统设计的目标就是既要同时满足这两方面的要求，又要使系统简单、经济和便于管理。

### 4.5.1　地下车库机械排烟系统设计原则

（1）面积超过 2000m² 的地下车库应设置机械排烟系统。

（2）地下车库的机械排烟系统应按防烟分区设置，每个防烟分区至少设一个排烟系统。

（3）每个防烟分区的建筑面积不宜超过 2000m²，且防烟分区不应跨越防火分区。

（4）排烟风机的排烟量应按换气次数不小于 $6h^{-1}$ 计算确定。

（5）排烟风机可采用离心风机或排烟专用的轴流风机，并应在排烟支管上设有当烟气温度超过 280℃ 时能自动关闭的排烟防火阀。排烟风机应保证在 280℃ 时能连续工作 30min。

（6）当设置机械排烟系统时，应设置（自然、机械）补风系统。当地下车库由于防火分区的防火墙分隔和楼板分隔，使有的防火分区内无直接通向室外的汽车疏散出口，应设置机械补风系统。如采用自然进风时，应保证每个防烟分区内有自然进风口。补风量不宜小于排烟量的 50%。

### 4.5.2　地下车库机械通风系统设计原则

地下车库的通风系统包括机械送、排风和自然进风。

（1）地下车库宜设置机械排风系统，排风量应按稀释废气量计算，如无详细资料时，排风量一般不小于 $6h^{-1}$；

（2）机械送、排风系统的送风量应小于排风量，一般为排风量的 80%～85%。

（3）地下车库的排风宜按室内空间上、下两部分设置，上部地带按排出风量的 $1/2$～$1/3$ 计算，下部地带按排出风量的 $1/2$～$2/3$ 计算。

地下车库的防排烟系统设计如图 4-3 和图 4-4 所示，图中排烟口到本防烟分区内最远点的水平距离均不大于 30m。

【例 4-2】地下车库机械排烟系统设计：某工程的地下室设有地下车库，层高 3.5m，设计该地下车库的机械排烟（兼排风）系统的排（烟）风量和送风系统的送（补）风量。

【解】（1）确定防火分区和防烟分区

结合建筑的功能，防火分区和防烟分区的划分如图 4-22 所示，其中车库面积为 3184.62m²。由于该车库建筑面积大于 2000m²，故划分为 1 个防火分区，2 个防烟分区，其中 1 个防烟分区面积为 1073m²（设备用房不包括在内）。

（2）排烟量计算

1 个防烟分区面积为 1073m²，故排烟量应按防烟分区的实际面积乘以 $60m^3/(m^2 \cdot h)$ 计算，即排烟

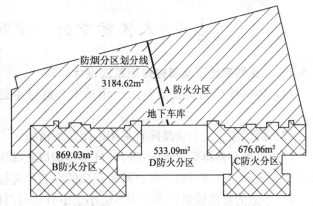

图 4-22　地下室防火分区平面图

量为：$1073 \times 3.5 \times 6 = 22533m^3/h$，排风量也为 22533m³/h，该地下车库内的排风与排烟共用一个系统，选排风机风量为 23776m³/h，风压为 605Pa。

（3）送风量的计算

送风系统：平时送风量按排风量的 80% 计算，则送风量为：$22533m^3/h \times 80\% = 18026.4m^3/h$。火灾时的补风量只在排烟时使用，按规范要求，补风量按排烟量的 50% 计算，即为：$22533m^3/h \times 50\% = 11266.5m^3/h$，故按较大风量选择送风机，风量为 18865m³/h，风压为 460Pa。

（4）车库设排风及排烟的合用系统

车库在设计机械排风系统时，上排三分之一，下排三分之二。车库温度达到零度时停止排风。火灾时，关闭下排风风管，由上排风风管排烟，风机高速运转，送风机送风。至280℃排烟阀联锁关闭排烟风机，送风机同时关闭。图4-23为地下车库排烟系统平面布置图。

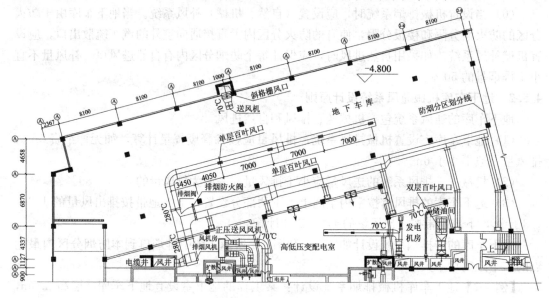

图4-23　地下室中车库排烟系统平面布置图

## 4.6　人民防空地下室防排烟设计

### 4.6.1　人民防空地下室机械排烟系统设计原则

（1）防烟楼梯间及其前室或合用前室、避难走道的前室应设置机械加压送风防烟设施。

（2）丙、丁、戊类物品库宜采用密闭防烟措施。

（3）设置自然排烟设施的场所，自然排烟口底部距室内地面不应小于2m，并应常开或发生火灾时能自动开启，其自然排烟口的净面积应符合下列规定：

1）中庭的自然排烟口净面积不应小于中庭地面面积的5％；

2）其他场所的自然排烟口净面积不应小于该防烟分区面积。

（4）除上述（2）、（3）场所内外，总建筑面积大于200m² 的人防工程；建筑面积大于50m²，且经常有人停留或可燃物较多的房间；丙、丁类生产车间；长度大于20m的疏散走道；歌舞娱乐放映游艺场所；中庭等场所应设置机械排烟设施。

（5）每个防烟分区内必须设置排烟口，排烟口应设置在顶棚或墙面的上部；排烟口宜在该防烟分区内均匀布置，并应与疏散出口的水平距离大于2m，且与该分区内最远点的水平距离不应大于30m；排烟口可单独设置，也可与排风口合并设置。

（6）排烟口的开闭状态和控制应符合下列要求：

1）单独设置的排烟口，平时应处于关闭状态；其控制方式可采用自动或手动开启方式；手动开启装置的位置应便于操作；

2）排风口和排烟口合并设置时，应在排风口或排风口所在支管设置自动阀门；该阀门必须具有防火功能，并应与火灾自动报警系统联动；火灾时，着火防烟分区内的阀门仍应处于开启状态，其他防烟分区内的阀门应全部关闭。

（7）排烟风机可采用普通离心式风机或排烟轴流风机；排烟风机及其进出口软接头应在烟气温度为280℃时能连续工作30min。排烟风机必须采用不燃材料制作。排烟风机入口处的总管上应设置当烟气温度超过280℃时能自动关闭的排烟防火阀，该阀应与排烟风机联锁，当阀门关闭时，排烟风机应能停止运转。

### 4.6.2 人民防空地下室机械通风系统设计原则

（1）防烟楼梯间送风系统的余压值应为40～50Pa。前室或合用前室送风系统的余压值应为25～30Pa。防烟楼梯间、防烟前室或合用前室的送风量应符合下列规定：

1）当防烟楼梯间和前室或合用前室分别送风时，防烟楼梯间的送风量不应小于16000m²/h，前室或合用前室的送风量不应小于13000m²/h；

2）当前室或合用前室不直接送风时，防烟楼梯间的送风量不应小于25000m³/h，并应在防烟楼梯间和前室或合用前室的墙上设置余压阀；

3）楼梯间及其前室或合用前室的门按1.5m×2.1m计算，当采用其他尺寸的门时，送风量应根据门的面积按比例修正。

（2）避难走道的前室送风余压值应为25～30Pa，机械加压送风量应按前室入口门洞风速0.7～1.2m/s计算确定。避难走道的前室宜设置条缝送风口，并应靠近前室入口门，且通向避难走道的前室两侧宽度均应大于门洞宽度0.1m（见图4-24）。

（3）避难走道的前室、防烟楼梯间及其前室或合用前室的机械加压送风系统宜分别设置。当需要共用系统时，应在支风管上设置压差自动调节装置。

（4）设置气体灭火设备的房间，应设置有排除废气的排风装置；与该房间连通的风管应设置自动阀门，火灾发生时，阀门应自动关闭。

（5）通风、空气调节系统的管道宜按防火分区设置。当需要穿过防火分区时，应符合第（7）条的规定。穿过防火分区前、后0.2m范围内的钢板通风管道，其厚度不应小于2mm。

（6）通风、空气调节系统的风机及风管应采用不燃材料制作，但接触腐蚀性气体的风管及柔性接头可采用难燃材料制作。风管和设备的保温材料应采用不燃材料；消声、过滤材料及粘结剂应采用不燃材料或难燃材料。

（7）通风、空气调节系统的风管，当出现下列情况之一时，应设置防火阀：

1）穿过防火分区处；

2）穿过设置有防火门的房间隔墙或楼板处；

3）每层水平干管同垂直总管的交接处水平管段上；

4）穿越防火分区处，且该处又是变形缝时，应在两侧各设置一个。

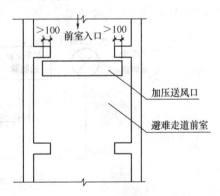

图4-24　避难走道前室加
压送风口布置图

# 第5章 火灾自动报警系统

火灾自动报警是探测火灾早期特征、发出火灾报警信号，为人员疏散、防止火灾蔓延和启动自动灭火设备提供控制与指示的消防系统。它是依据主动防火对策，以被监测的各类建筑物为警戒对象，通过自动化手段实现早期火灾探测、火灾自动报警和消防设备联动控制。它完成了对火灾的预防与控制功能，可用于人员居住和经常有人滞留的场所、存放重要物资或燃烧后产生严重污染需要及时报警的场所。

## 5.1 火灾自动报警系统简介

### 5.1.1 火灾自动报警系统的构成

火灾自动报警系统在建筑物早期发现并扑灭火灾方面起着重要的作用，系统主要由三部分组成，即火灾报警探测装置、火灾报警控制器以及报警装置等，如图 5-1 所示。

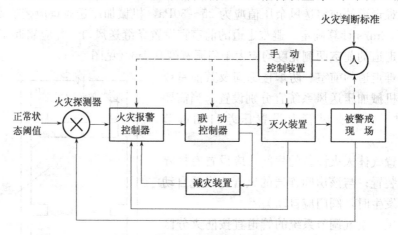

图 5-1 火灾自动报警系统的构成

火灾报警探测装置主要包括火灾探测器（自动触发）和手动报警按钮（手动触发）。火灾手动报警按钮用于火灾发生时，人工向消防报警系统发出火灾信号。火灾探测器是指用来响应其附近区域由火灾产生的物理和化学现象的探测器件，是火灾自动报警系统的主要部件，它安装在监控现场，犹如系统的"感觉器官"，能不间断地监视和探测被保护区域火灾的初期信号。它将火灾发生初期所产生的烟、热、光转变成电信号，然后传送给报警控制系统。

火灾报警控制器的作用是供给火灾探测器稳定的直流电源；监视连接各火灾探测器的传输导线有无断线故障；保证火灾探测器长期、稳定、有效地工作。当火灾探测器探测到火灾后，能接收火灾探测器发来的报警信号，迅速、正确地进行转换和处理，并以声光报警形式，指示火灾发生的具体部位，以便及时采取有效的处理措施。

在火灾自动报警系统中，火灾时用以发出区别于环境声、光或语音的火灾警报信号，以警示人们采取安全疏散、灭火救灾措施的装置称为火灾报警装置。常用的火灾报警设备有警铃（也称声警报器）、声光报警器、火灾指示灯（也称光警报器）。

### 5.1.2 火灾自动报警系统的工作过程

设置火灾自动报警系统是为了防止和减少火灾带来的损失和危害，保护生命和财产安全。火灾自动报警系统工作原理如图 5-2 所示。安装在保护区的火灾探测器实时监测被警戒的现场或对象。当监测场所发生火灾时，火灾探测器将检测到火灾产生的烟雾、高温、火焰及火灾特有的气体等信号并转换成电信号，通过总线传送至报警控制器。现场人员发现火情后，也应立即直接按动手动报警按钮，发出火警信号。火灾报警控制器接收到火警信号，经确认后，通过火灾报警控制器上的声光报警显示装置显示出来，通知值班人员发生了火灾。同时，火灾自动报警系统通过火灾报警控制器自启动报警装置，通过消防广播或消防电话通知现场人员投入灭火操作或从火灾现场疏散；相应地自启动防排烟设备、防火门、防火卷帘、消防电梯、火灾应急照明、切断非消防电源等减灾装置，防止火灾蔓延、控制火势及求助消防部门支援等；启动消火栓、水喷淋、水幕及气体灭火系统及装置，及时扑救火灾，减少火灾损失。一旦火灾被扑灭，整个火灾自动报警系统又回到正常监控状态。

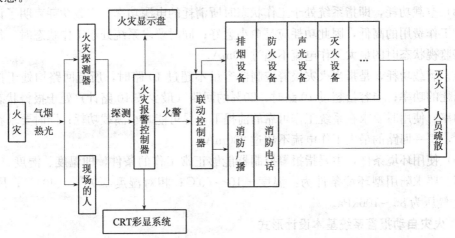

图 5-2 火灾自动报警系统工作原理

### 5.1.3 火灾报警控制器

火灾报警控制器是火灾报警系统的心脏，是分析、判断、记录和显示火灾的部件。控制器应能直接或间接地接收来自火灾探测器及其他火灾报警触发器件的火灾报警信号，发出火灾报警声、光信号，指示火灾发生部位，记录火灾报警时间，并予以保持，直至手动复位。火灾报警控制器分类如图 5-3 所示。

火灾报警控制器的主要技术性能：

（1）工作电压，工作时电压可采用 220V 交流电和 21～32V 直流电（备用）。备用电源应优先选用 24V。

（2）输出电压及允差，输出电压即指供给火灾报警探测器使用的工作电压，一般为直

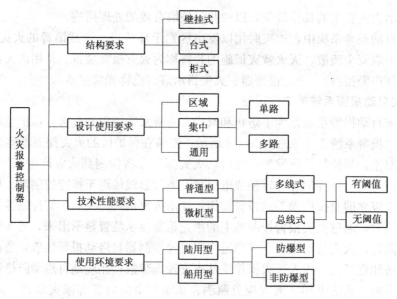

图 5-3　火灾报警控制器的分类

流 24V，此时输出电压允差不大于 0.48V，输出电流一般应大于 0.5A。

（3）空载功耗，即指系统处于工作状态时所消耗的电源功率。空载功耗表明了该系统的日常工作费用的高低，因此功耗应是愈小愈好；同时要求系统处于工作状态时，每一报警回路监视状态时的最大工作电流不超过 20mA。

（4）满载功耗，是指当火灾报警控制器容量不超过 10 路时，所有回路均处于报警状态所消耗的功率；当容量超过 10 路时，20%的回路（最少按 10 路计）处于报警状态所消耗的功率。使用时要求在系统工作可靠的前提下，尽可能减小满载功耗；同时要求在报警状态时，每一回路的最大工作电流不超过 200mA。

（5）使用环境条件，主要指报警控制器能够正常工作的条件，即温度、湿度、风速、气压等。要求陆用型环境条件为：温度 $-10 \sim 50℃$；相对湿度 $\leqslant 93\%$（40℃）；风速 $<5m/s$，气压为 $85 \sim 106kPa$。

### 5.1.4　火灾自动报警系统基本设计形式

随着电子技术迅速发展和计算机软件在现代火灾报警系统中的应用，火灾自动报警技术逐步向智能化方向发展；同时，采用网络通信结构，使火灾自动报警系统的结构形式灵活多样，更加能适应工程的需要。但从标准化的基础要求来看，系统结构形式应当尽可能简化、统一。

火灾自动报警系统设计，一般应根据建设工程的性质和规模，结合保护对象、火灾报警区域的划分和防火管理机构的组织形式等因素，确定不同的火灾自动报警系统。根据火灾监控对象的特点、火灾报警控制器的分类以及自动灭火联动控制要求的不同，火灾自动报警系统的基本设计形式有三种：区域报警系统、集中报警系统和控制中心报警系统。

#### 5.1.4.1　区域报警系统

仅需要报警，不需要联动自动消防设备的保护对象采用区域报警系统。

区域报警系统是由区域报警控制器或火灾报警控制器、火灾探测器、手动火灾报警按钮及火灾声光警报器等组成，系统中可包括消防控制室图形显示装置和指示楼层的区域显示器。

火灾报警控制器应设置在有人值班的房间或场所。

区域报警系统设置消防控制室图形显示装置时，该装置应具有传输消防设施运行状态信息和消防安全管理信息的功能；系统未设置消防控制室图形显示装置时，应设置火警传输设备。区域火灾报警系统示意图如图5-4所示。

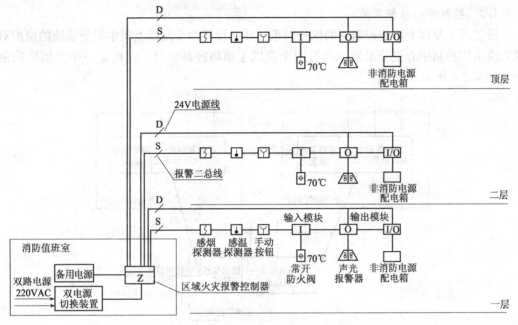

图 5-4　区域火灾报警系统示意图

### 5.1.4.2　集中报警系统

不仅需要报警，同时需要联动自动消防设备，且只设置一台具有集中控制功能的火灾报警控制器和消防联动控制器的保护对象，采用集中报警系统，并应设置一个消防控制室，如图5-5所示。

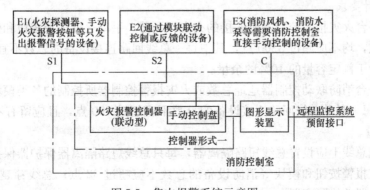

图 5-5　集中报警系统示意图

集中报警系统由火灾探测器、手动火灾报警按钮、火灾声光警报器、消防专用电话、消防控制室图形显示装置、火灾报警控制器、消防联动控制器等组成。

集中报警系统中的火灾报警控制器、消防联动控制器和消防控制室图形显示装置、消防应急广播的控制装置、消防专用电话总机等起集中控制作用的消防设备，应设置在消防控制室内。

集中报警系统设置的消防控制室图形显示装置具有传输消防设施运行状态信息和消防安全管理信息的功能。

### 5.1.4.3　控制中心报警系统

设置两个及以上消防控制室的保护对象，或已设置两个及以上集中报警系统的保护对象，应采用控制中心报警系统。当有两个及以上消防控制室时，应确定一个主消防控制室，如图 5-6 所示。

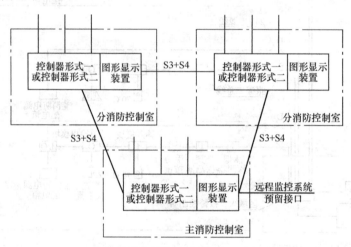

图 5-6　控制中心报警系统示意图

主消防控制室能显示所有火灾报警信号和联动控制状态信号，并应能控制重要的消防设备；各分消防控制室内消防设备之间可互相传输、显示状态信息，但不应互相控制。控制中心报警系统设置的消防控制室图形显示装置具有传输消防设施运行状态信息和消防安全管理信息的功能。

### 5.1.4.4　设计要求

（1）任一台火灾报警控制器所连接的火灾探测器、手动火灾报警按钮和模块等设备总数和地址总数，均不应超过 3200 点，其中每一总线回路连接设备的总数不宜超过 200 点，且应留有不少于额定容量的 10% 的余量。

（2）任一台消防联动控制器地址总数或火灾报警控制器所控制的各类模块总数不应超过 1600 点，每一联动总线回路连接设备的总数不宜超过 100 点，且应留有不少于额定容量 10% 的余量。

（3）系统总线上应设置总线短路隔离器，每只总线短路隔离器保护器保护的火灾探测器、手动火灾报警按钮和模块等消防设备的总数不应超过 32 点；总线穿越防火分区时，应在穿越处设置总线隔离器。

（4）高度超过 100m 的建筑中，除消防控制室内设置的控制器外，每台控制器直接控制的火灾探测器、手动报警按钮和模块等设备不应跨越避难层。

（5）水泵控制柜、风机控制柜等消防电气控制装置不应采用变频启动方式。

## 5.2 火灾探测器

火灾探测器是火灾自动报警系统的重要组成部分，分布在防护区域内，用来感知初期的火灾的发生，并将火灾信号传递给火灾报警控制器，实现火灾报警功能。

### 5.2.1 火灾报警探测器的分类

目前世界各国生产的火灾探测器的种类很多，但从探测方法和工作原理上来分，主要有：空气离化法、热（温度）检测法、火焰（光）检测法、可燃气体检测法等。根据以上原理，目前世界各国生产的火灾探测器主要有感烟式探测器、感温式探测器、感光式探测器、可燃气体探测器和复合式探测器等类型。每种类型中又可分为不同的形式。各种火灾探测器的种类参见表 5-1。各种火灾探测器的基本动作原理和技术性能如表 5-2 所示。

**火灾报警探测器的种类** 表 5-1

| 种类 | 类型 | 特性 |
|---|---|---|
| 感烟式探测器 | 离子感烟式 | 点型探测器①，由电离室和电子线路构成 |
| | 光电感烟式 | 点型探测器，由发光元件和受光原件构成 |
| | 吸气感烟式 | 由气体采样管网、空气分配阀、空气过滤器、抽气泵、氙灯光电探测器和报警器组成 |
| 感温式探测器 | 定温式 | 点型定温探测器和缆式线型定温探测器② |
| | 差温式 | 膜盒式差温探测器（点型）和空气管式差温探测器（线型） |
| | 差定温式 | 兼具差温探测和定温探测复合功能的探测器 |
| | 光纤感温式 | 根据探测方式分为分布式，准分布式 |
| 感光式探测器 | 紫外式火焰探测器 | 由紫外光敏管、透紫石英玻璃窗、紫外线试验灯、光学遮护板、反光环、电子电路及防爆外壳组成 |
| | 红外式火焰探测器 | 响应光辐射中波长大于 700mm 的红外辐射进行工作 |
| 可燃气体探测器 | | 响应燃烧或热解产生的气体的火灾探测器 |
| 复合式探测器 | | 烟温复合式、双灵敏度感烟输出式 |

① 点型探测器：是探测元件集中在一个特定点上，响应该点周围空间的火灾参量的火灾探测器。民用建筑中几乎均使用点型探测器。

② 线型探测器：是一种响应某一连续线路周围的火灾参量的火灾探测器。多用于工业设备及民用建筑中一些特定场合。

**火灾报警探测器的原理和性能** 表 5-2

| 种类 | 原理 | 性能 |
|---|---|---|
| 离子感烟式探测器 | 用装有一片放射性物质镅、α源构成的两个电离室和场效应晶体管等电子器件组成的电子电路，把火灾发生时的烟雾信号转换成直流电压信号而报警 | 采用空气离化探测法实现感烟探测，对火灾初期和阴燃阶段烟雾气溶胶检测灵敏有效，可探测到微小烟雾颗粒 |

| 种　类 | 原　理 | 性　能 |
|---|---|---|
| 光电感烟式探测器 | 有遮光式和散射光式两种。是在检测室内装入发光元件和受光元件，当烟雾进入检测室后，受光元件的光线被烟雾遮挡而使光量减少，探测器发出报警信号，或由于烟粒子的作用，使发光元件发射的光产生漫反射，使受光元件受光照射而使阻抗发生变化，产生光电流而报警 | 根据烟雾粒子对光的吸收和散射作用实现感烟探测。宜用于特定场合 |
| 定温式探测器 | 易熔合金定温火灾探测器是利用低熔点合金在火灾时熔化，使保险片由于本身的弹力将电接点闭合而报警 | 在规定时间内，火灾引起的温度上升超过某个温度定值时启动报警，有点型和线型两种结构形式 |
| 差温火灾探测器 | 膜盒式差温火灾探测器：在火灾发生时利用密封的金属膜盒气室内的气体膨胀，把气室底部的波纹板推动接通电接点而报警；<br>热敏电阻式差温火灾探测器：在火灾发生时，由于温度的变化使热敏电阻的阻值发生变化，产生电信号而报警 | 在规定时间内，火灾引起的温度上升速率超过某个规定值时启动报警，有点型和线型两种结构形式 |
| 差定温式火灾探测器 | 探测器的定温和差温两部分组成复合式火灾探测器 | 兼有定温式和差温式两者的功能，可靠性较高 |
| 紫外式火焰探测器 | 利用紫外线探测元件，接受火焰自身发出的紫外线辐射而报警 | 监测物质燃烧过程中产生的火焰，多用于油品和电力装置火灾监测 |
| 红外式火焰探测器 | 利用红外线探测元件接收火焰自身发出的红外辐射，产生电信号而报警 | 根据物质燃烧时火焰的闪烁现象，探测火灾，而对一般光源不起作用，多用于电缆地沟、地下铁道及隧道等处 |
| 可燃气体探测器 | 按使用的气敏元件和传感器的不同分为热催化原理、热导原理、气敏原理和三端电化学原理 | 探测空气中可燃气体浓度、气体成分。用于宾馆厨房、炼油厂等存在可燃气体的场所 |

### 5.2.2　火灾探测器的选用

火灾探测器的一般选用原则是：充分考虑火灾形成规律与火灾探测器选用的关系，根据火灾探测区域内可能发生的初期火灾的形成和发展特点、房间高度、环境条件和可能引起误报的因素等综合确定。

（1）根据火灾的形成和发展特点选择探测器

根据建筑特点和火灾的形成和发展特点选用探测器，是火灾探测器选用的核心所在，应遵循以下原则：

1）当火灾初期有阴燃阶段，产生大量的烟雾和少量的热，很少或没有火焰辐射的场所，应选择感烟探测器。

2）对火灾发展迅速，可产生大量热、烟和火焰辐射的场所，可选择感温探测器、感烟探测器、火焰探测器或其组合。

3）对火灾发展迅速，有强烈的火焰辐射和少量烟、热的场所，应选择火焰探测器。

4）对使用、生产或聚集可燃气体或可燃液体蒸气的场所，应选择可燃气体探测器。

5）对火灾形成特征不可预料的场所，可根据模拟实验的结果选择探测器。

6）在通风条件较好的车库内可选用感烟探测器，一般车库内可选用感温探测器。

7) 对无遮挡大空间保护区域宜选用线型火灾探测器。

（2）根据房间高度选择火灾探测器

不同高度的房间可按表 5-3 和表 5-4 选择点型火灾探测器。

不同高度的房间点型火灾探测器的选择　　　　　　　　　　　　　表 5-3

| 房间高度 h (m) | 点型感烟火灾探测器 | 点型感温火灾探测器 | | | 火焰探测器 |
| --- | --- | --- | --- | --- | --- |
| | | A1，A2 | B | C，D，E，F，G | |
| $12<h\leqslant20$ | 不适合 | 不适合 | 不适合 | 不适合 | 适合 |
| $8<h\leqslant12$ | 适合 | 不适合 | 不适合 | 不适合 | 适合 |
| $6<h\leqslant8$ | 适合 | 适合 | 不适合 | 不适合 | 适合 |
| $4<h\leqslant6$ | 适合 | 适合 | 适合 | 不适合 | 适合 |
| $h\leqslant4$ | 适合 | 适合 | 适合 | 适合 | 适合 |

点型感温火灾探测器分类　　　　　　　　　　　　　　　　　　　表 5-4

| 探测器类别 | 典型应用温度 (℃) | 最高应用温度 (℃) | 动作温度下限值 (℃) | 动作温度上限值 (℃) |
| --- | --- | --- | --- | --- |
| A1 | 25 | 50 | 54 | 65 |
| A2 | 25 | 50 | 54 | 70 |
| B | 40 | 65 | 69 | 85 |
| C | 55 | 80 | 84 | 100 |
| D | 70 | 95 | 99 | 115 |
| E | 85 | 110 | 114 | 130 |
| F | 100 | 125 | 129 | 145 |
| G | 115 | 140 | 144 | 160 |

（3）综合环境条件选用火灾探测器

火灾探测器使用的环境条件，如环境温度、气流速度、空气湿度、光干扰等，对火灾探测器的工作性能会产生影响。民用建筑物及其不同场所点型探测器类型的选用见表5-5，线型火灾探测器的选用参见表5-6。

不同场所点型火灾探测器的选择　　　　　　　　　　　　　　　　表 5-5

| 类　型 | 宜选择设置的场所 | 不宜选择设置的场所 |
| --- | --- | --- |
| 感烟探测器 | 饭店、旅馆、教学楼、办公楼的厅堂、卧室、办公室、商场等；计算机房、通信机房、电影或电视放映室等；楼梯、走道、电梯机房、书库、档案库等 | 不宜选择离子感烟探测器的场所有：相对湿度经常大于 95%；气流速度大于 5m/s；有大量粉尘、水雾滞留；可能产生腐蚀性气体；在正常情况下有烟滞留；产生醇类、醚类、酮类等有机物质。　不宜选择光电感烟探测器的场所有：有大量粉尘、水雾滞留；可能产生蒸气和油雾；高海拔地区；在正常情况下有烟滞留 |
| 感温探测器 | 相对湿度经常大于 95%；可能发生无烟火灾；有大量粉尘；在正常情况下有烟和蒸气滞留；厨房、锅炉房、发电机房、烘干车间等；吸烟室等；其他不宜安装感烟探测器的厅堂和公共场所；需要联动熄灭"安全出口"标志灯的内侧 | 可能产生阴燃或发生火灾不及时报警将造成重大损失的场所；温度在 0℃ 以下的场所，不宜选择定温探测器；温度变化较大的场所，不宜选择差温探测器 |

续表

| 类 型 | 宜选择设置的场所 | 不宜选择设置的场所 |
|---|---|---|
| 火焰探测器 | 火灾时有强烈的火焰辐射；液体燃烧火灾等无阴燃阶段的火灾；需要对火焰做出快速反应 | 在火焰出现前有浓烟扩散；探测器的"视线"易被油雾、烟雾、水雾和冰雪遮挡；探测器宜受阳光或其他光源直接或间接照射；探测区域内的可燃物是金属和无机物 |
| 可燃气体探测器 | 用可燃气体的场所；燃气站和燃气表房以及存储液化石油气罐的场所；其他散发可燃气体和可燃蒸气的场所 | 有可能产生一氧化碳气体的场所，宜选择一氧化碳气体探测器 |
| 复合式探测器 | 装有联动装置、自动灭火系统以及用单一探测器不能有效确认火灾的场合，宜采用感温探测器、感烟探测器、火焰探测器的组合 | |

**不同场所线型探测器的选择** 表 5-6

| 类 型 | 设置的场所 |
|---|---|
| 红外光束感烟探测器 | 无遮挡大空间或有特殊要求的场所。 |
| 缆式线型定温探测器 | 电缆隧道、电缆竖井、电缆夹层、电缆桥架等；不宜安装点型探测器的夹层、间顶等；各种皮带输送装置；环境恶劣不适合点型探测器安装的其他场所 |
| 吸气式感烟探测器 | 具有高速气流的场所；点型感烟、感温火灾探测器不适宜的大空间、舞台上方、建筑高度超过12m或有特殊要求的场所；低温场所；需要进行隐蔽探测的场所；需要进行火灾早期探测的重要场所；人员不宜进入的场所 |

# 5.3 消防联动控制系统

火灾自动报警系统应具备对室内消火栓系统、自动喷水灭火系统、气体灭火系统、防烟排烟系统、防火门及防火卷帘系统、电梯系统、火灾警报和消防应急广播系统、消防应急照明和疏散指示系统及相关联动系统的联动控制功能。

基本要求：

（1）消防联动控制器能按设定的控制逻辑向各相关的受控设备发出联动控制信号，并接受相关设备的联动反馈信号；

（2）消防联动控制器的电压控制输出应采用直流24V，其电源容量应满足受控消防设备同时启动，且维持工作的控制容量要求；

（3）各受控设备接口的特性参数应与消防联动控制器发出的联动控制信号相匹配；

（4）消防水泵、防烟和排烟风机的控制设备，除应采用联动控制方式外，还应在消防控制室设置手动直接控制装置；

（5）启动电流较大的消防设备宜分时启动；

（6）需要火灾自动报警系统联动控制的消防设备，其联动触发信号应采用两个独立的报警触发装置。

### 5.3.1　室内消火栓系统的联动控制

室内消火栓灭火系统由消防给水设备（包括供水管网、消防泵及阀门等）和电控部分（包括消火栓报警按钮、消防中心启泵装置及消火栓泵控制柜等）组成。室内消火栓系统中消防泵联动控制原理如图 5-7 所示。

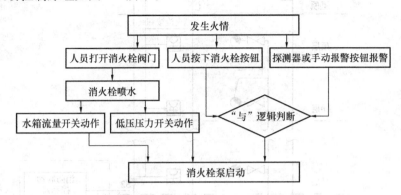

图 5-7　消火栓泵联动控制系统工作原理图

室内消火栓系统应具有以下控制功能：

（1）消防控制室自动/手动控制启停泵。消防控制室火灾报警控制柜接收现场报警信号（消火栓按钮、手动报警按钮、报警探测器等），通过与总线连接的输入、输出模块自动/手动启停消防泵，并显示消防泵的工作状态。

（2）硬接线手动直接控制。从消防控制室报警控制台到泵房的消防泵启动柜用硬接线方式直接启动消火栓泵。当火灾发生时，可在消防控制室直接手动操作启动消防泵进行灭火，并显示泵的工作状态。

图 5-8 为消火栓灭火系统联动控制示意图。

### 5.3.2　自动喷水灭火系统的联动控制

在自动喷水灭火系统中，湿式系统是应用最广泛的一种自动喷水系统。湿式自动喷水灭火系统的控制原理如图 5-9 所示。当发生火灾时，喷头上的玻璃球破碎（或易熔合金喷头上的易熔合金片脱落），喷头开启喷水，系统支管的水流动，水流推动水流指示器的桨片，使其电触点闭合，接通电路，输出电信号至消防控制室。此时，设在主干管上的湿式报警阀被水流冲开，向洒水喷头供水，同时水流经过报警阀流入延迟器，经延迟后，再流入压力开关使压力继电器动作接通，动作信号也送至消防控制室。随后，喷淋泵启动，启泵信号返回至消防控制室，而压力继电器动作的同时，启动水力警铃，发出报警信号。当支管末端放水阀或试验阀动作时，也将有相应的动作信号送入消防控制室，这样既保证了火灾时动作无误，又方便平时维修检查。自喷泵可受水路系统的压力开关或水流指示器直接控制，延时启动泵，或者由消防控制室控制启停泵。自动喷水灭火系统的控制功能如下：

（1）总线控制方式（具有手动/自动控制功能）。当某层或某防火分区发生火灾时，喷头表面温度达到动作温度后，喷头开启，喷水灭火，相应的水流指示器动作，其报警信号通过输入模块传递到报警控制器，发出声光报警并显示报警部位，随着管内水压下降，湿

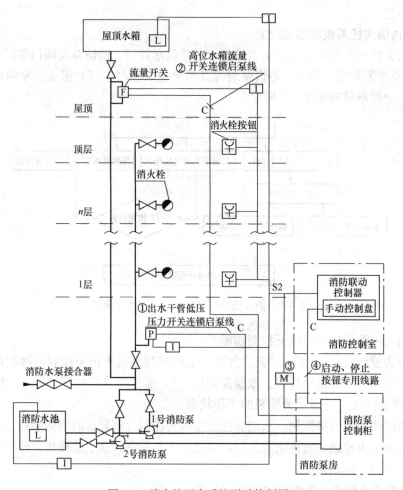

图 5-8　消火栓灭火系统联动控制图

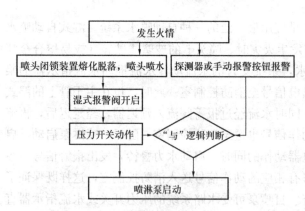

图 5-9　湿式自动喷水灭火系统控制原理图

式报警阀动作,带动水力警铃报警,同时压力开关动作,输入模块将压力开关的动作报警信号通过总线传递到报警控制器,报警控制器接收到水流指示器和压力开关报警后,向喷淋泵发出启动指令,并显示泵的工作状态。

(2) 硬接线手动直接控制。从消防控制室报警控制台到泵房的喷淋泵启动柜用硬接线方式直接启动喷淋泵。当火灾发生时,可在消防控制室直接手动操作启动喷淋泵进行灭火,并显示泵的工作状态。图 5-10 为自动喷水灭火系统联动控制图。

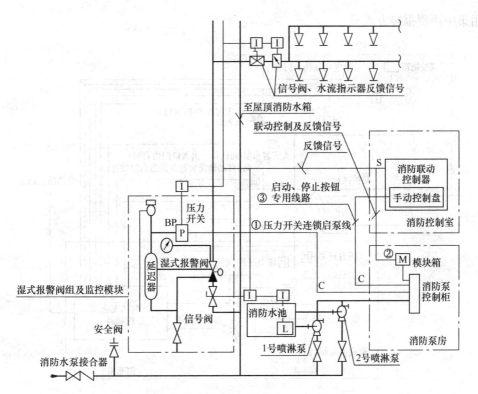

图 5-10 湿式自动喷水灭火系统联动控制图

### 5.3.3 气体、泡沫灭火系统的联动控制

气体、泡沫灭火系统主要用于建筑物内不适宜用水灭火，且又比较重要的场所，如变配电室、通信机房、计算机房、档案室等。气体灭火系统、泡沫灭火系统应分别配置专用的气体灭火控制器、泡沫灭火控制器。气体灭火控制器、泡沫灭火控制器直接连接火灾探测器时，气体灭火系统、泡沫灭火系统的自动灭火系统通过火灾探测报警系统对灭火装置进行联动控制，实现自动灭火。气体灭火系统的启动方式有自动启动、紧急启动和人工手动启动。自动启动信号要求来自不同火灾探测器的组合（防止误动作）。自动启动不能正常工作时，可采用紧急启动，紧急启动不能正常工作时，可采用人工手动启动。典型气体灭火联动控制系统工作流程如图 5-11 所示。气体灭火系统联动控制图如图 5-12 所示

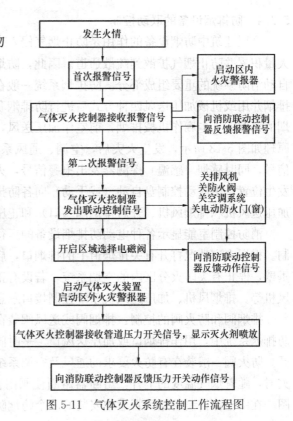

图 5-11 气体灭火系统控制工作流程图

（采用集中探测报警方式）。

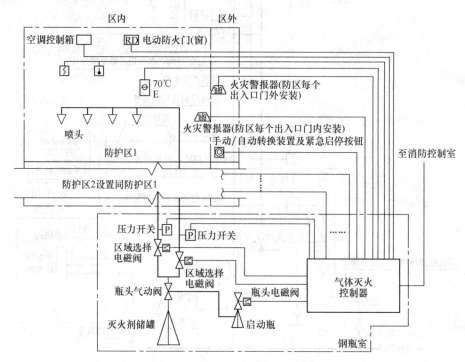

图 5-12　气体灭火系统联动控制图

### 5.3.4　防排烟设备的联动控制

高层建筑中防烟设备的作用是防止烟气侵入疏散通道，而排烟设备的作用是消除烟气大量积累并防止烟气扩散到疏散通道。因此，防烟、排烟设备及其系统的设计是综合性的自动消防系统的重要组成部分。防排烟系统一般在选定自然排烟、机械排烟、自然与机械排烟并用或机械加压送风四种方式后进行防排烟联动控制系统的设计。在无自然防烟、排烟的条件下，走廊作机械排烟，前室作加压送风，楼梯间作加压送风。防排烟系统的控制原理如图 5-13 所示，发生火灾后，空调、通风系统风道上的防火阀熔断关闭并发出报警信号，同时感烟（感温）探测器发出报警信号，火灾报警控制器收到报警信号，确认火灾发生位置，由联动控制盘自动（或手动）向各防排烟设备的执行机构发出动作指令，启动加压送风机和排烟风机、开启排烟阀（口）和正压送风口，并反馈信号至消防控制室。

消防控制室能显示各种电动防排烟设备的运行情况，并能进行联锁控制和就地手动控制。根据火灾情况打开有关排烟道上的排烟口，启动排烟风机，降下有关防火卷帘及防烟垂壁，停止有关防火分区内的空调系统，若设有正压送风系统则同时打开送风口、启动送风机等。排烟风机、加压送风机系统控制接口示意图如图 5-14 所示。

排烟阀和防火阀的控制：排烟阀或送风阀装在建筑物的过道、防烟前室或无窗房间的防排烟系统中，用作排烟口或加压送风口。平时阀门关闭，当发生火灾时阀门接收信号打开。防火阀一般装在有防火要求的通风及空调系统的风道上。正常时是打开的，当发生火灾时，随着烟气温度的上升，熔断器熔断使阀门自动关闭。图 5-15 为排烟系统安装示意图。在由空调控制的送风管道中安装的两个防烟防火阀，在火灾时应该能自动关闭，停止

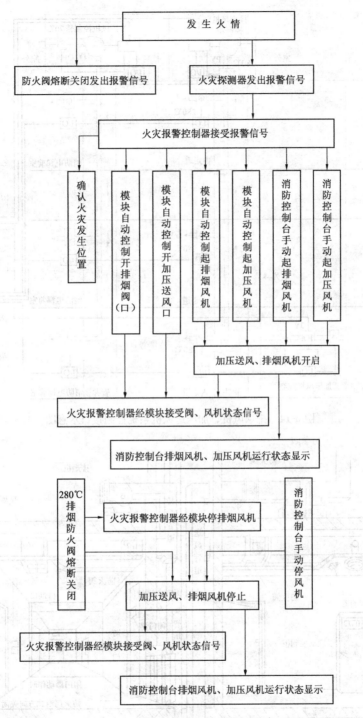

图 5-13 防排烟系统控制原理

送风。在回风管道回风口处安装的防烟防火阀也应在火灾时能自动关闭。但在由排烟风机控制的排烟管道中安装的排烟阀，在火灾时则应打开排烟。

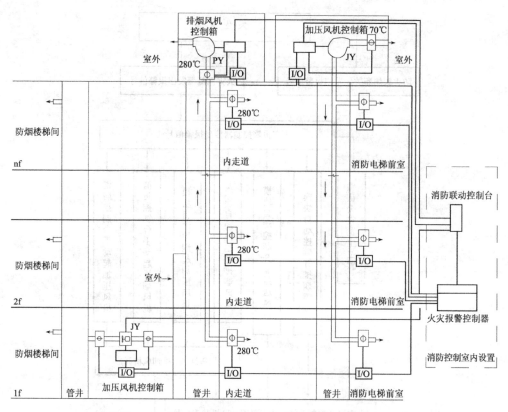

图 5-14　排烟风机、加压送风机系统控制接口示意图

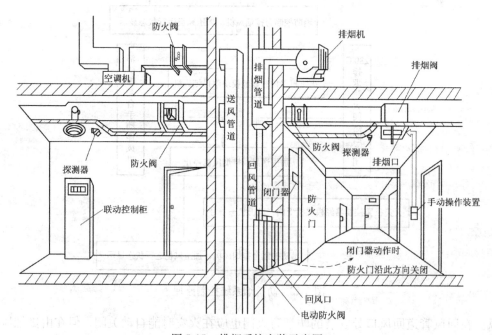

图 5-15　排烟系统安装示意图

### 5.3.5 防火卷帘及防火门的控制

防火卷帘是一种安装于建筑物较大洞口处的防火、隔热设施，通过传动装置和控制系统达到卷帘的升降。防火卷帘广泛应用于工业与民用建筑的防火隔断区，能有效阻止火势蔓延，保障生命财产安全，是现代建筑中不可缺少的防火设施。

防火卷帘设计要求：

（1）疏散通道上的防火卷帘，应设置火灾探测器组成的警报装置，且两侧应设置手动控制按钮。

（2）疏散通道上的防火卷帘应按下列程序自动控制下降（安装图如图5-16所示）：

1）感烟探测器动作后，卷帘下降至距地面1.8m；

2）感温探测器动作后，卷帘下降到底。

（3）用作防火分隔的防火卷帘，火灾探测器动作后，卷帘应下降到底（安装图如图5-17所示）。

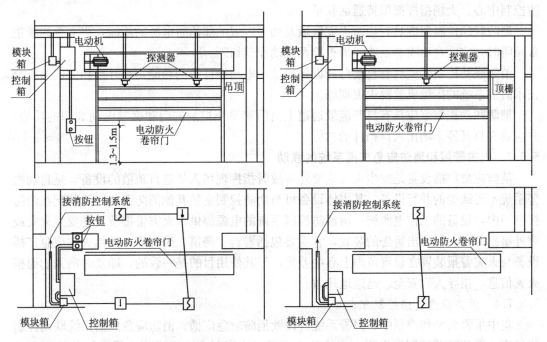

图5-16 设在疏散通道上的电动防火卷帘门安装图　图5-17 用作防火分隔的电动防火卷帘门安装图

（4）消防控制室应能远程控制防火卷帘。

（5）感烟、感温火灾探测器的报警信号及防火卷帘的关闭信号应送至消防控制室。

（6）当防火卷帘采用水幕保护时，水幕电动阀的开启宜用定温探测器与水幕管网有关的水流指示器组成的控制电路控制。

电动防火门的作用在于防烟与防火。防火门在建筑中的状态是：正常（无火灾）时，防火门处于开启状态，火灾时受控关闭，关后仍可通行。防火门的控制就是在火灾时控制其关闭，其控制方式可由现场感烟探测器控制，也可由消防控制中心控制，还可以手动控制。防火门的工作方式有平时不通电、火灾时通电关闭，和平时通电、火灾时断电关闭两种方式。

电动防火门的设计要求：

（1）门任一侧的火灾探测器报警后，防火门应自动关闭；

（2）防火门关闭信号应送到消防控制室；

（3）电动防火门宜选用平时不耗电的释放器，暗设，且应设就地手动控制装置。

### 5.3.6　非消防电源断电及消防电梯应急控制系统

电梯是高层建筑纵向交通的工具，消防电梯是在火灾发生时消防人员扑救火灾和营救人员的重要途径。消防控制中心在火灾确定后，消防控制室内的主控机通过现场控制模块应能控制全部电梯迫降至首层或电梯转换层，并接收其反馈信号。

消防电梯除了正常供电线路外，还应有事故备用电源，使之不受火灾时停电的影响。

消防电梯要有专用操作装置，该装置可设在消防控制中心，也可设在消防电梯首层或转换层的操作按钮处。消防电梯在火灾状态下应能在消防控制室和首层或转换层电梯门庭处明显的位置设有控制迫降的按钮。此外，电梯桥厢内要设专线电话，以便消防队员与消防控制中心、火场指挥部保持通话联系。

消防联动控制器应具有切断火灾区域及相关区域的非消防电源的功能，当需要切断正常照明时，宜在自动喷淋系统、消火栓系统动作前切断。

消防联动控制器应具有自动打开设计疏散的电动栅杆等的功能，宜开启相关区域安全技术防范系统的摄像机监视火灾现场。

消防联动控制器应具有打开疏散通道上由门禁系统控制的门和庭院电动大门的功能，并应具有打开停车场出入口档杆的功能。

### 5.3.7　火灾警报和消防应急广播系统的联动

消防应急广播设备是发生火灾或意外事故时指挥现场人员进行疏散的设备，是自动报警系统不可缺少的并行设备，其主体设备可与消防控制室的其他消防设备一起装配在消防控制柜内，设备的工作电源统一由消防控制系统的电源提供。火灾警报装置是发生火灾或意外事故时向人们发出警告的装置，它主要包括警铃、警笛、警灯等，虽然火灾应急广播设备与火灾警报装置在设置范围上有些差异，但其使用目的是一致的，即及时向人们通报火灾信息，指导人们安全、迅速地疏散。

#### 5.3.7.1　消防应急广播控制方式

集中报警系统和控制中心报警系统应设置消防应急广播。消防应急广播系统联动控制信号应由消防联动控制器发出。当确认火灾后，应同时向全楼进行广播。相关控制要求如下：

（1）消防应急广播的单次语音播放时间宜为 10～30s，与火灾声警报器分时交替工作，可采取 1 次火灾声警报器播放，1 次或 2 次消防应急广播播放的交替工作方式循环播放。

（2）在消防控制室应能手动或按预设控制逻辑联动控制选择广播分区、启动或停止应急广播系统，并应能监听消防应急广播；在通过传声器进行应急广播时，应自动对广播内容进行录音。

（3）消防控制室内应能显示消防应急广播的广播分区工作状态。

（4）消防应急广播与普通广播或背景音乐广播合用时，应具有强制切入消防应急广播的功能。

一旦发生火灾，要求能在消防控制室采用如下两种控制切换方式，将全楼的扬声器和广播音响扩音机强制转入火灾事故广播状态：

（1）消防应急广播系统仅利用音响广播系统的扬声器和传输线路，其扩音机等装置应是专用的，当发生火灾时，应由消防控制室切换输出线路，使音响广播系统投入消防应急广播；

（2）消防应急广播系统完全利用音响广播系统的扩音机、扬声器和传输线路等装置时，消防控制室应设有紧急播放盒（内含话筒放大器和电源、线路输出遥控按键等），用于火灾时遥控音响广播系统紧急开启作火灾紧急广播。

以上两种控制方式都应注意，要使扬声器无论处于关闭还是播放音乐等状态，都能紧急播放消防应急广播。特别是在设有扬声器开关或音量调节器的系统中，应急广播应采用继电器切换到消防应急广播线路上的方式。无论采用哪种控制方式，都应能使消防控制室采用电话直接广播和遥控扩音机的开闭及输出线路的分区播放，还要能显示火灾事故广播扩音机的工作状态。

### 5.3.7.2 火灾警报装置简述

火灾自动报警系统应设置火灾声光警报器，并应在确认火灾后启动建筑内的所有火灾声光警报器。未设置消防联动控制器的火灾自动报警系统，火灾声光警报器应由火灾报警控制器控制；设置消防联动控制器的火灾自动报警系统，火灾声光警报器应由火灾报警控制器或消防联动控制器控制。相关设置与控制要求如下：

（1）公共场所宜设置具有同一种火灾变调声的火灾声警报器；具有多个报警区域的保护对象，宜选用带有语音提示的火灾声警报器；学校、工厂等各类日常使用电铃的场所，不应使用警铃作为火灾声警报器。

（2）火灾声警报器设置带有语音提示功能时，应同时设置语音同步器。

（3）同一建筑内设置多个火灾声警报器时，火灾自动报警系统应能同时启动和停止所有火灾声警报器工作。

（4）火灾声警报器单次发出火灾警报时间宜为 8～20s，同时设有消防应急广播的，火灾声警报应与消防应急广播交替循环播放。

为了保证安全，火灾警报装置应在火灾确认后，由消防控制室按疏散顺序统一向有关区域发出警报。

火灾警铃是一种安装于走道、楼梯等公共场所的火灾警报装置。在建筑中设置的火灾警铃通常按照防火分区设置，其报警方式采用分区报警。设置消防应急广播系统后，可不再设火灾警铃。在装设手动报警开关处需装设火灾警铃或讯响器，一旦发现火灾，操作手动报警开关就可向本地区报警。火灾警铃或讯响器工作电压一般为 DC 24V，多采用嵌入墙壁方式安装。

### 5.3.8 消防应急照明与疏散指示系统的联动

火灾发生时，无论是在事故停电还是人为切断电源的情况下，为了保证火灾扑救人员的正常工作和居民安全疏散，防止疏散通道骤然变暗带来的影响，抑制人们心理上的惊慌，必须保证一定的电光源。据此而设置的照明统称为消防应急照明，消防应急照明有两个作用：一是使消防人员继续工作；二是使居民安全疏散。事实上，消防应急照明包含了疏散指示照明，如图 5-18 所示。

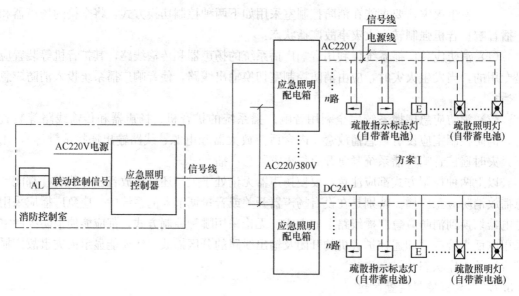

图 5-18　消防应急照明和疏散指示照明系统联动控制图

消防应急照明是在发生火灾时，保证重要部位或房间能继续工作及在疏散通道上达到最低照度的照明。消防应急照明（灯）的工作方式分为专用和混用两种：专用消防应急照明平时不点亮，火灾时强行启动；混用消防应急照明与正常工作照明一样，平时即点亮作为工作照明的一部分。混用消防应急照明往往装有照明切换开关，必要时需在火灾发生时强行切换电源，启动照明设备。

疏散指示标志是以显眼的文字，鲜明的箭头标记指明疏散方向，引导疏散的符号标记，它与电光源的组合称为疏散指示灯。疏散指示灯在发生火灾时，能够指明疏散通道和入口的位置及方向，便于人员有秩序地疏散，它与公共照明系统要求不同。在公共建筑内的疏散走道和居住建筑内走道长度超过 20m 的内走道，一般应该设置消防疏散指示系统。疏散指示灯（疏散照明）的点亮方式有两种：一种是平时不点亮，火灾发生时接受指令而点亮；另一种是平时点亮，兼作平时出入口的标志。在无自然采光的地下室、楼内通道与楼梯间的出入口等处，需要采用平时点亮方式。在智能建筑或高层建筑中，楼梯间照明往往兼作火灾事故疏散照明；由于通常楼梯间照明灯采用自熄开关，因此需在火灾事故发生时强行启动。

设计要求：

（1）集中控制型消防应急照明和疏散指示系统，应由火灾报警控制器或消防联动控制器启动应急照明控制器实现。

（2）集中电源非集中控制型消防应急照明和疏散指示系统，应由消防联动控制器联动应急照明集中电源和应急照明分配电装置实现。

（3）自带电源非集中控制型消防应急照明和疏散指示系统，应由消防联动控制器联动消防应急照明配电箱实现。

当确认火灾后，由发生火灾的报警区域开始，顺区启动全楼疏散通道的消防应急照明和疏散指示系统，系统全部投入应急状态的启动时机不应大于 5s。

# 5.4　火灾自动报警系统设计

## 5.4.1　火灾报警区域和探测区域的划分

### 5.4.1.1　报警区域的划分

在火灾自动报警系统设计中，首先要正确地划分火灾报警区域，确定相应的报警系统，才能使报警系统及时、准确地报出火灾发生的具体部位，就近采取措施，及时灭火。

火灾报警区域是将火灾自动报警系统所警戒的范围按照防火分区或楼层划分的报警单元。可将一个防火分区或一个楼层划分为一个报警区域，也可将发生火灾时需要同时联动设备的相邻几个防火分区或楼层划分为一个报警区域。

每个火灾报警区域应设置一台区域报警控制器或区域显示盘。

### 5.4.1.2　探测区域的划分

火灾探测区域是将报警区域按照探测火灾的部位划分的单元。它是火灾探测器探测部位编号的基本单元，每个火灾探测区域对应在火灾报警控制器（或楼层显示盘）上显示一个部位号，这样才能迅速而准确地探测出火灾报警的具体部位。因此，在被保护的火灾报警区域内应按顺序划分火灾探测区域。

火灾探测区域的划分应符合下列要求：

（1）红外光束线型感烟火灾探测器和缆式感温火灾探测器的探测区域的长度不宜超过100m，空气管差温火灾探测器的探测区域长度宜在 20～100m 之间。

（2）火灾探测区域应按独立房（套）间划分。一个探测区域的面积不宜超过 500m²；从主要入口能看清其内部，且面积不超过 1000m² 的房间，也可划为一个探测区域。

（3）下列部位应单独划分探测区域：敞开或封闭楼梯间；防烟楼梯间；防烟楼梯间前室、消防电梯前室、消防电梯与防烟楼梯间合用的前室；走道、坡道、管道井、电缆井、电缆隧道；建筑物闷顶、夹层。

火灾探测区域是火灾自动报警系统的最小单位，代表了火灾报警的具体部位。它能帮助值班人员及时、准确地到达火灾现场，采取有效措施，扑灭火灾，减少损失。因此，在火灾自动报警系统设计时，必须严格按照规范要求，正确划分火灾探测区域。

## 5.4.2　火灾探测器及手动报警按钮的设置

### 5.4.2.1　火灾探测器设置部位

火灾探测器可设置在下列部位：

（1）财贸金融楼的办公室、营业厅、票证库。

（2）电信楼、邮政楼的机房和办公室。

（3）商业楼、商住楼的营业厅、展览楼的展览厅和办公室。

（4）旅馆的客房和公共活动用房。

（5）电力调度楼、防灾指挥调度楼等的微博机房、计算机房、控制机房、动力机房和办公室。

（6）广播电视楼的演播室、播音室、录音室、办公室、节目播出技术用房、道具布景房。

（7）图书馆的书库、阅览室、办公室。

（8）档案楼的档案库、阅览室、办公室。

（9）办公楼的办公室、会议室、档案室。

（10）医院病房楼的病房、办公室、医疗设备室、病历档案室、药品库。

（11）科研楼的办公室、资料室、贵重设备室、可燃物较多和火灾危险性较大的实验室。

（12）教学楼的电化教室、理化演示和实验室、贵重设备和仪器室。

（13）公寓（宿舍、住宅）的卧室、书房、起居室（前厅）、厨房。

（14）甲、乙类生产厂房及其控制室。

（15）甲、乙、丙类物品库房。

（16）设在地下室的丙、丁类生产车间和物品库房。

（17）体育馆、影剧院、会堂、礼堂的舞台、化妆室、道具室、放映室、观众厅、休息厅及其附设的一切娱乐场所。

（18）陈列室、展览室、营业厅、商业餐厅、观众厅等公共活动用房。

（19）消防电梯、防烟楼梯的前室及合用前室、走道、门厅、楼梯间。

（20）可燃物品库房、空调机房、配电室（间）、变压器室、自备发电机房、电梯机房。

（21）净高超过 2.6m 且可燃物较多的技术夹层。

（22）敷设具有可延燃绝缘层和外护层电缆的电缆竖井、电缆夹层、电缆隧道、电缆配线桥架。

（23）贵重设备间和火灾危险性较大的空间。

（24）电子计算机的主机房、控制室、纸库、光和磁记录材料库。

（25）经常有人停留或可燃物较多的地下室。

（26）歌舞娱乐场所中经常有人之流的房间和可燃物较多的房间。

（27）高层汽车库，1 类汽车库，1、2 类地下汽车库、机械立体汽车库、复式汽车库、采用升降梯作汽车疏散出口的汽车库（敞开车库可不设）。

（28）污衣道前室、垃圾道前室、净高超过 0.8m 的具有可燃物的闷顶、商业用房或公共厨房。

（29）以可燃气体为燃料的商业和企事业单位的公共厨房及燃气表房。

（30）其他经常有人停留的场所、可燃物较多的场所或燃烧后产生重大污染的场所。

（31）需要设置火灾探测器的其他场所。

### 5.4.2.2　火灾探测器数量的设置

在探测区域内的每个房间应至少设置一只火灾探测器。当某探测区域较大时，探测器的设置数量应根据探测器不同种类、房间高度以及被保护面积的大小而定；另外，若房间顶棚有 0.6m 以上梁隔开时，每个隔开部分应划分一个探测区域，然后再确定探测器数量。

根据探测器监视的地面面积 S、房间高度、屋顶坡度及火灾探测器的类型，由表 5-7 确定不同种类探测器的保护面积和保护半径，由式（5-1）可计算出所需设置的探测器数量。

$$N \geqslant \frac{S}{K \cdot A} \tag{5-1}$$

式中　$N$——一个探测区域内所需设置的探测器数量，只，$N$ 取整数；

　　　$S$——一个探测区域的面积，$m^2$；

　　　$A$——探测器的保护面积，$m^2$；

　　　$K$——修正系数，容纳人数超过 10000 人的公共场所取 $0.7 \sim 0.8$，容纳人数为 $2000 \sim 10000$ 人的公共场所宜取 $0.8 \sim 0.9$，容纳人数为 $500 \sim 2000$ 人的公共场所宜取 $0.9 \sim 1.0$，其他场所可取 1.0。

**感烟、感温探测器的保护面积和保护半径**　　　表 5-7

| 火灾探测器的种类 | 地面面积 $S(m^2)$ | 房间高度 $h(m)$ | 一只探测器的保护面积 $A$ 和保护半径 $R$ | | | | | |
|---|---|---|---|---|---|---|---|---|
| | | | 屋顶坡度 $\theta$ | | | | | |
| | | | $\theta \leqslant 15°$ | | $15° < \theta \leqslant 30°$ | | $\theta > 30°$ | |
| | | | $A(m^2)$ | $R(m)$ | $A(m^2)$ | $R(m)$ | $A(m^2)$ | $R(m)$ |
| 感烟探测器 | $S \leqslant 80$ | $h \leqslant 12$ | 80 | 6.7 | 80 | 7.2 | 80 | 8.0 |
| | $S > 80$ | $6 < h \leqslant 12$ | 80 | 6.7 | 100 | 8.0 | 120 | 9.9 |
| | | $h \leqslant 6$ | 60 | 5.8 | 80 | 7.2 | 100 | 9.0 |
| 感温探测器 | $S \leqslant 30$ | $h \leqslant 8$ | 30 | 4.4 | 30 | 4.9 | 30 | 5.5 |
| | $S > 30$ | $h \leqslant 8$ | 20 | 3.6 | 30 | 4.9 | 40 | 6.3 |

注：保护面积：一只探测器能有效探测的地面面积；保护半径：一只探测器能有效探测的单向最大水平距离。

#### 5.4.2.3　火灾探测器的布置与安装

当一个探测区域所需的探测器数量确定后，如何布置这些探测器，依据是什么，会受到哪些因素的影响，如何处理等问题是设计中最关心的问题。

（1）探测器的安装间距

探测器的安装间距为两只相邻探测器中心之间的水平距离，如图 5-19 所示。当探测器矩形布置时，$a$ 称为横向安装间距，$b$ 为纵向安装间距。图 5-19 中，1 号探测器的安装间距是指其与之相邻的 2、3、4、5 号探测器之间的距离。

（2）探测器的平面布置

布置的基本原则是被保护区域都要处于探测器的保护范围之中。一个探测器的保护面积是以它的保护半径 $R$ 为半径的内接正四边形面积，而它的保护区域是一个保护半径为 $R$ 的圆（见图 5-19）。$A$、$R$、$a$、$b$ 之间近似符合如下关系：

$$A = a \times b \tag{5-2}$$

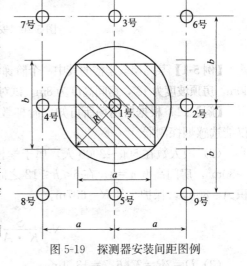

图 5-19　探测器安装间距图例

$$R = \sqrt{\left(\frac{a}{2}\right)^2 + \left(\frac{b}{2}\right)^2} \tag{5-3}$$

$$D=2R \tag{5-4}$$

工程设计中，为了减少探测器布置的工作量，常借助于"安装间距 $a$、$b$ 的极限曲线"（见图 5-20）确定满足 $A$、$R$ 的安装间距，其中 $D$ 称为保护直径。图 5-20 中的极限曲线 $D_1 \sim D_4$ 和 $D_6$ 适于感温探测器，极限曲线 $D_7 \sim D_{11}$ 和 $D_5$ 适于感烟探测器。

当从表 5-7 查得保护面积 $A$ 和保护半径 $R$ 后，计算保护直径 $D=2R$，根据算得的 $D$ 值和对应的保护面积 $A$，在图 5-20 上取一点，此点所对应的坐标即为安装距离 $a$、$b$。具体布置后，再检验探测器到最远点水平距离是否超过了探测器的保护半径，如果超过，则应重新布置或增加探测器的数量。

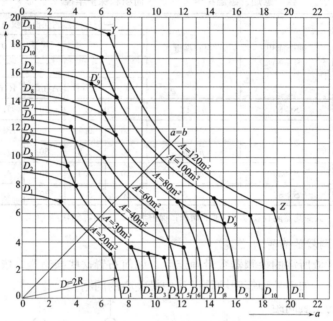

图 5-20　安装间距极限曲线

【例 5-1】某高层教学楼的其中一个阶梯教室被划分为一个探测区域，其地面面积为 30m×40m，房顶坡度为 13°，房间高度为 8m。试对该教室进行探测器的布置。

【解】（1）根据所用场所可知，阶梯教室选感温和感烟探测器均可，但根据房间高度，仅能选感烟探测器。

（2）因人数在 500～2000 人，属于学校，故 $K$ 取 1.0，地面面积 30m×40m=1200m²>80m²，房间高度 $h=8$，在 $6<h\leqslant12$ 之间，房间坡度 $\theta=13°\leqslant15°$。查表 5-7 得，保护面积 $A=80$m²，保护半径 $R=6.7$m。

$$N \geqslant \frac{S}{K \cdot A} = \frac{1200}{1 \times 80} = 15 \text{ 只}$$

（3）$D=2R=2\times6.7=13.4$m

根据图 5-20 中曲线 $D_7$ 上 $YZ$ 线段上选取探测器安装间距 $a$、$b$ 的数值，并根据现场实际情况调整，最后取 $a=8$m，$b=10$m，布置方式如图 5-21 所示。

（4）验证。由图 5-21 和式（5-3）得探测器的保护半径为：$R=\sqrt{4^2+5^2}=6.4$m<

6.7m，且探测器距墙的最大值为5m，不大于安装间距10m的一半，可以判定布置合理。

除了上述根据极限曲线图确定探测器的布置间距外，实际工程中还常常用经验法和查表法对探测器进行布置。

(1) 经验法。一般点型探测器的布置为均匀布置，根据工程实际得出经验公式为：

$$D = 2R = 2 \times 6.7 = 13.4$$

$a$(横向间距)＝探测区域的长度/(横向安装个数＋1)

$b$(纵向间距)＝探测区域的长度/(纵向安装个数＋1)

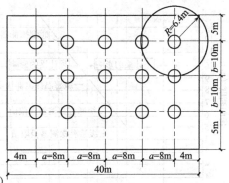

图5-21 探测器的布置示例

因为距墙的最大距离为安装间距的一半，两侧墙为1个安装间距，例5-1按经验法布置为：$a = 40/5 = 8m$，$b = 30/3 = 10m$

(2) 查表法

根据实际工程经验，可以由保护面积和保护半径查表5-8确定最佳安装间距。

**最佳安装间距的选择**　　　　　　　　　　　　　　　　　　　　　　　　表5-8

| 探测器种类 | 保护面积A(m²) | 保护半径R(m) | 参照的极限曲线 | 最佳安装间距 a、b 及其保护半径 R(m) | | | | | | | | | |
|---|---|---|---|---|---|---|---|---|---|---|---|---|---|
| | | | | a×b | R | a×b | R | a×b | R | a×b | R | a×b | R |
| 感烟探测器 | 60 | 5.8 | $D_5$ | 7.7×7.7 | 5.4 | 8.3×7.2 | 5.5 | 8.8×6.8 | 5.6 | 9.4×6.4 | 5.7 | 9.9×6.1 | 5.8 |
| | 80 | 6.7 | $D_7$ | 9.0×9.0 | 6.4 | 9.6×8.3 | 6.3 | 10.2×7.8 | 6.4 | 10.8×7.4 | 6.5 | 11.4×7.0 | 6.7 |
| | 80 | 7.2 | $D_8$ | 9.0×9.0 | 6.4 | 10.0×10.0 | 6.4 | 11.0×7.3 | 6.6 | 12.0×6.7 | 6.9 | 13.0×6.1 | 7.2 |
| | 80 | 8.0 | $D_9$ | 9.0×9.0 | 6.4 | 10.6×7.5 | 6.5 | 12.1×6.6 | 6.9 | 13.7×5.8 | 7.4 | 15.4×5.3 | 8.0 |
| | 100 | 8.0 | $D_9{'}$ | 10.0×10.0 | 7.1 | 11.1×9.0 | 7.1 | 12.2×8.2 | 7.3 | 13.3×7.5 | 7.6 | 14.4×6.9 | 8.0 |
| | 100 | 9.0 | $D_{10}$ | 10.0×10.0 | 7.1 | 11.8×8.5 | 7.3 | 13.5×7.4 | 7.7 | 15.3×6.5 | 8.4 | 17.0×5.9 | 9.0 |
| | 120 | 9.9 | $D_{11}$ | 11.0×11.0 | 7.8 | 13.0×9.2 | 8.0 | 14.9×8.1 | 8.5 | 16.9×7.1 | 9.2 | 18.7×6.4 | 9.9 |
| 感温探测器 | 20 | 3.6 | $D_1$ | 4.5×4.5 | 3.2 | 5.0×4.0 | 3.2 | 5.5×3.6 | 3.3 | 6.0×3.3 | 3.4 | 6.5×3.1 | 3.6 |
| | 30 | 4.4 | $D_2$ | 5.5×5.5 | 3.9 | 6.1×4.9 | 3.9 | 6.7×4.8 | 4.1 | 7.3×4.1 | 4.2 | 7.9×3.8 | 4.4 |
| | 30 | 4.9 | $D_3$ | 5.5×5.5 | 3.9 | 6.5×4.6 | 4.0 | 7.4×4.1 | 4.2 | 8.4×3.6 | 4.5 | 9.2×3.2 | 4.9 |
| | 30 | 5.5 | $D_4$ | 5.5×5.5 | 3.9 | 6.8×4.4 | 4.0 | 8.1×3.7 | 4.5 | 9.4×3.2 | 5.0 | 10.6×2.8 | 5.5 |
| | 40 | 6.3 | $D_6$ | 6.5×6.5 | 4.6 | 8.0×5.0 | 4.7 | 9.4×4.3 | 5.2 | 10.9×3.7 | 5.8 | 12.2×3.3 | 6.3 |

(3) 影响探测器设置的因素

在实际工程中，建筑结构、房间分隔等因素均会对探测器的有效监测产生影响，从而影响到探测区域内探测器设置的数量。

1) 房间梁的影响

在无吊顶房间内，如装饰要求不高的房间、库房、地下停车场、地下设备层的各种机房等处，常有突出顶棚的梁。梁对烟气流、热气流会形成障碍，并会吸收一部分热量，因此会影响探测器的保护面积。当梁间净距小于1m时，可视为平顶棚，即可不考虑梁的影

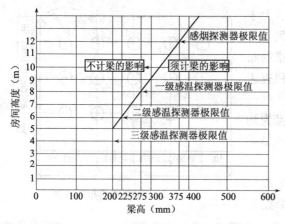

图 5-22　梁高对探测器布置的影响

响；当梁高小于 200mm 时，可不考虑梁的影响；当梁高为 200～600mm 时，可按照图 5-22 或表 5-9 来确定探测器的安装位置。由图 5-22 可见，房高和梁高对探测器的使用给出了极限值，其中 C-G 类感温探测器房间高度极限值为 4m，梁高限度为 200mm；B 类感温探测器房间高度极限值为 6m，梁高限度为 225mm；A1、A2 类感温探测器房间高度极限值为 8m，梁高限度为 275mm；感烟探测器房间高度极限值为 12m，梁高限度为 375mm。一只探测器能保护的梁间区域个数，可由表 5-9 得出。当梁高大于 600mm 时，被梁隔断的每个梁间区域至少应设置一只探测器。

按梁间区域面积确定一只探测器保护的梁间区域的个数　　表 5-9

| 探测器的保护面积 A（m²） | | 梁隔断的梁间区域面积 Q（m²） | 一只探测器保护的梁间区域的个数 | 探测器的保护面积 A（m²） | | 梁隔断的梁间区域面积 Q（m²） | 一只探测器保护的梁间区域的个数 |
|---|---|---|---|---|---|---|---|
| 感温探测器 | 20 | Q>12 | 1 | 感烟探测器 | 60 | Q>36 | 1 |
| | | 8<Q≤12 | 2 | | | 24<Q≤36 | 2 |
| | | 6<Q≤8 | 3 | | | 18<Q≤24 | 3 |
| | | 4<Q≤6 | 4 | | | 12<Q≤18 | 4 |
| | | Q≤4 | 5 | | | Q≤12 | 5 |
| | 30 | Q>18 | 1 | | 80 | Q>48 | 1 |
| | | 12<Q≤18 | 2 | | | 32<Q≤48 | 2 |
| | | 9<Q≤12 | 3 | | | 24<Q≤32 | 3 |
| | | 6<Q≤9 | 4 | | | 16<Q≤24 | 4 |
| | | Q≤6 | 5 | | | Q≤16 | 5 |

　　2）房间隔离物的影响

　　有一些房间因使用需要，被轻质活动间隔、玻璃、书架、档案架、货架、柜式设备等分隔成若干空间。当各类分隔物的顶部至顶棚或梁的距离小于房间净高的 5％ 时，会影响烟雾、热气流从一个空间向另一个空间扩散，这时应将每个被隔断的空间当成一个房间对待，即每一个隔断空间应装一个探测器。

　　（4）探测器的安装要求

　　1）探测区域内的每个房间至少应设置一只探测器。

　　2）走道：当宽度小于 3m 时，应居中安装。感烟探测器间距不超过 15m；感温探测器间距不超过 10m；在走道的交叉或汇合处宜安装一只探测器。

　　3）电梯井、升降机井：探测器宜设置在井道上方的机房的顶棚上。

　　4）楼梯间：至少每隔 3～4 层设置一只探测器，若被防火门、防火卷帘等隔开，则隔开部位应安装一只探测器，楼梯顶层应设置探测器。

5）锅炉房：探测器安装要避开防爆门、远离炉口、燃烧口及燃烧填充口等。

6）厨房：厨房内有烟气、还有蒸气、油烟等，感烟探测器易发生误报，不宜使用，使用感温探测器，要避开蒸气流等热源。

#### 5.4.2.4 手动火灾报警按钮的布置与安装

每个防火分区应至少设置一个手动火灾报警按钮。从一个防火分区的任何位置到最邻近的一个手动火灾报警按钮的距离不应大于 30m。手动火灾报警按钮宜设置在公共活动场所的出入口。

手动火灾报警按钮应设置在明显和便于操作的部位。当安装在墙上时，其底边距地面高度宜为 1.3～1.5m，且应有明显标志。

### 5.4.3 火灾应急广播与报警装置

火灾应急广播是火灾或意外事故时能有效迅速的组织人员疏散的设备。当发生火灾时，火灾探测器将火灾信号传送给火灾报警控制器，经确认后，再通过火灾应急广播控制器启动扬声器，及时向人们通报火灾部位，指导人们安全、迅速地疏散。

消防应急广播扬声器的设置，应符合下列要求：

（1）民用建筑内扬声器应设置在走道和大厅等公共场所，每个扬声器的额定功率不应小于 3W，其数量应能保证从一个防火分区的任何部位到最近一个扬声器的距离不大于 25m，走道内最后一个扬声器至走道末端的距离不应大于 12.5m。

（2）在环境噪声大于 60dB 的场所设置的扬声器，在其播放范围内最远点的播放声压级应高于背景噪声 15dB。

（3）宾馆客房设置专用扬声器时，其功率不宜小于 1.0W。

（4）壁挂扬声器的底边距地面高度应大于 2.2m。

火灾警报器是发生火灾或意外事故时向人们发出警告的装置。火灾警报器应设置在每个楼层的楼梯口、消防电梯前室、建筑内部拐角等处的明显部位，且不宜与安全出口指示标志灯具设置在同一面墙上。

每个报警区域内应均匀设置火灾警报器，其声压级不应小于 60dB 的场所，其声压级应高于背景噪声 15dB。当火灾警报器采用壁挂方式安装时，其底边距地面高度应大于 2.2m。

### 5.4.4 消防专用电话

消防专用电话是与普通电话网络分开的独立消防通信系统，在消防控制室设置消防专用电话总机，一般采用集中式对讲电话，主机设在消防控制室，分机设在其他各个部位。同时应在消防控制室、总调度室或企业的消防站等处应装设向消防部门直接报警的外线电话。

在消防水泵房、变配电室、备用发电机房、防排烟机房、电梯机房及其他与消防联动控制有关的且经常有人值班的机房设消防专用电话分机；灭火系统控制、操作处或控制室设消防专用电话分机；消防专用电话分机应固定安装在明显便于使用的部位，并应有区别于普通电话的标识。

在民用建筑中设有手动报警按钮及消火栓启泵按钮等处宜设消防电话插孔，并宜选择带有电话插孔的手动火灾报警按钮各避难层每隔 20m 应设置一个消防专用电话分机或插孔；电话插孔在墙上安装时其底边距地面高度宜为 1.3～1.5m。

### 5.4.5 消防电源及其配电系统

在火灾时为了保证消防控制系统能连续或不间断地工作，火灾自动报警系统应设有交流电源和蓄电池备用电源。

火灾自动报警系统的交流电源应采用消防电源，备用电源可采用火灾报警控制器的和消防联动控制器自带的蓄电池电源或消防设备应急电源。当备用电源采用消防设备应急电源时，火灾报警控制器和消防联动控制器应采用单独的供电回路，并应保证在系统处于最大负载状态下不影响火灾报警控制器和消防联动控制器的正常工作。

消防控制室图形显示装置、消防通信设备等的电源，宜由 UPS 电源装置或消防设备应急电源供电。火灾自动报警系统主电源不应设置剩余电流动作保护和过负荷保护装置。

消防设备应急电源输出功率应大于火灾自动报警及联动控制系统全负荷功率的120%，蓄电池组的容量应保证火灾自动报警及联动控制系统在火灾状态同时工作负荷条件下连续工作 3h 以上。

消防用电设备应采用专用的供电回路，其配电设备应设有明显标志。其配电线路和控制回路宜按防火分区划分。

### 5.4.6 系统布线

由于火灾发生后对人的生命和财产构成严重危害，必须在第一时间发现并及时地扑救，这就要求自动报警系统在布线上有自身的特点。系统布线应采取必要的防火耐热措施，有较强的抵御火灾的能力，即使在火灾十分严重的情况下，仍能保证系统安全可靠。建筑火灾自动报警系统的布线应遵循以下原则：

（1）火灾自动报警系统传输线路和 50V 以下供电的控制线路，应采用电压等级不低于交流 300V/500V 的铜芯绝缘导线或铜芯电缆。采用交流 220/380V 的供电或控制线路应采用电压等级不低于交流 450V/750V 铜芯绝缘导线或铜线电缆。

（2）火灾自动报警系统的传输线路的线芯截面的选择，除应满足自动报警装置技术条件的要求外，还应满足机械强度的要求。

铜芯绝缘导线和铜芯电缆的线芯最小截面面积应按表 5-10 的规定确定。

铜芯绝缘导线和铜芯电缆的线芯最小截面面积 表 5-10

| 序号 | 类 别 | 线芯的最小截面面积（mm²） |
|---|---|---|
| 1 | 穿管敷设的绝缘导线 | 1.00 |
| 2 | 线槽内敷设的绝缘导线 | 0.75 |
| 3 | 多芯电缆 | 0.50 |

（3）采用无线通信方式的系统设计，应符合下列规定：1）无线通信模块的设置间距不应大于额定通信距离的 75%；2）无线通信模块应设置在明显部位，且应有明显标识。

（4）在户内火灾自动报警系统的传输线路应采用穿金属管、可挠（金属）电气导管、B1 级以上的钢性塑料管或封闭式线槽保护方式布线。

（5）消防控制、通信和报警线路采用暗敷设时，宜采用金属管、可挠（金属）电气导管、B1 级以上的钢性塑料管保护，并应敷设在不燃烧体的结构层内，且保护层厚度不宜小于 30mm。当采用明敷设时，应采用金属管、可挠（金属）电气导管、金属线槽保护，并应采取防火保护措施。矿物绝缘类不燃性电缆可直接明敷。

（6）火灾自动报警系统用的电缆竖井，宜于电力、照明用的低压配电线路电缆竖井分别设置。如受条件限制必须合用时，两种电缆应分别布置在竖井的两侧。

（7）从接线盒、线槽等处引到探测器底座盒、控制设备盒、扬声器箱的线路均应加金属软管保护。

（8）火灾探测器的传输线路，宜选择不同颜色的绝缘导线或电缆。正极（"＋"）线应为红色，负极（"－"）线应为蓝色。同一工程中相同用途导线的颜色应一致，接线端子应有标号。

（9）接线端子箱内的端子宜选择压接或带锡焊接点的端子板，其接线端子上应有相应的标号。

（10）火灾自动报警系统的传输网络不应与其他系统地传输网络合用。不同电压等级的线缆不应穿入同一根保护管内，当合用同一线槽时，线槽内应有隔板分隔。

### 5.4.7 消防控制室和系统接地

#### 5.4.7.1 消防控制室的设置

（1）消防控制室宜设置在建筑物的首层（或地下一层），门应向疏散方向开启，且入口处应设置明显的标志，并应设直通室外的安全出口。

（2）消防控制室周围不应布置电磁场干扰较强及其他影响消防控制设备工作的设备用房，不应将消防控制室设于厕所、锅炉房、浴室、汽车座、变压器室等的隔离壁和上、下层相对应的房间。

（3）有条件时宜设置在防火监控、广播、通信设施等用房附近，并适当考虑长期值班人员房间的朝向。

（4）消防控制室内严禁与其无关的电气线路及管路穿过。

（5）消防控制室的送、回风管在其穿墙处应设防火阀。

（6）消防控制室应有相应的竣工图纸、各分系统控制逻辑关系说明、设备使用说明书、系统操作规程、应急预案、值班制度、维护保养制度及值班记录等文件资料。

#### 5.4.7.2 消防控制室的设备布置

（1）设备面板前的操作距离：单列布置时不应小于1.5m；双列布置时不应小于2m。

（2）在值班人员经常工作的一面，控制屏（台）至墙的距离不应小于3m。

（3）控制屏（台）后维修距离不宜小于1m。

（4）控制屏（台）的排列长度大于4m时，控制屏两端应设置宽度不小于1m的通道。

（5）集中报警控制器安装在墙上时，其底边距地高度应为1.3～1.5m，靠近其门轴的侧面距墙不应小于0.5m，正面操作距离不应小于1.2m。

#### 5.4.7.3 系统接地

为保证火灾自动报警系统和消防设备正常工作，对系统接地规定如下：

（1）火灾自动报警系统应设专用接地干线，并应在消防控制室设置专用接地板。专用接地干线应从消防控制室专用接地板引至接地体。

（2）专用接地干线应采用铜芯绝缘导线，其线芯截面面积不应小于$25mm^2$。专用接地干线宜穿硬质塑料管埋设至接地体。

（3）由消防控制室接地板引至消防电子设备的专用接地线应选用铜芯绝缘导线，其线芯截面面积不应小于$4mm^2$。

（4）消防电子设备凡采用交流供电时，设备金属外壳和金属支架等应作保护接地，接地线应与保护接地干线（PE 线）相连接。

（5）火灾自动报警系统接地装置的接地电阻值应符合下列要求：

1）采用共用接地装置时，接地电阻值不应大于 1Ω；共用接地装置示意图如图 5-23 所示。

2）采用专用接地装置时，接地电阻值不应大于 4Ω；专用接地装置示意图如图 5-24 所示。

3）对于接地装置是专用还是共用，要依新建工程的情况而定，一般尽量采用专用为好，若无法达到专用亦可采用共用接地装置。

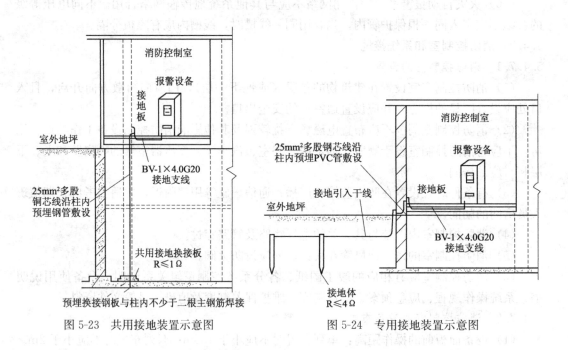

图 5-23　共用接地装置示意图　　　　图 5-24　专用接地装置示意图

# 5.5　住宅建筑火灾自动报警系统

## 5.5.1　住宅建筑火灾自动报警系统的设计

### 5.5.1.1　A 类系统的设计

（1）住户内设置的家用火灾探测器可接入家用火灾报警控制器；也可直接接入火灾报警控制器。

（2）设置在家用火灾报警控制器应将火灾报警信息、故障信息等相关信息传输给相连接的火灾报警控制器。

（3）建筑公共部位设置的火灾探测器应直接接入火灾报警控制器。

A 类系统的设计如图 5-25 所示。住户内设置的家用火灾探测器接入家用火灾报警控制器，家用火灾报警控制器除连接住户内的家用感烟火灾探测器之外，还连接了空调温控器、电动窗帘控制器、被动红外入侵探测器、玻璃破碎探测器等设备，具有火灾报警、安全防范和舒适性控制等功能。家用火灾报警控制器分别通过报警总线和超过 5 类网线与合用控制室的火灾报警控制器和管理服务器相连。通过报警总线传递火灾报警信息，通过网线进行其他信息的交换。

##### 5.5.1.2 B 类系统的设计

（1）住户内设置的家用火灾探测器应接入家用火灾报警控制器。

（2）家用火灾报警控制器应能启动设置在公共部位的火灾声警报器。

（3）设置在每户住宅内的家用火灾报警控制器应连接到控制中心监控设备，控制中心监控设备应能显示发生火灾的住户。

B 类系统的设计如图 5-26 所示。居民住宅应设置家用火灾探测器和家用火灾报警控制器，且住宅物业管理中心应设置控制中心监控设备，对居民住宅的报警信号进行集中管理，当控制中心监控设备接收到报警信号，通知居民住宅的其他居民迅速撤离。在 B 类系统中，可燃气体探测器可接入家用火灾报警控制器。家用火灾报警控制器通过超 5 类网线与中控室的控制中心监控设备相连，通过网线进行报警信息及其他信息的交互。家用火灾报警控制器或手动火灾报警按钮报警后控制中心监控设备启动公共区域的火灾警报器。

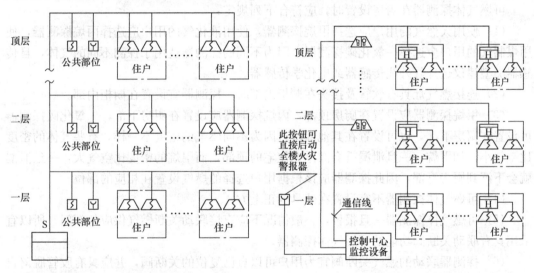

图 5-25　住宅建筑火灾自动报警 A 类系统图　　图 5-26　住宅建筑火灾自动报警 B 类系统图

##### 5.5.1.3 C 类系统的设计

（1）住户内设置的家用火灾探测器应接入家用火灾报警控制器。

（2）家用火灾报警控制器应能启动设置在公共部位的火灾声警报器。

C 类系统的设计如图 5-27 所示。住户内设置的家用火灾探测器应接入家用火灾报警控制器。当住宅内发出火灾报警信号后，应启动设置在住宅公共区域的火灾声警报器，提醒住宅内的其他居民迅速撤离。在 C 类系统中，可燃气体探测器可接入家用火灾报警控制器。公共区域的火灾警报器由家用火灾报警控制器或手动火灾报警按钮报警直接启动。

##### 5.5.1.4 D 类系统的设计

（1）有多个起居室的住户，宜采用互连型独立式火灾探测报警器（一个探测器报警，其余探测器同时报警）。

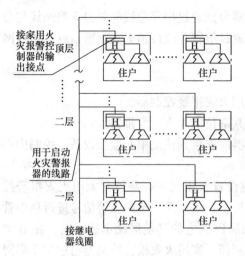

接家用火灾报警控制器的输出接点

顶层

用于启动火灾警报器的线路

二层

一层

接继电器线圈

图 5-27　住宅建筑火灾自动报警 C 类系统图

（2）宜选择电池供电时间不少于 3 年的独立式火灾探测报警器。

（3）采用无线方式组成系统的设计。

在采用无线通信方式将独立式火灾探测器报警器组成家用火灾安全系统时，尤其是对于已投入使用的住宅，可根据实际情况采用有线、无线或两者相结合的方式组建 A 类、B 类、C 类系统。在这种情况下，其设计应符合 A 类、B 类、或 C 类系统之一的设计要求。

### 5.5.2　住宅建筑火灾自动报警设备的设置

#### 5.5.2.1　火灾探测器的设置

一般卧室和起居室内的易燃物起火时均会产生大量的烟气，因此每间卧室、起居室内应至少设置一只感烟火灾探测器。

可燃气体探测器在厨房设置时，应符合下列规定：

（1）使用天然气的用户应选择甲烷探测器，使用液化气的用户应选择丙烷探测器，使用煤制气的用户应选择一氧化碳探测器。因为不同的探测器适用于探测不同的气体，且传感器类型建议选择红外线传感器或电化学传感器。

（2）连接燃气灶具有软管及接头在橱柜内部时，探测器宜设置在橱柜内部。

（3）甲烷探测器应设置在厨房顶部，丙烷探测器应设置在厨房下部，一氧化碳探测器可设置在厨房下部，也可设置在其他部位。因为不同燃气的密度不一样，有些气体的密度比空气小，如甲烷，一旦泄漏就会漂浮在住宅的顶部，而甲烷的密度比空气大，一旦泄漏就会下沉到厨房下部，因此探测器应该根据用户选择的燃气设置在相应的部位。

（4）可燃气体探测器不宜设置在灶具的正上方。

（5）可燃气体探测器一旦报警，一般情况下应直接联动关断燃气供应的阀门，所以宜采用具有联动关断阀功能的可燃气体探测器。

（6）探测器联动的燃气关断阀宜为用户可以自己复位的关断阀，并应具有胶管脱落自动保护功能。如果采用用户自己不能复位的阀门，一旦用气时不慎报警器报警而联动关断了供气阀门，势必需要专业人员过来复位，这样就给人们的生活带来了不便。因此建议选择用户自己能复位，且能安装在燃气表后面的电动阀。胶管脱落自动保护功能就是当燃气胶管突然脱落时会迅速切断燃气供应，防止燃气的大面积泄漏。

#### 5.5.2.2　家用火灾报警控制器的设置

家用火灾报警控制器应独立设置在每户内，且应设置在明显和便于操作的部位。当采用壁挂方式安装时，其底边距地高度宜为 1.3～1.5m 具有可视对讲功能的家用火灾报警控制器宜设置在进户门附近，可以与可视对讲系统结合使用，也可以与防盗系统结合使用，设置在门口处方便布防和撤防。

#### 5.5.2.3　火灾声警报器的设置

住宅建筑在发生火灾时可能会影响到整个建筑内住户的安全，应该有及时的火灾警报或语音信号通知，以便有效引导有关人员及时疏散，为了使住户都能听到火灾警报和语音提示，要求住宅建筑公共部位设置在火灾声警报器应具有语音功能，且应能接受联动控制或手动火灾报警按钮信号直接控制发出警报，每台警报器覆盖的楼层不应超过3层，且首层明显部位应设置用于直接启动火灾声警报器的手动火灾报警按钮，这样也为人员发现火灾后及时启动火灾声警报器提供了技术手段。

### 5.5.2.4 应急广播的设置

住宅建筑内设置的应急广播应能接受联动控制或由手动报警按钮信号直接控制进行广播。每台扬声器覆盖的楼层不应超过3层，广播功率放大器应具有消防电话插孔，消防电话插入后应能直接讲话。为了防止发生火灾时，供电中断导致广播不能工作，广播功率放大器应配有备用电池，电池持续工作不能达到1h时，应能向消防控制室或物业值班室发送报警信息。为了保证消防人员到场后能尽快且方便地使用广播指挥疏散，广播功率放大器应设置在首层内走道侧面墙上，箱体面板应有防止非专业人员打开的措施。

# 5.6 设 计 实 例

本工程为某集团公司办公楼，总建筑面积13470.0m²，建筑高度33.7m，地下一层为汽车库和设备房，停车53辆，属三类汽车库；地上8层，首层为生产经营房，二～七层为办公用房，八层为展览用房。该工程设有一部消防电梯，两部防烟楼梯间，每层为一个防火分区，中庭处每层设特级防火卷帘，属二类高层建筑，火灾自动报警系统保护等级为二级，采用集中报警控制系统。

本工程首层设消防控制室，内设联动型火灾报警控制器、UPS消防电源、消防对讲电话系统、消防广播控制系统、图文显示及打印系统。在各楼层设楼层显示器，火灾时显示着火部位。图5-28为本工程火灾自动报警系统图。

本工程设计内容如下：

（1）系统组成：火灾自动报警系统；消防联动控制系统；火灾应急广播系统；消防直通对讲电话系统；应急照明控制系统。

（2）消防控制室

1）本工程消防控制室设在首层，并设有直接通往室外的出口。

2）消防控制室的报警控制设备由火灾报警控制主机、联动控制台、显示器、打印机、应急广播设备、消防直通对讲电话设备、电梯监控盘和电源设备等组成。

3）消防控制室可接收感烟、感温等探测器的火灾报警信号及水流指示器、检修阀、压力报警阀、手动报警按钮、消火栓按钮的动作信号。

4）消防控制室可显示消防水池、消防水箱水位，显示消防水泵的电源及运行状况。

5）消防控制室可联动控制所有与消防有关的设备。

（3）火灾自动报警系统：

1）本工程采用集中报警控制系统。消防自动报警系统按两总线设计。

2）探测器：车库设置感温探测器，其他场所设置感烟探测器。

3）探测器与灯具的水平净距应大于0.2m；与送风口边的水平净距应大于1.5m；与多孔送风顶棚孔口或条形送风口的水平净距应大于0.5m；与嵌入式扬声器的净距应大于0.1m；与自动喷水头的净距应大于0.3m；与墙或其他遮挡物的距离应大0.5m。

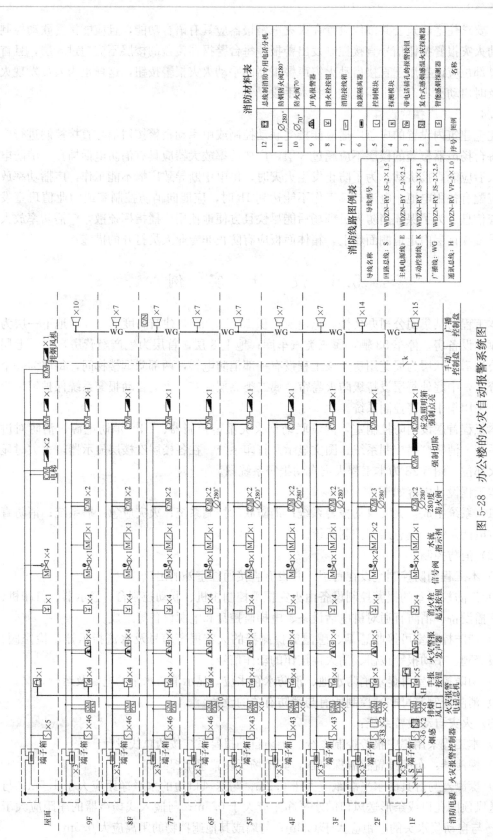

图 5-28 办公楼的火灾自动报警系统图

消防材料表

| 序号 | 图例 | 名称 |
|---|---|---|
| 12 | ⊡ | 总线制消防专用电话分机 |
| 11 | ⌀280° | 防烟防火阀280° |
| 10 | ⌀70° | 防火阀70° |
| 9 | ⚎ | 声光报警器 |
| 8 | ⊻ | 消火栓按钮 |
| 7 | ▭ | 消防接线箱 |
| 6 | ⊠ | 线路隔离器 |
| 5 | M | 控制模块 |
| 4 | N | 探测模块 |
| 3 | 📶 | 带电话插孔的感温火灾探测器 |
| 2 | 📶 | 复合式感烟感温火灾探测器 |
| 1 | ⛉ | 智能感烟探测器 |

消防线路图例表

| 导线名称 | 导线型号 |
|---|---|
| 回路总线：S | WDZN-RY JS-2×1.5 |
| 主机电源线：E | WDZN-BY J-2×2.5 |
| 手动控制线：K | WDZN-RY JS-3×1.5 |
| 广播线：WG | WDZN-RY JS-2×2.5 |
| 通讯总线：H | WDZN-RV VP-2×1.0 |

4）在本楼适当位置设手动报警按钮及消防对讲电话插孔。手动报警按钮及对讲电话插孔底距地 1.4m。

5）在消火栓箱内设消火栓报警按钮。接线盒设在消火栓的开门侧。

（4）消防联动控制：火灾报警后，消防控制室应根据火灾情况控制相关层的正压送风阀及排烟阀、电动防火阀，并启动相应加压送风机、排烟风机，排烟阀 280℃熔断关闭，防火阀 70℃熔断关闭，阀、风机的动作信号要反馈至消防控制室。在消防控制室，对消火栓泵、自动喷洒泵、加压送风机、排烟风机等，既可通过现场模块进行自动控制，也可在联动控制台上通过手动控制，并接收其反馈信号。

（5）气体灭火系统：气体灭火系统的控制，要求同时具有自动控制、手动控制和应急操作三种控制方式。

（6）消防直通对讲电话系统：在消防控制室内设置消防直通对讲电话总机，除在各层的手动报警按钮处设置消防直通对讲电话插孔外，在变配电室、消防水泵房、备用发电机房、消防电梯轿厢、电梯机房、防排烟机房等处设置消防直通对讲电话分机或专用对讲机。

（7）火灾应急广播系统：

1）主机应对系统主机及扬声器回路的状态进行不间断监测及自检功能。

2）火灾应急广播系统应设置备用扩音机，且其容量为火灾应急广播容量的 1.5 倍。

3）系统应具备隔离功能，某一个回路扬声器发生短路，应自动从主机上断开，以保证功放及控制设备的安全。

4）系统采用 100V 定压输出方式。要求从功放设备的输出端至线路上最远的用户扬声器的线路损耗不大于 1dB。

5）公共场所扬声器安装功率为 3W，根据平面布置，扬声器安装分为嵌入式（吊顶场所）和吸顶式（非吊顶场所）。

（8）电源及接地：

1）所有消防用电设备均采用双路电源供电并在末端设自动切换装置。消防控制室设备还要求设置蓄电池作为备用电源，此电源设备由设备承包商负责提供。

2）消防系统接地利用大楼综合接地装置作为其接地极，设独立引下线，引下线采用 BV-1×35mm-PC40，要求其综合接地电阻小于 1Ω。

（9）消防系统线路敷设要求：

1）平面图中所有火灾自动报警线路及 50V 以下的供电线路、控制线路穿镀锌钢管，暗敷在楼板或墙内。由顶板接线盒至消防设备一段线路穿金属耐火（阻燃）波纹管。其所用线槽均为防火线槽，耐火极限不低于 1.00h。若不敷设在线槽内，明敷管线应作防火处理。

2）火灾自动报警系统的每回路地址编码总数应留 15%～20%的余量。

3）就地模块箱距顶板不小于 0.2m 安装。

（10）系统的成套设备，包括报警控制器、联动控制台、CRT 显示器、打印机、应急广播、消防专用电话总机、对讲录音电话及电源设备等均由该承包商成套供货，并负责安装、调试。

# 附录　钢管水力计算表

| Q (L/s) | DN32 (mm) | | DN40 (mm) | | DN50 (mm) | | DN80 (mm) | | DN100 (mm) | | DN125 (mm) | |
|---|---|---|---|---|---|---|---|---|---|---|---|---|
| | $v$ | $1000i$ | $v$ | $1000i$ | $v$ | $1000i$ | $v$ | $1000i$ | $v$ | $1000i$ | $v$ | $1000i$ |
| 1.0 | 1.05 | 95.7 | 0.8 | 47.3 | 0.47 | 12.9 | 0.20 | 1.64 | | | | |
| 1.2 | 1.27 | 135 | 0.95 | 66.3 | 0.56 | 18.0 | 0.24 | 2.27 | | | | |
| 1.5 | 1.58 | 211 | 1.19 | 101 | 0.71 | 27.0 | 0.30 | 3.36 | | | | |
| 1.6 | 1.69 | 240 | 1.27 | 114 | 0.75 | 30.4 | 0.32 | 3.76 | | | | |
| 1.8 | 1.90 | 304 | 1.43 | 144 | 0.85 | 37.8 | 0.36 | 4.66 | | | | |
| 2.0 | 2.11 | 375 | 1.59 | 178 | 0.94 | 46.0 | 0.40 | 5.62 | 0.23 | 1.47 | | |
| 2.2 | 2.32 | 454 | 1.75 | 216 | 1.04 | 54.9 | 0.44 | 6.66 | 0.25 | 1.72 | | |
| 2.4 | 2.53 | 541 | 1.91 | 256 | 1.13 | 64.5 | 0.48 | 7.79 | 0.28 | 2.00 | | |
| 2.5 | 2.64 | 587 | 1.99 | 278 | 1.18 | 69.6 | 0.50 | 8.41 | 0.29 | 2.16 | | |
| 2.6 | 2.74 | 635 | 2.07 | 301 | 1.22 | 74.9 | 0.52 | 9.03 | 0.30 | 2.31 | 0.20 | 0.826 |
| 2.8 | 2.95 | 736 | 2.23 | 349 | 1.32 | 86.9 | 0.56 | 10.3 | 0.32 | 2.63 | 0.21 | 0.940 |
| 3.0 | | | 2.39 | 400 | 1.41 | 99.8 | 0.6 | 11.7 | 0.35 | 2.98 | 0.23 | 1.06 |
| 3.2 | | | 2.55 | 456 | 1.51 | 114 | 0.64 | 13.2 | 0.37 | 3.36 | 0.24 | 1.19 |
| 3.4 | | | 2.71 | 515 | 1.60 | 128 | 0.68 | 14.7 | 0.39 | 3.74 | 0.26 | 1.32 |
| 3.5 | | | 2.78 | 545 | 1.65 | 136 | 0.70 | 15.5 | 0.40 | 3.93 | 0.264 | 1.40 |
| 3.6 | | | 2.86 | 577 | 1.69 | 144 | 0.72 | 16.3 | 0.42 | 4.14 | 0.27 | 1.46 |
| 3.8 | | | 3.02 | 643 | 1.79 | 160 | 0.76 | 18.0 | 0.44 | 4.57 | 0.29 | 1.61 |

续表

| Q (L/s) | DN50 (mm) | | DN70 (mm) | | DN80 (mm) | | DN100 (mm) | | DN125 (mm) | | DN150 (mm) | |
|---|---|---|---|---|---|---|---|---|---|---|---|---|
| | v | 1000i | v | 1000i | v | 1000i | v | 1000i | v | 1000i | v | 1000i |
| 4.0 | 1.88 | 177 | 1.13 | 46.8 | 0.81 | 19.8 | 0.46 | 5.01 | 0.30 | 1.76 | | |
| 4.2 | 1.98 | 196 | 1.19 | 51.2 | 0.85 | 21.7 | 0.48 | 5.46 | 0.32 | 1.92 | | |
| 4.4 | 2.07 | 215 | 1.25 | 56.0 | 0.89 | 23.6 | 0.51 | 5.94 | 0.33 | 2.09 | | |
| 4.5 | 2.12 | 224 | 1.28 | 58.6 | 0.91 | 24.6 | 0.52 | 6.20 | 0.34 | 2.18 | | |
| 4.6 | 2.17 | 235 | 1.30 | 61.2 | 0.93 | 25.7 | 0.53 | 6.44 | 0.35 | 2.27 | | |
| 4.8 | 2.26 | 255 | 1.36 | 66.7 | 0.97 | 27.8 | 0.55 | 6.95 | 0.56 | 2.45 | | |
| 5.0 | 2.35 | 277 | 1.42 | 72.3 | 1.01 | 30.0 | 0.58 | 7.49 | 0.38 | 2.63 | 0.265 | 1.12 |
| 5.2 | 2.45 | 300 | 1.47 | 78.2 | 1.05 | 32.2 | 0.60 | 8.04 | 0.39 | 2.82 | 0.276 | 1.20 |
| 5.4 | 2.54 | 323 | 1.53 | 84.4 | 1.09 | 34.6 | 0.62 | 8.64 | 0.41 | 3.02 | 0.286 | 1.28 |
| 5.6 | 2.64 | 348 | 1.59 | 90.7 | 1.13 | 37.0 | 0.65 | 9.23 | 0.42 | 3.22 | 0.297 | 1.37 |
| 5.8 | 2.73 | 373 | 1.64 | 97.3 | 1.17 | 39.5 | 0.67 | 9.84 | 0.44 | 3.43 | 0.31 | 1.45 |
| 6.0 | 2.82 | 399 | 1.70 | 104 | 1.21 | 42.1 | 0.69 | 10.5 | 0.45 | 3.65 | 0.32 | 1.54 |
| 7.0 | | | 1.99 | 142 | 1.41 | 57.3 | 0.81 | 13.9 | 0.53 | 4.81 | 0.37 | 2.03 |
| 8.0 | | | 2.27 | 185 | 1.61 | 74.8 | 0.92 | 17.8 | 0.60 | 6.15 | 0.424 | 2.58 |
| 9.0 | | | 2.55 | 234 | 1.81 | 94.6 | 1.04 | 22.1 | 0.68 | 7.62 | 0.477 | 3.20 |
| 10.0 | | | 2.84 | 289 | 2.01 | 117 | 1.15 | 26.9 | 0.753 | 9.23 | 0.53 | 3.87 |
| 10.25 | | | 2.91 | 304 | 2.06 | 123 | 1.18 | 28.2 | 0.77 | 9.67 | 0.54 | 4.04 |
| 10.5 | | | 2.98 | 319 | 2.11 | 129 | 1.21 | 29.5 | 0.79 | 10.1 | 0.56 | 4.22 |
| 11.0 | | | | | 2.21 | 141 | 1.27 | 32.4 | 0.83 | 11.0 | 0.58 | 4.60 |
| 13.0 | | | | | 2.62 | 197 | 1.50 | 45.2 | 0.98 | 15.0 | 0.69 | 6.24 |

续表

| Q (L/s) | DN80 (mm) | | DN100 (mm) | | DN125/mm | | DN150/mm | |
| --- | --- | --- | --- | --- | --- | --- | --- | --- |
| | $v$ | $1000i$ | $v$ | $1000i$ | $v$ | $1000i$ | $v$ | $1000i$ |
| 14.0 | 2.82 | 229 | 1.62 | 52.4 | 1.05 | 17.2 | 0.74 | 7.15 |
| 15.0 | | | 1.73 | 60.2 | 1.13 | 19.6 | 0.79 | 8.12 |
| 15.5 | | | 1.78 | 64.2 | 1.17 | 20.8 | 0.82 | 8.62 |
| 16.0 | | | 1.85 | 68.5 | 1.20 | 22.1 | 0.85 | 9.15 |
| 16.5 | | | 1.90 | 72.8 | 1.24 | 23.5 | 0.87 | 9.67 |
| 17.0 | | | 1.96 | 77.3 | 1.28 | 24.9 | 0.90 | 10.2 |
| 17.5 | | | 2.02 | 81.9 | 1.32 | 26.4 | 0.93 | 10.8 |
| 18.0 | | | 2.08 | 86.6 | 1.36 | 27.9 | 0.95 | 11.4 |
| 18.5 | | | 2.14 | 91.5 | 1.39 | 29.5 | 0.98 | 11.9 |
| 19.0 | | | 2.19 | 96.5 | 1.55 | 38.3 | 1.01 | 12.6 |
| 19.5 | | | 2.25 | 102 | 1.59 | 40.4 | 1.03 | 13.2 |
| 20.0 | | | 2.31 | 107 | 1.63 | 42.5 | 1.06 | 13.8 |
| 20.5 | | | 2.37 | 112 | 1.67 | 44.6 | 1.09 | 14.5 |
| 21.0 | | | 2.42 | 118 | 1.71 | 46.8 | 1.11 | 15.2 |
| 21.5 | | | 2.48 | 124 | 1.62 | 39.9 | 1.14 | 15.8 |
| 22.0 | | | 2.54 | 129 | 1.66 | 41.7 | 1.17 | 16.5 |
| 22.5 | | | 2.60 | 135 | 1.69 | 43.6 | 1.19 | 17.2 |
| 23.0 | | | 2.66 | 141 | 1.73 | 45.6 | 1.22 | 18.0 |
| 23.5 | | | 2.71 | 148 | 1.77 | 47.6 | 1.24 | 18.7 |
| 24.0 | | | 2.77 | 154 | 1.81 | 49.7 | 1.27 | 19.5 |

| Q (L/s) | DN125 (mm) | | DN150 (mm) | |
| --- | --- | --- | --- | --- |
| | $v$ | $1000i$ | $v$ | $1000i$ |
| 24.5 | 1.85 | 51.8 | 1.30 | 20.4 |
| 25.0 | 1.88 | 53.9 | 1.32 | 21.2 |
| 25.5 | 1.92 | 56.1 | 1.35 | 22.1 |
| 26.0 | 1.96 | 58.3 | 1.38 | 22.9 |
| 26.5 | 2.00 | 60.5 | 1.40 | 23.8 |
| 27.0 | 2.03 | 62.9 | 1.43 | 24.7 |
| 27.5 | 2.07 | 65.2 | 1.46 | 25.7 |
| 28.0 | 2.11 | 67.6 | 1.48 | 26.6 |
| 28.5 | 2.15 | 70.0 | 1.51 | 27.6 |
| 29.0 | 2.18 | 72.5 | 1.54 | 28.5 |
| 29.5 | 2.22 | 75.0 | 1.56 | 29.5 |
| 30.0 | 2.26 | 77.6 | 1.59 | 30.5 |
| 30.5 | 2.30 | 80.2 | 1.62 | 31.6 |
| 31.0 | 2.34 | 82.9 | 1.64 | 32.6 |
| 31.5 | 2.37 | 85.6 | 1.67 | 33.7 |
| 32.0 | 2.41 | 88.3 | 1.70 | 34.8 |
| 32.5 | 2.45 | 91.1 | 1.72 | 35.9 |
| 33.0 | 2.49 | 93.9 | 1.75 | 37.0 |
| 33.5 | 2.52 | 96.8 | 1.77 | 38.1 |
| 34.0 | 2.56 | 99.7 | 1.80 | 39.2 |

续表

| Q (L/s) | DN150 (mm) v | DN150 (mm) 1000i | Q (L/s) | DN150 (mm) v | DN150 (mm) 1000i | Q (L/s) | DN150 (mm) v | DN150 (mm) 1000i |
|---|---|---|---|---|---|---|---|---|
| 35.0 | 1.85 | 41.6 | 40 | 2.12 | 54.3 | 50 | 2.65 | 84.9 |
| 35.5 | 1.88 | 42.8 | 41 | 2.17 | 57.1 | 51 | 2.70 | 88.3 |
| 36.0 | 1.91 | 44.0 | 42 | 2.23 | 59.9 | 52 | 2.76 | 91.8 |
| 36.5 | 1.93 | 45.2 | 43 | 2.28 | 62.8 | 53 | 2.81 | 95.4 |
| 37.0 | 1.96 | 46.5 | 44 | 2.33 | 65.7 | 54 | 2.86 | 99.0 |
| 37.5 | 1.99 | 47.7 | 45 | 2.38 | 68.7 | 55 | 2.91 | 103 |
| 38.0 | 2.01 | 49.0 | 46 | 2.44 | 71.8 | 56 | 2.97 | 106 |
| 38.5 | 2.04 | 50.5 | 47 | 2.49 | 75.0 | 57 | 3.02 | 110 |
| 39.0 | 2.07 | 51.6 | 48 | 2.54 | 78.2 | | | |
| 39.5 | 2.09 | 53.0 | 49 | 2.60 | 81.5 | | | |

# 参 考 文 献

[1] GB 50016—2014. 建筑设计防火规范. 北京：中国计划出版社，2014.

[2] GB 50974—2014. 消防给水及消火栓系统技术规范. 北京：中国计划出版社，2014.

[3] 15S909. 消防给水及消火栓系统技术规范图示. 北京：中国建筑设计院有限公司，2015.

[4] GB 50084—2017. 自动喷水灭火系统设计规范. 北京：中国计划出版社，2017.

[5] GB 50140—2005. 建筑灭火器配置设计规范. 北京：中国计划出版社，2005.

[6] GB 50219—2014. 水喷雾灭火系统技术规范. 北京：中国计划出版社，2014.

[7] GB 50370—2005. 气体灭火系统设计规范. 北京：中国计划出版社，2006.

[8] CECS263：2009. 大空间智能型主动喷水灭火系统技术规程. 北京：中国计划出版社，2009.

[9] GB 50338—2003. 固定消防炮灭火系统设计规范. 北京：中国计划出版社，2003.

[10] GB 50098—2009. 人民防空工程设计防火规范. 北京：中国计划出版社，2009.

[11] GB 50067—2014. 汽车库、修车库、停车场设计防火规范. 北京：中国计划出版社，2014.

[12] GB 50116—2013. 火灾自动报警系统设计规范. 北京：中国计划出版社，2013.

[13] 《建筑设计防火规范》GB 50016—2014 图示. 北京：中国计划出版社，2015.

[14] 建设部工程质量安全监督与行业发展司，中国建筑标准设计研究所. 全国民用建筑工程设计技术措施(2009)——给水排水. 北京：中国计划出版社，2009.

[15] 周义德，吴杲. 建筑防火消防工程. 河南：黄河水利出版社，2004.

[16] 张培红，王增欣. 建筑消防. 北京：机械工业出版社，2008.

[17] 李亚峰，蒋白筵，刘强等编著. 建筑消防工程实用手册. 北京：化学工业出版社，2008.

[18] 中国建筑设计研究院主编. 建筑给水排水设计手册(第二版). 北京：中国建筑工业出版社，2008.

[19] 刘文斌，徐竑雷，柴庆等. 中国国家大剧院消防设计. 给水排水，2004，30(10)：60-65.

[20] 郭汝艳，靳晓红. 首都博物馆的消防设计及启示. 给水排水，2003，29(9)：42-48.

[21] 赵丽锂，陈怀德，姜文源.《消防给水及消火栓系统技术规范》GB 50974—2014 实施指南. 北京：中国建筑工业出版社，2016.